T. FLAMAND
ARCHITECTE
A MONTBÉLIARD

AF262550

ÉLÉMENTS

DE

CHIMIE AGRICOLE.

PARIS. — IMPRIMERIE DE Mme Ve BOUCHARD-HUZARD,
5, rue de l'Éperon.

ÉLEMENTS

DE

CHIMIE AGRICOLE

ET DE

GÉOLOGIE,

PAR M. JAMES F. W. JOHNSTON;

TRADUITS DE L'ANGLAIS PAR M. F. EXSCHAW,

ANCIEN ÉLÈVE DE L'ÉCOLE DE GRAND-JOUAN,

ET **M. J. RIEFFEL,**

DIRECTEUR DE CET ÉTABLISSEMENT;

REVUS ET COMPLÉTÉS SUR LA DERNIÈRE ÉDITION ANGLAISE

PAR M. LAVERRIÈRE,

ANCIEN ÉLÈVE DE LA SAULSAIE.

DEUXIÈME ÉDITION.

BIBLIOTHÈQUE PUBLIQUE MONTBÉLIARD

PARIS,

LIBRAIRIE D'AGRICULTURE ET D'HORTICULTURE

DE Mᵐᵉ Vᵉ BOUCHARD-HUZARD,

5, RUE DE L'ÉPERON.

—

1849

AVERTISSEMENT

DE LA CINQUIÈME ÉDITION ANGLAISE.

La vente de plus de dix mille exemplaires de cet ouvrage en Angleterre, et d'un nombre encore plus considérable aux Etats-Unis et au Canada, m'a imposé le devoir de rendre cette édition plus digne de la faveur publique.

Dans ce but, j'ai mis beaucoup de soin à la revoir; des faits nouveaux ont été incorporés, de nouvelles sections et des chapitres entièrement neufs ont été ajoutés à cet ouvrage : je le crois maintenant assez complet pour donner une idée de l'état présent de l'agriculture.

Durham, septembre 1848.

PRÉFACE.

Les principes scientifiques sur lesquels repose
l'agriculture n'ont pas été, jusqu'à ce jour, suffisamment compris ou appréciés : je n'ai pas le des-
sein d'en approfondiric i les causes; mais qu'il me
soit permis de dire que, si l'agriculture doit jamais
atteindre le point auquel beaucoup d'autres arts
ont été portés, ce sera seulement en utilisant,
comme l'ont fait ces derniers, les aides nombreux
qu'offre la science ; et, en même temps, si l'agriculteur doit jamais réaliser sur son exploitation
tous les avantages que la science peut placer à sa
portée, ce sera seulement lorsqu'il deviendra assez
familier avec les rapprochements qui existent

entre l'art qui le fait vivre et les sciences, principalement la Chimie et la Géologie, pour écouter sans prévention les suggestions qu'elles sont prêtes à lui faire et pour attacher la valeur qu'elles méritent aux applications qu'elles peuvent lui donner des divers procédés qu'il emploie.

Le but de ce petit traité est de présenter au lecteur une esquisse familière des différents sujets qu'embrassent la Chimie et la Géologie dans leurs rapports avec l'agriculture et l'économie rurale.

ÉLÉMENTS

DE

CHIMIE AGRICOLE

ET

DE GÉOLOGIE.

BIBLIOTHÈQUE PUBLIQUE MONTBÉLIARD

CHAPITRE PREMIER.

DISTINCTIONS ENTRE LES MATIÈRES ORGANIQUES ET INORGANIQUES. — CENDRES DES PLANTES. — CONSTITUTION DE LA PARTIE ORGANIQUE DES PLANTES. — PRÉPARATION ET PROPRIÉTÉS DU CARBONE, DE L'OXYGÈNE, DE L'HYDROGÈNE ET DE L'AZOTE. — CE QU'ON ENTEND PAR COMBINAISON CHIMIQUE.

L'objet que l'agriculteur praticien a en vue, c'est de recueillir, sur une étendue de terre donnée, avec le moins de frais et dans l'espace le plus court, la plus grande quantité possible d'un produit ayant la plus haute valeur, et cela sans porter la moindre atteinte à la fertilité permanente du sol. Les sciences chimique et géologique éclairent chaque pas qu'il fait ou qu'il devrait faire dans ce but si important.

SECTION PREMIÈRE. — Influence présumée de la chimie et de la géologie sur l'agriculture.

Il est plusieurs points que la chimie et la géologie, appliquées à l'agriculture, parviendront probablement à déterminer. Ainsi, sans tenir compte de leurs attributions spéciales, ces sciences ont généralement pour objet :

1° *De rassembler, d'examiner, et, si c'est possible, d'expliquer tous les faits connus dans la pratique agricole.* — C'est leur premier devoir; tâche difficile, mais importante. Beaucoup de résultats, regardés comme des faits en agriculture, ne mériteront cette qualification que lorsqu'ils auront été minutieusement examinés et constatés par l'expérience. D'un autre côté, il existe des faits reconnus qui semblent inexplicables, souvent même contradictoires, mais dont l'opposition apparente se change en harmonie aux yeux de celui qui connaît les principes rationnels des sciences expérimentales. — Cependant il y a encore un grand nombre de phénomènes dont les causes ne nous seront connues qu'après les recherches les plus persévérantes.

2° *De déduire des principes plus ou moins applicables dans toutes les circonstances, en s'appuyant sur les observations et les expériences faites sur le terrain ou dans le laboratoire.* — Ces principes expliqueront les pratiques utiles, et confirmeront leurs propriétés; ils donneront la raison de résultats contradictoires, et feront ressortir les circonstances dans lesquelles telle ou telle pratique pourra être prudemment et économiquement adoptée.

Armé de la connaissance de ces principes, le fermier instruit ira dans ses champs comme le médecin auprès du chevet de son malade , préparé à interroger des symptômes et des apparences qu'il n'avait jamais remarqués auparavant , et à adapter sa pratique à des circonstances qui ne s'étaient pas encore présentées à son observation.

Mais déduire des principes ou des règles d'une série de faits a toujours été chose fort difficile; et, dans l'état actuel de l'agriculture, c'est presque impossible, parce que les observations et les expérimentations sur le terrain ont , jusqu'ici, manqué de soins et de précision. Le savant ne peut , par conséquent , les faire servir de base à ses raisonnements. Quand on sera entré dans une voie plus méthodique, et cette révolution commence à se manifester maintenant, l'agriculture ne manquera pas de faire de grands progrès.

3° De suggérer des méthodes perfectionnées, antérieurement ignorées , pour améliorer le sol. — La démonstration vraie d'une vingtaine de faits ou de résultats connus, ou encore de pratiques utiles, en ferait découvrir peut-être autant de nouvelles. Ainsi l'explication d'anciennes erreurs empêcherait non-seulement le cultivateur de tomber dans des erreurs répétées, mais encore suggérerait une idée d'amélioration directe dont il ne se serait pas douté autrement ; de même que, en expliquant rationnellement une pratique utile, on indiquerait d'autres pratiques nouvelles et non moins utiles, que l'on pourrait adopter avec avantage.

4° *D'analyser les sols, les engrais et les produits végétaux.*— C'est un des laborieux devoirs que l'agriculture est en droit d'imposer à la chimie.

A. *Sols.* — Tous les jours on s'aperçoit combien il serait utile de connaître l'analyse des sols, et quels avantages on retirerait de cette connaissance. Nous ne pouvons, quant à présent, prescrire, d'après les résultats d'une analyse, le genre de traitement au moyen duquel on pourrait, dans tous les cas, rendre immédiatement le sol aussi productif que possible. Les besoins du sol peuvent être indiqués directement par l'analyse, et souvent un mode de traitement qui peut provoquer une plus grande fertilité est mis en lumière.

B. *Engrais.* — On ne pourrait assez connaître les engrais dont on fait usage. En ayant sur eux de justes notions, le cultivateur évitera d'employer d'une manière peu judicieuse ou de laisser perdre les engrais naturels produits dans sa ferme. — Il parviendra, de cette manière, à moins recourir aux engrais étrangers, et ne sera pas aussi souvent dupe de l'ignorance ou de la friponnerie des fabricants. D'un autre côté, l'établissement de manufactures d'engrais dirigées par des hommes habiles et honorables serait un des plus importants résultats dus aux progrès de l'agriculture scientifique.

C. *Produits végétaux.* — Sous le rapport des productions du sol, il est urgent et nécessaire de faire une analyse rigoureuse de toutes leurs parties. Si nous connaissons les substances qui composent une plante, nous saurons ce qu'elle a enlevé au sol, et, par consequent, les corps que le sol *doit* contenir pour que la plante y puisse croître avec vigueur et santé; nous saurons quel engrais, quel amendement lui appliquer.

D'autre part, il est tout aussi important, lorsqu'on applique des substances végétales à la nutrition des bestiaux, de connaître leurs principes constituants, de façon à ce que l'on puisse faire le choix convenable au but que l'on se propose. Les animaux jeunes, en pleine croissance, à l'engrais, et les bêtes laitières, réclament chacun une certaine qualité et une certaine quantité de nourriture. La chimie et la physiologie peuvent seules nous amener à déterminer ces conditions.

5° *De contrôler les opinions des théoriciens.* — Les opinions fausses conduisent à de grandes erreurs dans la pratique. Souvent ces opinions sont accréditées et répandues par des savants éminents; ce qui rend leur influence d'autant plus dangereuse que les armes manquent pour les renverser. On ne peut baser avec succès des théories vraies que sur des expériences fréquemment répétées, habilement conduites et loyalement décrites; *d'où il suit que la voie expérimentale est de la plus haute importance en agriculture.*

Tels sont les différents points que la chimie, aidée de la géologie et de la physiologie, peut éclaircir; mais les bienfaits qu'elle doit dispenser ne se feront sentir, en agriculture, que lorsqu'on lui demandera sérieusement secours, que l'on appréciera justement son influence, et qu'enfin l'on acceptera consciencieusement son intervention. En d'autres termes, il faut porter à la connaissance du public ce que nous-mêmes apprenons chaque jour, et faire adopter, dans chaque localité, des mesures favorables à la diffusion des lumières. Sans cela, les découvertes et les préceptes de la chimie et des autres sciences resteront complétement inutiles.

SECTION II. — Des parties végétales et minérales ou organiques et inorganiques des plantes.

Dans l'exercice de son art, deux classes de substances bien différentes attirent l'attention du cultivateur : les produits *vivants* qu'il récolte et le sol *mort* sur lequel il les recueille. S'il examine un fragment d'un végétal ou d'un animal soit mort, soit vivant, il y observera des pores d'espèces différentes distribués dans un certain ordre; il verra que ce fragment possède une espèce de structure intérieure; qu'il présente diverses parties ou *organes*; en un mot, que ce fragment est ce que les physiologistes appellent *organisé*. S'il considère de la même manière une motte de terre ou une roche, il ne pourra y reconnaître la même structure. Pour établir cette distinction, on a nommé corps *organiques* les parties des animaux et des végétaux morts ou vivants, entiers ou en décomposition, tandis que les substances terreuses et pierreuses ont reçu le nom de corps *inorganiques*.

Les substances organiques sont plus ou moins promptement brûlées ou dissipées dans l'atmosphère par l'effet de la chaleur; les substances inorganiques, soumises à l'action du feu, demeurent généralement fixes, elles ne se volatilisent pas.

Mais les plantes qui croissent sur un sol , et le sol dans lequel sont implantées les racines de ces plantes, contiennent tous deux une portion de chacune de ces substances. Dans tous les sols fertiles , il existe de 5 à 10 pour 100 de matière végétale ou d'origine *organique;* tandis que, d'un autre côté, tous les végétaux, tels qu'on les ramasse pour servir de nourriture , laissent, si on les brûle, de demi à 20 pour 100 de cendres *inorganiques.*

Si nous chauffons au rouge et en plein air une portion d'un sol, la matière organique brûlera, et, en général , le sol ne diminuera pas sensiblement de volume, s'il a été desséché avant l'opération; mais , si une poignée de froment, de paille de froment ou de foin est livrée à la flamme , il en disparaît une telle quantité, que, dans la plupart des cas, la portion qui en reste est, comparativement, fort petite. Chacun est familier avec ce fait : il n'a eu qu'à observer combien est petit le volume des cendres qui proviennent du brûlis, dans les champs, de mauvaises herbes, de ronces ou d'arbres, ou bien d'une meule de foin ou de paille incendiée accidentellement ; et cependant la quantité de cendres laissées dans ces différents cas est fort appréciable, et l'étude de sa véritable nature jette beaucoup de lumières, comme nous le verrons plus tard, sur les préparations à faire subir à un sol sur lequel on désire cultiver une plante donnée.

Ainsi le poids des cendres provenant de 1,020 kil. de paille de froment s'élève à 165 kil. environ ; celles d'une même quantité de paille d'avoine pèsent à peu près 90 kilog. , tandis que 1,020 kilog. de grains de froment laissent seulement 18 kilog. de cendres, qu'un même poids de grains d'avoine ne donne pour résidus qu'environ 40 kilog. et demi, et que la même quantité de bois de chêne abandonne seulement de 2 à 2 kilog. un quart de cendres. Bien que la quantité de matières *inorganiques* contenues dans une plante soit comparativement peu importante, elle s'élève cependant, dans certains cas, à un poids considérable, lorsqu'il s'agit d'une récolte tout entière.

Dans le chapitre suivant, nous verrons quelle est la nature de ces substances inorganiques , quelle en est la source et à quels usages elles sont destinées.

SECTION III. — Constitution de la partie organique des plantes et des animaux.

La partie organique des plantes , quand elle est bien sèche, constitue de 85 à 99 pour 100 environ de leur poids total. Parmi les végétaux que l'on cultive comme substances alimentaires, le foin, la paille et quelques autres produits sont les seuls qui contiennent jusqu'à 10 pour 100 de matières inorganiques.

La partie organique est composée de quatre substances que les chimistes connaissent sous les noms de *carbone, hydrogène, oxygène* et *azote* : la première de celles-ci, le carbone, est un corps solide; les trois autres sont des gaz ou espèces particulières d'air.

1° *Carbone.* — Quand on brûle du bois en un tas couvert à la manière des charbonniers, ou bien quand on le distille dans des cornues de fer, comme dans la fabrication du vinaigre de bois, il se noircit et passe à l'état de charbon de bois. Le charbon est la variété de carbone la plus commune et la mieux connue. Sa couleur est noire; il salit les doigts et jouit de la propriété d'être plus ou moins poreux, suivant l'espèce de bois dont il a été fabriqué.

Le coke, qu'on obtient en brûlant et en distillant de la houille, en est une autre variété; en général, il est plus dense, plus lourd que le premier, mais, en revanche, moins pur. Le noir de plomb en est une troisième variété, encore plus pesante et plus impure. Le diamant est la seule forme sous laquelle la nature nous présente le carbone dans un état de pureté parfaite.

Le fait que le diamant est du carbone pur, qu'il se compose essentiellement des mêmes substances que le noir de fumée le plus fin et le plus pur, est excessivement remarquable; ce n'est cependant qu'une seule de ces nombreuses circonstances qui se présentent, à chaque pas, parmi les découvertes que font les chimistes.

Le charbon de bois, le diamant, le noir de fumée et toutes les autres formes qu'affecte le carbone brûlent plus ou moins lentement quand on les chauffe au contact de l'air, et ils se convertissent en une espèce de gaz connu sous le nom d'*acide carbonique*. Les variétés impures de carbone laissent des cendres en plus ou moins grande quantité.

2° *Hydrogène.* — Si l'on plonge du fil de fer dans un mélange d'huile de vitriol (acide sulfurique) avec deux fois son volume d'eau, le liquide entre en effervescence, et des bulles de gaz apparaissent en grande abondance à la surface; ces bulles sont formées de gaz hydrogène.

Si l'expérience se fait dans un flacon, l'hydrogène ainsi produit chasse graduellement tout l'air qui y était contenu et prend sa place. Attachez une petite bougie allumée à un fil de fer, introduisez-la dans le vase et elle s'éteint immédiatement, tandis que l'hydrogène s'enflamme et brûle à l'orifice du flacon, avec une flamme d'une couleur jaune pâle.

Si l'on introduit la bougie avant que tout l'air ait été chassé du flacon, l'hydrogène et l'air produisent, par leur combustion, une détonation plus ou moins violente qui pourrait, dans certaines circonstances, briser le flacon et produire des accidents graves. Cette expérience doit donc se faire avec précaution : on peut l'exécuter avec sécurité dans un verre de table ordinaire, que l'on recouvre d'une soucoupe ou d'une feuille de papier, jusqu'à ce qu'il s'y soit accumulé de l'hydrogène en quantité suffisante. En introduisant la bougie allumée, on la voit s'éteindre, et l'hydrogène produit, en brûlant, une explosion moins violente.

L'hydrogène est un corps très-léger; il s'élève au milieu de l'air comme le fait un morceau de bois plongé dans l'eau; c'est pourquoi un sac fait de soie ou de quelque autre tissu léger et rempli de ce gaz pourra soutenir dans l'air des corps assez pesants ; il pourra même les élever à des hauteurs considérables : c'est aussi à cause de sa légèreté qu'on emploie l'hydrogène pour remplir les aérostats et les enlever.

Le gaz hydrogène n'a pas encore été rencontré dans la nature en grande abondance à l'état libre ; comme nous le verrons plus tard , on le trouve fréquemment dans ce que les chimistes appellent *état de combinaison.*

3° *Oxygène.*— Quand on verse de l'huile de vitriol concentrée sur de l'oxyde noir de manganèse, et qu'on

chauffe le mélange dans une cornue de verre, ou bien quand on chauffe dans un vase de fer de l'oxyde rouge de mercure , du chlorate de potasse ou bien le même oxyde de manganèse , chacun séparément, dans tous ces différents cas il s'échappe un gaz particulier qui , s'il est recueilli et examiné, en plongeant dans son milieu une bougie enflammée, se trouve n'être ni de l'air ordinaire, ni du gaz hydrogène. La bougie, pendant son introduction, brûle avec une grande rapidité; la lumière qu'elle émet est très-vive, et la combustion continue jusqu'à ce que tout le gaz ou bien la bougie tout entière aient été consumés. La circulation du sang et la respiration, chez un animal plongé dans une atmosphère de ce gaz, deviennent très-rapides, la fièvre s'empare promptement de lui, et il vit aussi vite que brûlait la bougie, jusqu'à ce qu'enfin il meure par suite de l'excitation et de l'épuisement.

L'oxygène n'est pas aussi léger que l'hydrogène ; sa densité surpasse d'un neuvième celle de l'air atmosphérique.

L'oxygène se trouve dans l'atmosphère à l'état gazeux ; il forme environ un cinquième du volume de l'air que nous respirons : c'est le corps qui, dans l'air, entretient la vie de tous les animaux et qui produit toute combustion. Si, par une cause quelconque, l'atmosphère qui environne notre globe en était tout d'un coup privée, tous les corps vivants périraient et toute combustion deviendrait impossible.

4° *Azote.* — Ce gaz se prépare très-facilement. Faites dissoudre un peu de couperose verte dans de l'eau ; versez la dissolution dans un flacon ou dans une bouteille de cristal pourvus d'un bon bouchon ; ajoutez un peu d'ammoniaque liquide, jusqu'à ce que le contenu présente une consistance boueuse ; bouchez et agitez le flacon pendant 5 minutes ; débouchez ensuite et laissez entrer un peu d'air ; rebouchez et agitez de nouveau ; répétez cette opération jusqu'à ce que le vide ait été graduellement rempli par les admissions nécessaires de l'air, et laissez reposer pendant 5 minutes.

Après cela, si l'on introduit une bougie allumée dans l'appareil, elle s'éteindra : c'est à ce signe que l'on reconnaît le gaz azote, qui n'a pas la propriété de s'enflammer comme l'hydrogène ; seul, il est impropre à entretenir la vie animale. Les animaux vivants que l'on y plonge cessent de vivre à l'instant.

Ce gaz ne possède pas d'autre propriété remarquable ; sa densité est de très-peu inférieure à celle de l'air, et c'est dans l'atmosphère seulement que l'on connaît son existence en masse considérable : il forme environ les quatre cinquièmes du volume total de l'air que nous respirons.

Les trois gaz que nous venons de décrire ne peuvent être distingués de l'air atmosphérique ou d'eux-mêmes par aucun des sens dont nous sommes doués ; mais, au moyen d'une bougie enflammée, on peut facilement les reconnaître. L'hydrogène éteint la flamme de la bougie, mais prend feu lui-même ; l'azote l'éteint simplement, tandis que l'oxygène la fait brûler avec une rapidité et une intensité remarquables.

Toutes les parties organiques du règne animal et du règne végétal sont formées d'un seul corps solide, le carbone, et des trois gaz, hydrogène, oxygène et azote.

Néanmoins les proportions dans lesquelles ils se combinent pour former les différentes substances organiques de ces deux règnes sont excessivement variées. Une moitié environ du poids sec de tous les produits végétaux récoltés pour la nourriture de l'homme et des animaux domestiques consiste en carbone ; l'oxygène en forme un peu plus du tiers, tandis que l'hydrogène y entre pour une faible partie au delà de 5 pour 100, et que l'azote surpasse rarement 2 et demi ou 3 pour 100 de ce poids.

On peut facilement vérifier le fait en parcourant le tableau suivant, qui représente la composition, telle qu'elle résulte de l'analyse de quelques variétés des plantes les plus communément cultivées et dans un état de siccité complète :

	Carbone.	Hydrogène.	Oxygène.	Azote.	Cendres.
Foin..............	458	50	387	15	90
Foin de trèfle rouge.	474	50	378	21	77
Pommes de terre..	440	58	447	15	40
Froment..........	461	58	434	23	24
Paille de froment...	484	53	389 1/2	3 1/2	70
Avoine..........	507	64	367	22	40
Paille d'avoine.....	501	54	390	4	51

Ces nombres représentent, en kilog., le poids de chacun des éléments contenus dans 1,000 kil. de foin sec, de pommes de terre sèches, etc.; mais 1,000 kil. de foin, pris au tas et exposés à une chaleur douce, perdent, en séchant, 158 kilog. d'eau : 1,000 kilog. de foin de trèfle perdent 210 kilog.; 1,000 kilog. de pommes de terre qui ont été séchées extérieurement, exposés à la même chaleur, perdent 759 kilog. (1); 1,000 kilog. de grains de froment perdent 145 kilog.; le même poids de paille de froment perd 260 kilog.; 1,000 kilog. d'avoine perdent 151 kilog., et le même poids de paille d'avoine perd 287 kilog.

SECTION IV. — Ce qu'on entend par combinaison chimique.

Si les trois gaz dont nous avons parlé précédemment

---

(1) Les pommes de terre contiennent environ les quatre cinquièmes de leur poids d'eau, c'est-à-dire que 5 kilogrammes de pommes de terre contiennent à peu près 4 kilogrammes d'eau. Les turneps contiennent quelquefois plus des neuf dixièmes de leur poids d'eau. *(Note de l'auteur.)*

se trouvaient renfermés ensemble dans un flacon, il ne surviendrait aucun changement, et, si l'on y ajoutait du charbon en poudre, cette addition ne donnerait naissance à aucun produit nouveau.

Si nous recueillons les cendres provenant de la combustion d'une quantité connue de foin ou de paille de froment, et si nous les mélangeons avec les quatre éléments, carbone, hydrogène, etc., dans les proportions déterminées par le tableau précédent, il nous sera impossible d'obtenir, par un tel procédé, du foin ou de la paille de froment. Les éléments qui composent les matières végétales ne sont pas seulement mélangés entre eux, ils sont unis d'une manière plus rapprochée et plus intime. C'est à cette union intime que s'applique le terme *combinaison chimique*, et on dit que les éléments sont *combinés chimiquement*.

Ainsi, quand on brûle du charbon dans l'air, il disparaît lentement, et forme, comme nous l'avons déjà remarqué, du gaz acide carbonique, lequel s'élève dans l'atmosphère et se dissémine. Ce gaz acide carbonique est formé par l'*union* du carbone (charbon), pendant sa combustion, avec l'oxygène de l'air, et, dans ce nouveau gaz ainsi produit, les deux éléments carbone et oxygène se trouvent *combinés chimiquement*.

En allumant un bec de gaz ordinaire, c'est-à-dire en brûlant de l'hydrogène, la combustion détermine la combinaison de ce gaz avec l'oxygène de l'air et forme de l'eau. Les deux gaz se sont *combinés chimiquement*.

De même, si on brûle dans l'air un morceau de bois ou de la paille dans laquelle les éléments se trouvent déjà combinés chimiquement, ces éléments se séparent et forment des combinaisons nouvelles ; dans ce nouvel état, ils s'échappent dans l'air et deviennent invisibles. Quand une substance se trouve ainsi altérée par l'action de la chaleur, on dit qu'elle est *décomposée* ; ou bien, si elle se putréfie et se consume graduellement sous l'influence de l'air et de l'humidité, on dit qu'elle subit une *décomposition lente.*

Par conséquent, lorsque deux ou plusieurs substances s'unissent ensemble de manière à en former une troisième douée de propriétés différentes de celles dont elles jouissent elles-mêmes, elles entrent en union chimique ; elles forment une *combinaison* chimique, ou un *composé* chimique. Quand, d'un autre côté, un corps est altéré de manière à être converti en deux ou plusieurs substances qui diffèrent de lui-même, on dit qu'il est *décomposé.* Le carbone, l'hydrogène, etc., se combinent chimiquement dans l'intérieur d'une plante pour former du bois. De même, le bois est décomposé quand les distillateurs de vinaigre le convertissent, entre autres substances, en charbon et en vinaigre de bois ; la farine contenue dans le grain éprouve une décomposition analogue, quand les distillateurs la transforment en alcool.

CHAPITRE II.

FORME SOUS LAQUELLE CES DIVERSES SUBSTANCES S'INTRODUISENT DANS LES PLANTES. — PROPRIÉTÉS DES ACIDES CARBONIQUE, HUMIQUE, ULMIQUE, GÉIQUE ET CRÉNIQUE. — DE L'EAU, DE L'AMMONIAQUE ET DE L'ACIDE NITRIQUE. — CONSTITUTION DE L'ATMOSPHÈRE.

SECTION PREMIÈRE. — Forme sous laquelle le carbone, l'hydrogène, etc., s'introduisent dans les plantes.

C'est dans leur nourriture que les plantes puisent le carbone, l'hydrogène, l'oxygène et l'azote dont se composent leurs parties organiques. Cette nourriture s'introduit en partie par les pores si petits des racines, et en partie aussi par ceux qui existent dans la partie verte des feuilles et des jeunes tiges ; les racines aspirent la nourriture dans le sol, tandis que les feuilles s'en approvisionnent directement dans l'air.

Mais, comme les pores des racines et des feuilles sont excessivement petits, le carbone (charbon) ne peut pénétrer à l'état solide par ces ouvertures ; et, comme il ne se dissout pas dans l'eau, il est impossible qu'à l'état de simple carbone il fasse partie de la nourriture des plantes. De même, l'hydrogène n'existe pas dans l'atmosphère, on ne le rencontre pas généralement dans le sol, de sorte que ce gaz, bien qu'il constitue toujours une portion de la substance des plantes, n'y entre pas sous la forme gazeuse. L'oxygène se trouve dans l'air, et il est absorbé directement par les feuilles et les racines des plantes ; on ne suppose pas que l'azote, qui, lui aussi, est une partie constituante de l'atmosphère, entre directement dans les plantes, du moins en quantité.

Tout le carbone et l'hydrogène, et la plus grande partie de l'oxygène et de l'azote, s'introduisent dans les plantes à l'état de *combinaison chimique* avec d'autres substances ; le carbone principalement sous la forme d'acide carbonique, et de quelques autres composés solubles qui se rencontrent dans le sol ; l'hydrogène et l'oxygène sont absorbés sous forme d'eau, et enfin l'azote sous la forme d'ammoniaque et d'acide nitrique. Il est donc nécessaire de décrire rapidement ces différents composés.

SECTION II. — **Des acides carbonique, humique, ulmique, géique et crénique.**

1° *Acide carbonique.* — Jetez au fond d'un verre quelques fragments de craie ou de marbre, versez-y une certaine quantité d'esprit de sel (acide muriatique ou hydrochlorique), il s'ensuivra immédiatement une effervescence et il se produira un gaz qui s'élèvera graduellement et remplira entièrement le verre ; si le dégagement est très-rapide, on pourra même le voir s'écouler par-dessus les bords du vase. Ce gaz est de l'acide carbonique : il est impossible de le distinguer de l'air au moyen de l'œil ; mais une bougie enflammée et plongée dans le verre s'éteindra immédiatement, sans qu'il survienne aucun changement dans la constitution du gaz. Cette espèce d'air est si dense, que l'on peut le verser d'un vase dans un autre, et sa présence y

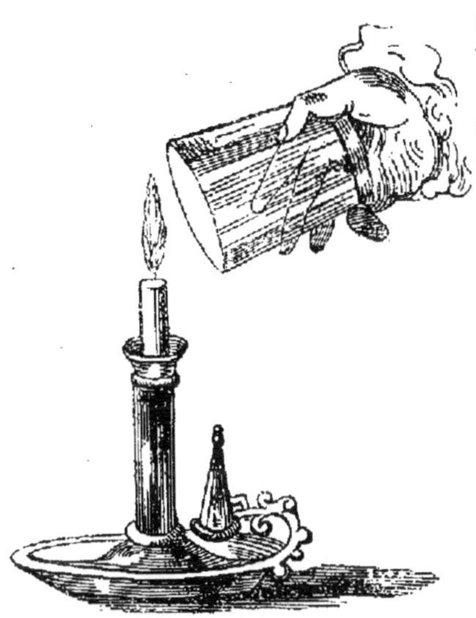

sera facilement reconnue au moyen de la bougie allumée ; ou bien, on peut le répandre sur une chandelle, la flamme disparaîtra instantanément. Ce gaz a une odeur particulière, il est suffocant au point qu'un animal introduit dans un vase qui en est rempli périt sur-le-champ ; il est facilement absorbé par l'eau, qui en dissout son propre volume.

L'acide carbonique se rencontre dans l'air atmosphérique ; il est rejeté des poumons de tous les animaux vivants pendant la combustion du bois, de la houille et de tous les autres corps combustibles, de sorte que l'air se trouve constamment alimenté d'une provision de ce gaz : les matières animales et végétales en putréfaction dégagent de l'acide carbonique ; de là vient qu'il se trouve toujours en plus ou moins grande abondance dans le sol, particulièrement dans les terrains riches en matières végétales. Pendant la fermentation de la levûre de bière, ou bien du jus que l'on exprime de différents fruits, tels que la pomme, la poire, le raisin et la groseille à maquereau, il se produit aussi de ce gaz ; les liqueurs fermentées formées de ces sucs doivent leurs qualités mousseuses à son dégagement : il s'en échappe aussi des tas de fumiers et des composts, et le fumier des cours, quand on l'enfouit dans le sol pendant sa fermentation, fournit aux jeunes plantes une abondante provision d'acide carbonique.

L'acide carbonique se compose uniquement de carbone et d'oxygène, dans la proportion de 28 du premier et de 72 du second ; c'est-à-dire que 100 kilog. d'acide carbonique contiennent 28 kilog. de carbone et 72 kilog. d'oxygène.

2° *Acides humique et ulmique.* — Le sol contient toujours une certaine quantité de matière végétale (nommée *humus* par quelques auteurs), et il en reçoit une nouvelle quantité chaque fois que l'on y transporte de l'engrais provenant soit des cours, soit des écuries de la ferme. Pendant la décomposition du fumier, il se produit, comme nous l'avons déjà observé, de l'acide carbonique ; mais, en outre, cette décomposition donne naissance à d'autres substances. Parmi celles-ci, on en distingue deux qui ont reçu les noms d'acide *humique* et d'acide *ulmique* : toutes deux contiennent une grande quantité de carbone, elles s'introduisent dans les racines des plantes, et probablement, dans des circonstances favorables, elles servent à les nourrir.

On distingue fréquemment deux variétés de tourbes dans les marais, la variété légère, poreuse, colorée en brun, et la variété dense, compacte et noire. La première abonde en acide ulmique d'une couleur rouge brun, la seconde en acide humique d'une couleur brun noir. Ces acides sont facilement extraits des matières marécageuses, que l'on plonge dans des solutions de potasse, de soude ou d'ammoniaque, avec lesquelles ils forment différentes combinaisons.

Dissolvez, dans de l'eau, de la soude du commerce,

ajoutez à cette solution du terreau ou un morceau de tourbe, et portez-la à l'ébullition ; vous obtiendrez ainsi une liqueur brune. Si, dans le vase qui contient le liquide, vous versez de l'acide hydrochlorique jusqu'à ce que la solution prenne un goût acide, il se précipitera, par flocons, au fond du vase, une poudre brune. Ce corps brunâtre est de l'acide *humique*, *ulmique* ou *géique*, ou bien un mélange des trois. L'acide humique est plus abondant que l'acide ulmique dans nos sols cultivés.

Les quantités de ces acides mélangés, extraites, par ce procédé, de trois sols fertiles, ont été de 4 un quart, 5 un quart, 8 et demi pour 100; mais ces proportions sont beaucoup moins considérables dans la plupart des terres arables.

3° *Acide géique.*— L'acide géique ressemble beaucoup aux autres acides précédents ; seulement il contient plus d'oxygène. Comme eux il se rencontre dans le sol en quantités variables, et peut s'extraire au moyen des solutions de potasse, de soude et d'ammoniaque; quand on veut précipiter, on ajoute un acide quelconque.

Les acides humique, ulmique et géique ont une si forte tendance à se combiner avec l'ammoniaque, qu'il est difficile de les obtenir complétement purs de ce dernier corps : dans le sol, ils l'absorbent partout où ils en rencontrent ; ils l'enlèvent même à l'atmosphère lorsqu'ils y sont exposés à l'état humide. De là l'utilité de mélanger de la tourbe desséchée aux engrais liquides, ou d'en stratifier et couvrir les amas de fumier et de compost en fermentation.

Ces trois acides sont peu solubles dans l'eau, en sorte que, non combinés, ils offrent peu de nourriture directe aux plantes ; ils s'unissent à la chaux, à la magnésie, à l'oxyde de fer, qui, par eux-mêmes, sont également très-peu solubles. Combinés avec la potasse, la soude ou l'ammoniaque, ils se dissolvent, au contraire, très-rapidement ; et, comme l'ammoniaque se trouve presque toujours et partout produite dans les terres, il est probable que c'est par son intervention que les acides ulmique, humique et géique sont rendus susceptibles de servir à la nutrition des récoltes.

4° Acides crénique et apocrénique. — Sous ces noms on distingue deux autres acides contenus dans le sol, et peut-être plus directement utiles à la végétation que les acides précédents. On les rencontre dans les eaux des marais et des fondrières, dans les eaux de sources, surtout dans celles qui déposent un sédiment ocreux lorsqu'elles sont exposées à l'air. Ils sont produits par les acides humique, ulmique et géique unis à une plus forte proportion d'oxygène, et ont la même avidité pour l'ammoniaque.

Lorsqu'on a fait bouillir de la terre dans du carbonate de soude, comme il a été indiqué plus haut, et que les acides humique, ulmique et géique ont été précipités par l'addition de l'acide hydrochlorique, alors les acides crénique et apocrénique restent encore dans la solution, et ne peuvent être isolés que par des procédés qu'il est inutile d'indiquer ici.

Tous ces acides, particulièrement les deux derniers, existent en plus ou moins grande proportion dans cette riche liqueur brune, connue sous le nom de *pu-*

rin, que l'on voit si souvent se perdre au milieu des cours des fermes. Ils sont encore produits pendant la décomposition des matières végétales et animales mélangées au sol, et fournissent à la plante une portion de la nourriture organique qu'elle doit nécessairement prendre en terre.

5° *Humine et ulmine* sont des noms donnés à certaines substances moins insolubles, formées dans la terre pendant la décomposition des matières végétales. On suppose que l'une des influences de la chaux sur le sol consiste à déterminer ces matières insolubles, et, par conséquent, inertes, à entrer dans de nouvelles combinaisons qui les rendent solubles et capables d'être aspirées par les racines des plantes (1).

Après ce qui précède, on doit encore remarquer

A. Que l'acide ulmique est le premier acide produit par la décomposition des matières végétales : ainsi on rencontre ordinairement la tourbe rouge très-près de la surface des emplacements marécageux ;

B. Que l'acide humique est formé par de l'acide ulmique et par de l'oxygène enlevé à l'atmosphère : sa composition peut être représentée par du carbone et de l'eau ;

C. Que l'acide géique contient plus d'oxygène que l'acide humique, et que ce surplus d'oxygène est pris soit à l'air, soit à l'eau avec lesquels il est en contact ;

D. Que les acides crénique et apocrénique contiennent encore plus d'oxygène, et que, avec l'aide d'autres substances produites dans le sol, ils sont formés par l'acide géique uni à une autre proportion d'oxygène.

____

(1) *Voir*, au chapitre XII, la section qui traite de l'action de la chaux sur les matières végétales.

En résumé, les matières végétales en décomposition pourraient former successivement les acides ulmique, humique, géique, crénique et apocrénique, en unissant les principes de décomposition à une quantité toujours croissante d'oxygène. Nous ignorons quels sont les produits ultérieurs déterminés par l'addition de quantités encore plus grandes d'oxygène, jusqu'à ce qu'enfin ils se résolvent en acide carbonique, dernier terme où ils finissent par aboutir.

Ces absorptions successives de l'oxygène par les matières végétales en décomposition favorisent la production de l'ammoniaque et de l'acide nitrique dans la terre. Nous expliquerons ce fait plus clairement dans une des sections suivantes.

SECTION III. — De l'eau, de l'ammoniaque et de l'acide nitrique.

1° *Eau.* — Préparez de l'hydrogène dans un flacon d'après la méthode déjà décrite, adaptez un tube effilé au col du flacon, vous pourrez allumer l'hydrogène, et il brûlera au fur et à mesure qu'il s'échappe dans l'air.

En tenant renversé au-dessus de la flamme un verre froid, on voit ses parois se couvrir de gouttes d'eau. Cette eau est formée pendant la combustion de l'hydrogène; et, comme sa formation a lieu dans l'oxygène pur aussi bien qu'en plein air, l'eau que l'on obtient doit contenir l'hydrogène et l'oxygène qui disparaissent, ou bien *doit être composée d'hydrogène et d'oxygène.*

Ce phénomène est excessivement intéressant, et, si les chimistes n'étaient pas familiers avec un grand nombre de faits semblables, il paraîtrait vraiment miraculeux que deux gaz, l'hydrogène et l'oxygène, pussent produire par leur union un corps qui diffère de chacun d'eux autant que l'eau. L'eau est composée de 1 partie en poids d'hydrogène et 8 parties d'oxygène, ce qui revient à dire que 9 kil. d'eau contiennent 1 kilog. d'hydrogène et 8 kilog. d'oxygène.

Nous sommes si familiers avec l'eau, qu'il n'est pas nécessaire de nous étendre sur ses propriétés. A l'état de pureté, elle est inodore, incolore et sans saveur. A 32 degrés du thermomètre de Fahrenheit, elle se solidifie et passe à l'état de glace; chauffée à 212 degrés, elle entre en ébullition et se convertit en vapeur (1). L'eau possède encore deux autres propriétés qui présentent un intérêt tout particulier à cause de leur rapport avec le développement des plantes.

1° Quand on jette du sel ou bien un morceau de sucre dans de l'eau, il disparaît, ou du moins il est dissous. L'eau jouit de la propriété de dissoudre ainsi une foule d'autres substances, mais en quantité plus ou moins grande.

Aussi, quand il pleut et que l'eau s'enfonce dans le sol, elle dissout quelques-unes des matières salines qu'elle y rencontre, et parvient rarement à portée des racines des plantes à l'état de pureté. C'est pour cette

---

(1) Le 32ᵉ degré du thermomètre de Fahrenheit correspond à 0 degré dans le thermomètre centigrade ; 212 degrés Fahrenheit équivalent à 100 degrés centigrades. (*Note du traducteur.*)

raison que l'eau de source est rarement pure ; elle contient toujours en solution des substances terreuses et salines, et elle en est chargée quand les racines des plantes l'absorbent.

Nous avons déjà observé que l'eau absorbe son propre volume d'acide carbonique ; elle dissout aussi des quantités moins considérables d'oxygène et d'azote dans l'air, et, quand elle rencontre dans l'atmosphère un de ces gaz, elle s'en sature et le transporte jusque dans les plantes, pour fournir une partie de leur nourriture.

2° L'eau se compose d'hydrogène et d'oxygène, et l'on peut facilement, au moyen de certains procédés chimiques, la décomposer, la résoudre *artificiellement* en ces deux gaz. Le même phénomène a lieu *naturellement* à l'intérieur des plantes pendant leur vie. Les racines absorbent de l'eau ; mais, si, dans quelque partie de la plante, il est besoin d'hydrogène pour produire une substance qu'il est dans les fonctions de cette partie de la plante d'élaborer, une partie de l'eau est décomposée, son hydrogène est utilisé, tandis que l'oxygène est mis en liberté ou employé à quelque autre usage.

De même, dans les circonstances où il y a besoin d'oxygène, l'eau est encore décomposée ; l'oxygène est employé et l'hydrogène mis en liberté. L'eau qui abonde dans les vaisseaux des plantes à l'état de croissance, si elle n'est pas convertie directement en la substance de la plante, se trouve être néanmoins une source intarissable, dans laquelle peuvent être incessamment puisés les deux éléments dont elle se compose.

Les propriétés de l'eau, ce corps que l'on rencontre partout, sont admirablement combinées , puisque ses éléments sont si bien unis entre eux, que rarement ils se séparent dans la nature extérieure; tandis qu'elle obéit facilement aux influences du pouvoir vital de la tribu la plus humble des plantes!

2° *Ammoniaque.* — Si l'on mêle le sel ammoniac du commerce avec de la chaux vive, on sent immédiatement une odeur très-forte, et il se dégage un gaz invisible qui affecte puissamment les yeux ; ce gaz est de l'ammoniaque : l'eau en absorbe une grande quantité, et c'est cette solution qui constitue l'ammoniaque liquide du commerce. — Les sels blanchâtres et solides du commerce , qui répandent une forte odeur d'ammoniaque , sont un composé d'ammoniaque et d'acide carbonique; c'est encore un exemple d'un corps solide formé par la combinaison de deux gaz.

L'ammoniaque gazeuse se compose d'azote et d'hydrogène seulement, dans la proportion de 14 du premier et de 3 du second; c'est-à-dire que 17 kilog. d'ammoniaque contiennent 3 kilog. d'hydrogène.

La principale source naturelle de l'ammoniaque, c'est la putréfaction des matières animales. Pendant la décomposition du cadavre des animaux , il se dégage invariablement de l'ammoniaque; les substances animales que l'on trouve dans les étables et tous les engrais d'origine animale en produisent aussi : il s'en dégage, mais en moins grande quantité, pendant la décomposition des substances végétales contenues dans le sol.

Ce dégagement a lieu de trois manières :

A. Comme dans les matières animales , par l'union directe de leur azote avec une portion de l'hydrogène qui les constitue ;

B. Par l'union d'une portion de leur hydrogène avec l'azote de l'atmosphère.

C. Enfin, lorsqu'elles se décomposent au contact de l'air et de l'eau , elles enlèvent de l'oxygène à une certaine quantité d'eau dont l'hydrogène , mis en liberté , se trouve à même de se combiner avec l'azote de l'air, et de former de l'ammoniaque.

Dans ces deux derniers cas , il se forme beaucoup d'ammoniaque. Ce gaz doit donc abonder dans les sous-sols ameublis et bien garnis de débris organiques. Aussi l'un des avantages de l'assainissement et de l'ameublissement du sous-sol est-il de faire pénétrer dans ce dernier les racines des plantes , de le remplir de substances végétales , parce que leur décomposition en présence de l'air limité du sous-sol provoque la production de l'ammoniaque. Lorsque l'ammoniaque est ainsi constituée dans le sol, elle est immédiatement absorbée et retenue par les acides humique et ulmique.

Dans les contrées volcaniques, il s'en échappe des laves brûlantes et des crevasses de rochers échauffés.

On la produit artificiellement par la distillation de substances animales (des sabots, des cornes , etc.) ou de la houille. Des milliers de kilogrammes d'ammoniaque , contenus dans les liqueurs ammoniacales provenant des usines à gaz et qui pourraient avantageusement être utilisés comme engrais, sont, chaque année, entraînés dans les rivières et se perdent dans la mer.

L'ammoniaque qui provient de la putréfaction de substances animales s'élève en partie dans l'air et y flotte jusqu'à ce qu'elle soit décomposée par l'influence de quelque cause naturelle, ou bien que les pluies la ramènent au sol. Sous notre climat, les plantes cultivées tirent de l'ammoniaque une portion considérable de l'azote qu'elles contiennent. On suppose que c'est une des substances les plus fertilisantes contenues dans l'engrais d'étable; et, comme, sans contredit, elle se trouve présente en plus grande abondance dans la partie liquide que dans la partie solide de ce genre d'engrais, on ne peut douter qu'il ne se perde une véritable richesse, et que l'on rejette un moyen d'obtenir des produits plus considérables, en ne mettant pas à profit l'engrais liquide, que presque partout on laisse échapper.

3° *Acide nitrique.* — L'acide nitrique est un corps liquide doué d'une force corrosive très-grande; dans le commerce, on le connaît sous le nom d'*eau-forte.* On le prépare en distillant un mélange d'acide sulfurique (huile de vitriol) et de salpêtre. L'eau-forte du commerce est de l'acide nitrique étendu d'eau.

L'acide nitrique pur est composé d'azote et d'oxygène seulement; la combinaison de ces deux gaz, si peu redoutable dans l'air atmosphérique, produit alors un liquide brûlant et corrosif.

Cet acide n'atteint jamais les racines des plantes dans son état libre et corrosif. Il existe dans plusieurs sols, il s'en forme naturellement dans les composts et dans la plupart des cas où des matières végétales se putréfient au contact de l'air; mais, dans toutes ces circonstances, il est toujours à l'état de combinaison. Avec de la potasse, il forme du nitrate de potasse (salpêtre) ; avec la soude, du nitrate de soude; avec de la chaux, du nitrate de chaux ; et c'est généralement dans l'une ou l'autre de ces combinaisons qu'il parvient aux racines des plantes.

L'acide nitrique se forme naturellement, et probablement en grande quantité dans certaines contrées, par le passage de l'électricité au travers de l'atmosphère. L'air, comme nous l'avons déjà observé, contient beaucoup d'azote et d'oxygène à l'état de mélange; mais, quand l'étincelle électrique passe au travers d'une certaine quantité d'air, de petites portions des deux gaz se combinent chimiquement, de manière qu'il se forme un peu d'acide nitrique chaque fois que l'étincelle traverse l'air. Un éclair est simplement une forte étincelle électrique ; aussi chaque éclair produit, dans son passage à travers l'atmosphère, une quantité d'acide très-appréciable. Dans les régions où les ouragans sont fréquents, il doit se produire de cette manière une masse considérable d'acide nitrique. La pluie, dans laquelle on l'a fréquemment trouvé, l'absorbe et le ramène à la surface du sol, où il produit un des nitrates que nous avons nommés plus haut.

On a longtemps observé que les parties les plus fertiles de l'Inde sont celles dont le sol renferme le plus de salpêtre. On a également remarqué que, dans plusieurs parties de cette contrée, le nitrate de soude donnait une force prodigieuse à la végétation, et l'on a fréquemment noté que, après une pluie qui suivait

un orage, la végétation semblait rafraîchie et renfor-
cée. Il n'y a donc pas de raison de douter que l'acide
nitrique agisse d'une manière bienfaisante sur la végétation générale du globe; et, puisque la végétation
est la plus luxuriante, dans les parties du globe où le
tonnerre et les éclairs apparaissent le plus souvent, il
paraîtrait que la production naturelle d'acide nitrique
dans l'atmosphère est une combinaison sage et bienfaisante, par laquelle l'état sanitaire des plantes doit
être amélioré et la vigueur de leur végétation augmentée.

C'est de l'acide nitrique, qui est produit dans tout
l'univers et que l'on rencontre partout, que les plantes paraissent tirer une grande portion de leur azote ;
mais, si l'on considère la végétation en général et la
plus grande quantité d'azote que contiennent les plantes sous tous les climats, elles doivent retirer de l'ammoniaque une partie de cet élément, mais elles le puisent moins à cette source dans les régions du tropique
que dans les contrées qui jouissent d'un climat tem-
péré.

SECTION IV. — De la constitution de l'atmosphère.

L'air que nous respirons, et qui fournit aux plantes
une portion de leur nourriture, se compose d'oxygène,
d'azote et d'une petite quantité d'acide carbonique,
avec une proportion variable de vapeur d'eau. Chaque
centaine de litres d'air sec contient environ 21 litres
d'oxygène et 79 litres d'azote. La portion d'acide carbonique contenue dans 2,500 litres d'air s'élève à 1 litre seulement, et la vapeur d'eau dans l'atmosphère

varie de 1 à 2 litres et demi sur 100 litres d'air.
L'oxygène de l'air est nécessaire à la respiration des
animaux et à l'entretien de la combustion; l'azote sert
à tempérer, pour ainsi dire, la force de l'oxygène pur;
car, sans ce gaz, les animaux vivraient et les corps
brûleraient avec trop de rapidité. La petite quantité
d'acide carbonique que renferme l'atmosphère fournit
aux plantes une partie importante de leur nourriture,
et la vapeur d'eau sert à maintenir les parties exté-
rieures des plantes dans un état humide; elle entretient
la flexibilité de ces parties; en temps convenable elle
se répand sur la terre en pluies rafraîchissantes, et, le
soir, couvre les feuilles de rosée.

La constitution de l'atmosphère est admirablement
adaptée à la nature et aux exigences de tous les êtres
vivants. L'énergie de l'oxygène se trouve tempérée,
sans être trop affaiblie, par un mélange d'azote; l'acide
carbonique, qui, tout seul, serait nuisible à la vie,
est mélangé dans une proportion si faible, qu'il ne
peut faire de mal aux animaux, tandis qu'il profite
aux plantes; et, quand l'air est surchargé de vapeur
d'eau, il a été pourvu à ce qu'elle retombât sous forme
de pluies. Ces pluies remplissent en même temps un
autre but. Il s'élève continuellement de la surface du
sol des miasmes de nature plus ou moins nuisible :
les pluies en purgent l'air, les ramènent au sol, et, par
là, remplissent une double fonction; elles purifient
l'air, rafraîchissent et fertilisent le sol sur lequel elles
tombent.

CHAPITRE III.

STRUCTURE DES PLANTES. — FONCTIONS DE LA RACINE, DE LA TIGE ET DES FEUILLES.—MANIÈRE DONT ELLES ABSORBENT LEUR NOURRITURE.—SUBSTANCES DES PLANTES, CELLULOSE, FÉCULE, SUCRE, GOMME, MUCILAGE, PECTOSE, HUILE OU MATIÈRES GRASSES, CIRE, RÉSINE ET TÉRÉBENTHINE, GLUTEN, ALBUMINE ET CASÉINE. — GERMINATION DES GRAINES, CROISSANCE DE LA PLANTE.—TRANSFORMATIONS QUI S'OPÈRENT ENTRE LA FÉCULE, LE SUCRE ET LA CELLULOSE.—PRODUCTION DE LA FIBRE CELLULAIRE PAR LA NOURRITURE ORGANIQUE DES PLANTES. — NÉCESSITÉ DE L'AZOTE, OU DES SUBSTANCES QUI LE CONTIENNENT, POUR LA CROISSANCE DES PLANTES.—FORMES SOUS LESQUELLES L'AZOTE PEUT ENTRER DANS LES VÉGÉTAUX.

C'est des corps composés que nous venons de décrire que les plantes tirent la plus grande partie du carbone, de l'hydrogène, de l'oxygène et de l'azote dont se composent leurs différentes parties. Pendant la vie, les plantes jouissent de la propriété d'absorber ces corps, de les *décomposer* à l'intérieur des nombreux vaisseaux qu'elles renferment, et de *recomposer* leurs éléments dans un ordre différent, de manière à former de nouvelles combinaisons, produits ordinaires de la végétation; considérons brièvement la structure des plantes et la manière dont elles se développent.

SECTION PREMIÈRE. — De la structure des plantes.

Une plante à l'état parfait comprend trois parties différentes : les racines, qui envoient dans toutes les directions du sol leurs ramifications et leurs fibres; un tronc, qui étale, de chaque côté, ses branches dans l'air; enfin des feuilles, qui, suspendues aux extrémités des branches et de leur pétiole, présentent à l'air qui les environne une surface plus ou moins étendue. Chacune de ces parties a une structure particulière et une fonction qui lui est propre.

Le tronc de tous les arbres se compose de trois parties : la moelle, dans le centre; le bois, qui entoure la moelle; et l'écorce, qui circonscrit le tout. La moelle consiste dans la réunion de petits tubes superposés horizontalement; le bois et l'aubier sont composés d'un assemblage de tubes allongés placés dans une position verticale, de manière à transporter les liquides de haut en bas, entre les racines et les feuilles, et à les faire redescendre. On peut facilement distinguer l'extrémité de ces tubes dans une pièce de bois sciée en travers. Une branche n'est autre chose que le prolongement du tronc; sa structure est analogue.

Les racines, à leur séparation d'avec le tronc, présentent la même structure; mais, au fur et à mesure que leur diamètre diminue, la moelle disparaît graduellement, l'écorce s'amincit, le bois se ramollit, et enfin les radicules, dont leurs extrémités sont formées, consistent seulement en une masse spongieuse et incolore, entièrement garnie de pores, et dans laquelle il devient impossible de distinguer aucune partie. C'est dans cette matière spongieuse que viennent se perdre les tubes ou vaisseaux qui descendent à travers le tronc et les racines, et qui établissent la communication entre les feuilles et les radicules.

Les feuilles ne sont autre chose que l'expansion du

pétiole qui les soutient. Les fibres que l'on voit se ramifier à la base et s'étendre à la partie inférieure sont le prolongement des vaisseaux du bois ; la partie supérieure et verdâtre de la feuille est aussi une continuation de la moelle sous une forme très-mince et très-poreuse. La partie verte de la feuille, bien qu'elle contienne une foule de pores, particulièrement en dessous, possède aussi une masse de tubes ou vaisseaux qui intersectent leur surface et communiquent avec ceux du liber.

Dans les plantes vivantes, la plupart de ces vaisseaux sont remplis de séve, et cette séve est presque continuellement en mouvement. C'est au printemps et à l'automne que le mouvement est le plus rapide ; en hiver, il est quelquefois presque imperceptible : cependant on suppose que la séve est rarement tout à fait stationnaire dans n'importe quelle partie de la plante, excepté quand elle est congelée. La séve commence son ascension à la partie spongieuse des racines, les vaisseaux du bois la transportent aux feuilles, à l'intérieur desquelles elle vient se répandre en suivant là fibre ligneuse ; de là, au moyen des vaisseaux qui intersectent la partie verte de la feuille, elle parvient aux vaisseaux du liber et descend enfin aux racines. Tout le monde comprend pourquoi les racines étendent leurs radicules dans toutes les directions : c'est pour se procurer de l'eau et une nourriture liquide qui est absorbée par la matière spongieuse et envoyée avec la séve dans la partie supérieure de l'arbre. C'est pour faciliter cette fonction des racines que, dans la culture, on mêle avec le sol certaines substances que l'on croit nécessaires ou du moins favorables à la végétation de la plante que l'on désire faire croître.

On ne voit pas d'une manière aussi frappante que les feuilles étalent dans l'air leur large surface, précisément dans le but pour lequel les racines disséminent leurs radicules dans le sol. La seule différence est dans ce point, que les racines aspirent principalement des *liquides*, tandis que les feuilles absorbent presque uniquement des *gaz. Exposées aux rayons du soleil, les feuilles absorbent continuellement de l'acide carbonique dans l'air, et elles rejettent de l'oxygène;* c'est-à-dire qu'elles s'approprient continuellement du carbone aux dépens de l'atmosphère (1). *Quand vient la nuit, cette opération cesse, et elles commencent à rejeter l'acide carbonique et à absorber de l'oxygène.* Mais cette dernière fonction ne s'opère pas avec autant de rapidité que la première, de sorte que, en somme, la plante s'approprie, pendant sa croissance, une grande quantité de carbone dans l'air. Cependant la quantité du carbone absorbé varie suivant le climat, la saison et l'espèce de la plante. La proportion du carbone contenu dans la plante et qui a été puisé dans l'air est aussi puissamment modifiée par le sol sur lequel elle croît, et par la quantité de nourriture liquide qui se trouve à portée de ses racines. On a constaté que, sous le climat de la Grande-Bretagne,

---

(1) Puisque l'acide carbonique ne se compose, comme nous l'avons dit dans le chapitre précédent, que de carbone et d'oxygène, il est évident que les feuilles ne retiennent que le carbone et rejettent l'oxygène. *(Note de l'auteur.)*

pas moins du tiers ou des quatre cinquièmes, en moyenne, du carbone contenu dans des produits récoltés sur des terrains de fertilité ordinaire proviennent réellement de l'atmosphère.

Nous voyons donc par là pourquoi, dans la zone du pôle arctique, où le soleil une fois levé ne disparaît pas pendant tout l'été, les plantes devraient presque s'élever à vue d'œil du sol glacé, puisque la feuille verte s'approprie constamment le carbone de l'air sans jamais rien perdre, qu'elle absorbe toujours l'acide carbonique sans jamais en rendre, puisqu'il ne survient pas de ténèbres pour interrompre ou suspendre le travail de la végétation.

Combien est belle aussi l'organisation de la feuille! L'air ne contient que la 2,500e partie de son volume d'acide carbonique, et cette proportion a été réglée de manière à ne pas troubler le bien-être et la santé des animaux auxquels ce gaz est nuisible. Mais, afin de s'emparer de cette faible quantité d'acide carbonique, les arbres étalent des milliers de mètres carrés de feuillage, flottant incessamment dans une atmosphère en locomotion constante; et, par l'action réunie de millions de pores, la matière qui compose le bois de forêts entières se trouve lentement enlevée aux vents. La tige verte des jeunes pousses et les brins d'herbe absorbent de l'acide carbonique aussi bien que les feuilles, et de cette manière la plante peut s'approvisionner plus abondamment quand sa croissance est le plus rapide, ou bien quand la courte durée de la vie des plantes annuelles exige une grande quantité de nourriture dans un temps donné.

Les feuilles ou parties jaunes et rouges des plantes n'exhalent pas d'oxygène.

SECTION II. — Des substances des plantes. — Fibre ligneuse, fécule, sucre, gomme, etc.

C'est ainsi que la plante parfaite s'empare de sa nourriture soit dans le sol, soit dans l'air.

La substance, les graines des végétaux recèlent une grande variété de composés ; on peut les diviser en trois groupes principaux.

Lorsqu'une quantité quelconque de farine est réduite en pâte, et que cette pâte, pétrie à la main sur un morceau de mousseline ou sur un tamis bien fin, est soumise à un filet d'eau, on remarquera que l'eau qui passe à travers la mousseline ou le tamis est blanche comme le lait.

Après le lavage, il reste entre les mains une substance collante et glutineuse comme la glu des oiseaux ; dans le vase où l'eau laiteuse aura été recueillie, il se forme un dépôt de particules d'un blanc pur. Cette poudre est de la *fécule*, et la substance collante est du *gluten*. La fécule et le gluten sont, par conséquent, les deux matières principales de la farine et du grain. Elles forment le type des deux premiers groupes de substan ces dont les parties nutritives des plantes sont composées.

D'un autre côté, si l'on fait bouillir, dans de l'alcool ou de l'éther, du froment concassé, de l'avoine, du maïs, de la graine de lin , ou même de la paille et du foin hachés, on extraira une certaine quantité d'huile ou de matières grasses, de la cire et de la résine en solution. Pour mettre à nu ces nouvelles subtances , on fait évaporer l'alcool ou l'éther. L'huile , les matières grasses., la cire constituent le troisième groupe de substances rencontrées en plus ou moins grande quantité dans les végétaux.

Nous allons décrire brièvement les corps qui font partie de ces trois groupes.

Groupe des fécules. — Il comprend un grand nombre de différents corps, se distinguant par des propriétés variées, mais cependant tous caractérisés par la même composition , *carbone* et *eau*.

Les corps principaux qui appartiennent à ce groupe sont :

1° *Cellulose ou fibre ligneuse.* — La cellulose constitue les parois des cellules dans les végétaux, les fibres du coton et du lin, une grande portion de la substance du bois, du foin, de la paille , etc.; elle est insoluble dans l'eau, soit à l'état frais, soit à l'état sec. Toutefois la cellulose qui se trouve dans les fourrages semble être légèrement soluble dans l'estomac des animaux. Sa composition est de 16 parties en poids de carbone et de 21 parties d'eau.

2° *Fécules.* — Il en existe plusieurs variétés outre celles que l'on rencontre dans la farine de froment , d'avoine, d'orge, de pommes de terre, etc. Elles sont toutes insolubles dans l'eau froide; jetées dans l'eau bouillante, elles se coagulent comme de la gelée. La mousse d'Islande et quelques autres lichens contiennent de la fécule qui diffère un peu de la fécule ordinaire. On trouve également, dans les racines du dahlia et de la dent-de-lion, une fécule qui se dissout dans l'eau bouillante sans se coaguler, et qui retombe en poudre lorsque la solution se refroidit.

La fécule ordinaire, celle de la dent-de-lion et des lichens, se compose de 36 parties en poids de carbone et de 45 parties d'eau. La fécule du dahlia contient une proportion d'eau un peu plus forte.

3° *Gommes.* — La fécule ordinaire, desséchée dans un four à 147 degrés C., ou mélangée à de l'eau contenant un peu d'acide sulfurique, se change en une substance soluble gommeuse et adhésive, connue sous le nom de *dextrine.* On suppose que, dans cet état soluble, la fécule existe abondamment dans la séve des plantes. On appelle *arabine* la gomme arabique, qui est soluble dans l'eau froide; *césarine* la gomme des cerisiers, insoluble dans l'eau froide, mais soluble dans l'eau bouillante.

Ces trois variétés de gommes se composent, comme la fécule ordinaire, de 36 parties en poids de carbone unies à 45 parties d'eau.

4° *Mucilages.* — On donne ce nom à la gomme adragant, qui ne se dissout pas dans l'eau, mais s'y gonfle en se coagulant; à la matière tenace que l'eau extrait de la graine de lin et autres graines oléagineuses; au produit coagulé obtenu des racines de l'orchis, de la mauve, etc.

Ils se composent de 48 parties en poids de carbone et de 57 parties d'eau.

5° *Sucres*. — On rencontre plusieurs espèces de sucre dans la séve des plantes. Les principales sont le sucre de canne et le sucre de raisin.

Le sucre de canne se trouve dans la canne à sucre, dans l'érable, la betterave, les tiges de froment, et dans beaucoup d'autres plantes. A l'état ordinaire de pain de sucre, de sucre cristallisé, de sucre candi, etc., il consiste en 48 parties en poids de carbone et 66 parties d'eau.

Le sucre de raisin ou glucose existe naturellement dans les grappes de raisin, dans les fruits, dans le miel; on peut le produire artificiellement en faisant bouillir un certain temps de la cellulose ou de la fécule dans de l'eau légèrement acidulée avec de l'acide sulfurique (huile de vitriol). Sa saveur est moins douce que celle du sucre de canne. A l'état cristallin, il se compose de 48 parties en poids de carbone et de 84 parties d'eau.

La table suivante indique la composition relative de ces diverses substances. Le nombre 100 est pris pour unité et les chiffres expriment des centièmes.

	Carbone.	Eau.
Cellulose ou fibre ligneuse	43	57
Fécule	44	56
Gomme	44	56
Mucilage	46	54
Sucre de canne	42	58
Sucre de raisin	36	64

En affirmant que tous ces corps sont constitués par du carbone et de l'eau, j'ai adopté, pour être plus clair et plus simple, un mode d'expression dont la rigueur n'est pas encore bien prouvée. Il n'est pas certain que l'eau proprement dite s'y trouve dans les proportions indiquées plus haut ; seulement ces corps contiennent de l'hydrogène et de l'oxygène dans les rapports de 1 à 8, qui sont les rapports de composition de l'eau. On a donc pu, pour être plus simple et plus clair, supposer ces deux gaz combinés sous forme d'eau dans les végétaux.

6° *Pectose.* — Cependant il existe quelques substances végétales qui, ressemblant à la fécule et à la gomme, pourraient être classées avec elles, et qui ne contiennent pas l'hydrogène et l'oxygène dans les proportions pour faire de l'eau. Ainsi il n'existe pas de fécule dans les fruits charnus, tels que la prune, la pêche, l'abricot, la pomme, la poire, etc., et dans les bulbes ou racines des turneps, de la carotte, des panais, etc. ; elle est remplacée par une substance appelée *pectose.* La pectose est presque aussi nutritive que la fécule, et joue les mêmes rôles dans l'alimentation ; mais elle contient moins d'hydrogène, plus d'oxygène, et se modifie très-facilement dans la plante et l'estomac des animaux.

SECTION III. — Substances grasses des végétaux.

Les substances grasses des végétaux sont de trois espèces : les substances grasses proprement dites et les huiles, les cires, les huiles-térébenthines et les résines ; toutes contiennent une quantité d'oxygène trop petite pour pouvoir convertir en eau leur hydrogène.

1° Les *matières grasses proprement dites*, trouvées jusqu'ici dans les végétaux, se divisent en deux classes, les matières grasses solides et les fluides.

A. *Matières grasses solides.* — Quand on expose à une température très-basse de l'huile d'amande, d'olive ou de graine de lin, une partie se congèle et se solidifie. Cette partie peut être retirée et débarrassée, par la pression, du reste d'huile fluide interposée. On l'obtient de presque toutes les huiles végétales. Elle est connue sous le nom de *margarine* ; elle est identique avec la partie solide du beurre, avec la graisse de l'homme, du cheval, et de quelques autres animaux.

Quelques plantes donnent une matière grasse solide appelée *stéarine*, complétement analogue à la graisse de cochon, de vache, de mouton, de chèvre et de beaucoup d'autres animaux.

B. *Matières grasses fluides.* — Elles sont connues sous le nom d'*élaïne*. Celle que l'on obtient des huiles d'amande, d'olive, etc., appelées *huiles grasses*, diffère un peu de celle que l'on retire de l'huile de graine de lin, de noix, et autres appelées *huiles siccatives*.

2° Les *cires.* — Beaucoup de végétaux produisent de la cire. Cette substance revêt d'une couche légère les fleurs, les feuilles d'un grand nombre d'arbres, et forme l'efflorescence qui recouvre le raisin et les quatre fruits. Les abeilles s'en emparent pour l'accumuler dans leurs ruches. Bien que variant dans leurs propriétés, les différentes cires n'en possèdent pas moins les caractères généraux suivants : elles sont insolubles dans l'eau, partiellement solubles dans l'alcool, presque insipides et très-combustibles.

3° Les *huiles-térébenthines* et les *résines* abondent dans les arbres de la famille des conifères. Toutes sont insolubles dans l'eau, très-solubles dans l'alcool, beaucoup plus combustibles que les graisses et les cires, et contiennent une très-petite proportion d'oxygène.

On ne trouve rien dans le corps des animaux qui ressemble à la cire ou à la résine.

SECTION IV. — Substances végétales contenant de l'azote : gluten, albumine, caséine, etc.

Nous avons vu que, après avoir lavé la pâte de farine de froment (page 38), il restait sur le tamis ou sur la mousseline une portion à laquelle on a donné le nom de *gluten*. Cette substance, outre l'oxygène, l'hydrogène et le carbone qui composent les corps décrits dans les sections précédentes, contient, en plus, de l'azote ; elle représente une classe entière de matières importantes dans lesquelles l'azote entre comme constituant. Nous allons mentionner les principales :

1° *Gluten*. — Il est obtenu directement par le lavage de la pâte de farine. L'eau ne le dissout pas ; mais il est soluble en partie dans l'alcool qui en extrait de l'huile grasse ; il est entièrement soluble dans le vinaigre (acide acétique), ou dans des solutions de potasse caustique ou de soude. Outre l'huile grasse qu'il recèle, le gluten tel qu'il est obtenu du lavage contient au moins deux substances, dont l'une (*glutine*) est soluble dans l'alcool, tandis que l'autre y est insoluble, et ressemble beaucoup à l'*albumine coagulée*.

2° *Albumine*. — Le blanc d'œuf est ce que les chimistes appellent l'*albumine*. A l'état de nature, l'albumine est un liquide épais et glaireux, qui peut être étendu ou dissous dans l'eau, mais qui se coagule ou se solidifie lorsqu'il est chauffé à la température de l'eau presque bouillante. Quand il est coagulé, il est insoluble dans l'eau ou dans l'alcool, et soluble dans le vinaigre, dans les solutions de potasse caustique ou de soude.

Si l'on fait chauffer le jus ou la séve extraits d'une plante, on voit se coaguler une substance solide qui se sépare en flocons blancs et opaques; cette substance possède presque les mêmes propriétés que l'albumine des œufs, et porte le nom d'*albumine végétale*.

D'après cela, il devient évident que l'albumine existe dans les végétaux à l'état liquide, comme dans la séve, et à l'état solide ou coagulé, comme dans le gluten, dans la cosse et l'enveloppe de beaucoup de graines, dans les parties solides des plantes ligneuses et herbacées.

3° *Caséine*. — Du vinaigre ou de l'acide chlorhydrique étendu d'eau coagule ou fait cailler le lait dans lequel on le jette. Un caillot blanc est ainsi séparé de la partie séreuse, communément appelée *petit-lait*. L'alcool ou l'éther dissout des matières grasses ou butyreuses contenues dans le caillot. Ce qui reste est un caillot pur auquel les chimistes ont donné le nom de *caséine*.

On obtient une matière possédant à peu près les mêmes propriétés que la caséine du lait, en mêlant de l'eau froide à de la farine d'avoine, et en agitant le tout pendant une demi-heure. On laisse reposer, on décante le liquide devenu clair; mais l'addition d'un peu d'acide le trouble et fait précipiter une poudre blanche qui est précisément cette matière.

La séve de presque toutes les plantes, le jus exprimé de la pomme de terre, du turneps et d'autres racines soumises à la cuisson, la farine de haricots, de pois traitée par l'eau chaude, donnent, par le moyen d'un réactif acide, des précipités dont la nature diffère peu.

La caséine végétale est, par conséquent, une des parties constitutives des plantes les plus cultivées et les plus connues.

Toutes ces substances sont des combinaisons d'un corps appelé *protéine*, et sont souvent désignées sous la dénomination générale de *composés de protéine*. Outre du carbone, de l'oxygène et de l'hydrogène, elles contiennent toutes, à l'état sec, 16 pour 100 environ d'azote, 1 à 2 pour 100 de soufre, et une proportion généralement plus petite de phosphore.

SECTION V. — De la germination des grains et de la croissance des plantes.

Quand l'humidité et la chaleur favorisent le grain qui a été mis en terre, il germe; il jette une pousse en l'air et une racine en bas; mais, jusqu'au moment où la feuille est bien dilatée et la racine bien entrée dans le sol, la jeune plante ne retire, soit de la terre, soit de l'air, d'autre nourriture que de l'eau; elle vit sur la fécule et le gluten contenus dans la semence. Mais, bien que ces deux substances puissent être séparées par l'eau, comme nous l'avons déjà dit, elles ne jouissent, ni l'une ni l'autre, de la faculté de se dissoudre dans l'eau ; d'où il résulte que, sans subir un changement dans leur constitution, elles ne peuvent pas se mêler à la séve et être transportées par elle dans les pores de la jeune plante qu'elles sont destinées à nourrir. Mais, lorsque le grain germe, il se produit d'une portion du gluten et à la base de la tigelle une petite quantité d'une substance (la diastase) qui exerce sur la fécule une action si puissante, qu'elle la rend immédiatement soluble dans la séve, qui, par là, acquiert la propriété de l'enlever et de la transporter à la tigelle ou à la radicelle à mesure qu'elles en ont besoin (1).

La fécule, ainsi modifiée et rendue soluble, devient la dextrine, dont nous avons déjà parlé.

Lorsque la fécule manque dans les grains, elle est remplacée dans ses fonctions par le mucilage et l'huile, qui nourrissent le jeune plant.

Dans son ascension, la séve devient douce, car la fécule, ainsi dissoute, se transforme en sucre. Quand

---

(1) Quand on fait germer de l'orge, on la laisse produire une tige d'une certaine longueur, et on en arrête la croissance en la séchant par l'application de la chaleur. La farine d'orge moulue avant la germination du grain ne se dissout pas dans l'eau ; mais, si le grain a été broyé après avoir germé, toute la fécule qu'il contient se dissout promptement, si on chauffe légèrement. Cette différence résulte de l'action de la diastase formée par la germination. En chauffant dans la cuve du brasseur, la fécule se transforme en sucre, exactement comme elle le fait pendant le développement de la jeune plante. *(Note de l'auteur.)*

la tige commence à se colorer en vert, le sucre se transforme en fibre ligneuse, dont est principalement composée la tige de toute plante parfaite. Lorsque la nourriture contenue dans la semence est épuisée, et souvent, comme dans le cas de la pomme de terre, bien avant cette période, la plante peut vivre par ses propres efforts aux dépens de l'atmosphère et du sol.

Cette transformation du sucre contenu dans la séve en fibre ligneuse peut s'observer plus ou moins facilement dans toutes les plantes. Quand elles poussent avec le plus de rapidité, c'est alors que le sucre se trouve être le plus abondant, non pas dans les parties qui se développent, mais dans celles qui envoient la séve aux parties croissantes. Ainsi le sucre contenu dans la séve ascendante de l'érable et de l'aune ne se rencontre pas dans la feuille et les extrémités du pétiole ; de même, la canne à sucre est douce, seulement à partir d'un peu au-dessus du sol jusqu'à la partie où la nouvelle pousse se développe ; de même, les betteraves et les turneps encore jeunes contiennent beaucoup de sucre, tandis que le principe saccharin diminue à mesure que la végétation de l'année tire à sa fin.

Pendant la maturation de l'épi, le goût sucré, si facile à distinguer dans le commencement, diminue peu à peu et finit par disparaître entièrement. Dans ce cas, le sucre de la séve se transforme en fécule ; et nous avons déjà fait observer que cette fécule est destinée à se convertir en sucre, après que la germination a eu lieu, afin de fournir au développement du germe.

Pendant la maturation des fruits, il se passe une série de transformations distinctes. Le fruit est d'abord insipide, puis il devient acide, et enfin doux. Dans ce cas, le suc acerbe du fruit qui n'est pas mûr donne naissance au sucre contenu dans le fruit parvenu à maturité.

SECTION VI. — Formation, par la nourriture organique, de la matière cellulaire ou ligneuse des plantes.

La substance des plantes, c'est-à-dire leurs parties solides, consiste principalement en fibre ligneuse, nom donné à la matière fibreuse dont le bois est évidemment composé. Il est fort intéressant de rechercher comment cette substance peut être formée par l'acide carbonique et l'eau, qui constituent en grande partie la nourriture des plantes : la solution du problème est facile à trouver.

On se rappelle que la feuille absorbe de l'acide carbonique dans l'air, restitue l'oxygène à l'atmosphère, et s'approprie seulement le carbone ; on sait aussi que la séve contient beaucoup d'eau. De ces deux faits, il résulte que le carbone et l'eau sont toujours en grande abondance dans les pores ou les vaisseaux de la feuille ; mais la fibre ligneuse est formée seulement de carbone et d'eau combinés chimiquement, puisque 100 kilog. de fibre ligneuse sèche contiennent 43 kilog. de carbone et les éléments de 57 kilog. d'eau : il est donc facile de concevoir comment, quand le carbone et l'eau se rencontrent dans la feuille, leur combinaison peut produire de la fibre ligneuse.

Si nous voulons rechercher comment cette importante matière des plantes peut provenir des autres substances qui s'introduisent par les racines, l'acide ulmique, par exemple, nous trouverons que cet acide, lui aussi, est composé de carbone et d'eau seulement, puisque 50 kilog. de carbone et 37 1/2 kilog. d'eau forment de l'acide ulmique, de sorte que, lorsqu'il est mélangé avec la séve, il se trouve dans la plante tous les matériaux qui servent à la production de la fibre ligneuse.

Il n'est pas difficile de comprendre comment la fécule peut se transformer en sucre, et ce sucre en fibre ligneuse ; ou bien encore, comment le sucre peut être converti en fécule dans le grain des céréales, ou bien la fibre ligneuse en sucre dans la maturation de la poire d'hiver, après qu'elle a été cueillie. *Chacune de ces substances peut être représentée par du carbone et de l'eau seulement*, ainsi qu'il suit :

50 kilog. et 50 kilog. forment 100 kilog. de fibre ligneuse:

de carbone	d'eau			
50 —	37 1/2	—	87 1/2	d'acide ulmique.
50 —	72 1/2	—	122 1/2	de sucre de canne, fécule ou gomme.
50 —	56	—	106	de vinaigre.

Quelle que soit celle de ces substances qui se trouve contenue dans la séve, il est clair que la plante aura toujours à sa disposition tous les éléments nécessaires pour composer un des autres produits. L'examen de la manière dont ces diverses substances sont produites les unes par les autres, et des circonstances qui favorisent ces transformations, nous entraînerait dans des détails trop minutieux pour qu'ils puissent trouver place ici.

Nous ne pouvons nous défendre d'un sentiment d'admiration en voyant à combien de buts différents la nature emploie les mêmes éléments, et combien sont simples et peu nombreux les matériaux qui, pendant la vie des végétaux, produisent, chaque jour, des substances jouissant de propriétés aussi variées.

SECTION VII. — Nécessité de l'azote ou des substances qui le contiennent pour la croissance de la plante ; formes sous lesquelles il peut s'introduire par les racines.

Mais une substance contenant de l'azote est nécessaire à la production de ces changements admirables et variés qui interviennent dans la séve de la plante aux différentes périodes de sa végétation.

Nous avons vu que, dans la graine, le gluten insoluble qu'elle contient est partiellement changé en substance soluble (diastase) par laquelle est déterminée la première altération de la fécule insoluble en dextrine soluble. Le reste du gluten monte ou descend graduellement, avec la séve, sous une forme soluble qui n'est pas encore bien déterminée ; s'il n'est pas la cause des changements successifs auxquels sont soumis la fécule, le sucre et la gomme de la séve, il n'en est pas moins toujours présent lorsque ces changements ont lieu.

Quelques composés azoteux doivent nécessairement toujours se trouver sur chaque point du jet ou de la racine en croissance, lorsqu'il s'agit d'en augmenter le volume ; car on reconnaît distinctement des doses très-appréciables, quoique petites, de ces composés dans l'intérieur des nouvelles cellules. Il y a dans les radicelles de l'orge qui germe 52 pour 100 d'une substance qui contient de l'azote, tandis que le grain lui-même n'en renferme que 14 pour 100. Cette substance semble présider à la conversion des matières solubles de la séve en fibres insolubles de la cellule. C'est encore en sa présence que le sucre et la gomme de la séve se modifient pour former la fécule de l'épi. Elle se retrouve en quantités plus considérables dans la graine nouvellement produite que dans la graine mûre. Lorsque le pois commence à se manifester dans la cosse, elle constitue 48 pour 100 du poids total (Payen), tandis que dans le pois mûr elle ne dépasse pas la moitié de cette quantité.

Quand la fécule ou le sucre subit un changement, le composé azoté subit un changement parallèle; et, comme la transformation de la fécule de la graine en sucre de la séve est accompagnée par le changement de son gluten en diastase et autres composés solubles, réciproquement, la transformation du sucre de la séve en fécule de l'épi est accompagnée par la production correspondante du gluten insoluble du grain en voie de maturité.

Il est avéré que les feuilles des plantes en pleine végétation exposées aux rayons du soleil exhalent de l'azote en quantités qui varient selon l'espèce, probablement aussi selon l'âge de la plante et d'après la durée de cette exposition. Cet azote semble dériver du gluten et autres composés azotés (protéine) qui se transforment continuellement dans la séve, et qui sont nécessaires aux différentes fonctions du végétal.

L'importance de l'azote pour la venue des végétaux dans toutes ses phases est donc établie; elle fait ressortir, comme conséquence, l'utilité d'appliquer des engrais qui contiennent de l'azote.

On n'a point encore prouvé sous quelle forme de combinaison l'azote était le mieux approprié pour favoriser la croissance de nos récoltes : il s'introduit ordinairement, dans les racines, sous forme d'ammoniaque, d'acide nitrique, ou la forme de l'une de ces combinaisons nombreuses qui ont lieu dans le sol entre l'ammoniaque et les acides humique et ulmique. Les engrais animaux peuvent devoir une partie de leur action bienfaisante à la faculté qu'ils ont de fournir d'autres composés azotés, que la plante peut convertir directement et sans peine en une portion de sa substance.

La plante croît rapidement à l'aide du gluten contenu dans la graine; pourquoi ne réussirait-elle pas aussi bien à l'aide de composés analogues placés à sa portée dans le sol et absorbés par les racines? Il ne semble pas qu'il y ait de fortes raisons pour croire ce que prétendent quelques auteurs en affirmant que les plantes de nos terres cultivées dérivent *tout* leur azote de l'ammoniaque et de l'acide azotique à la fois, et non de l'ammoniaque seule.

La végétation qui se montre à la surface du vinaigre, et qui le rend épais et glaireux, est formée par le vinaigre lui-même (1), et par une substance azotée qu'il

---

(1) On doit se rappeler que le vinaigre pur (*acide acétique*) se

tient en solution, ressemblant beaucoup au gluten. De même, la moisissure du pain et des pâtes provient de la présence, dans la farine, de la fécule et du gluten, qui lui offrent des principes de vie. Enfin le sucre du moût et la modification du gluten de l'orge sont encore les causes déterminantes de la petite végétation que l'on remarque dans les cuves du brasseur.

Dans tous ces cas, la substance de la plante est formée par l'union directe de composés ayant une grande analogie avec ceux dont on la trouve constituée à l'analyse, et, quoique les végétations dont nous venons de parler diffèrent beaucoup des plantes que nous cultivons pour notre usage, cependant leur mode de formation ressemble au mode par lequel les substances contenues dans la séve produisent réellement les parties solides de la plante. Si donc on peut faire entrer directement ces substances dans la circulation de nos plantes cultivées, il est raisonnable de supposer que le développement de ces dernières sera tout aussi bien favorisé que si les racines n'absorbaient que de l'acide carbonique pour fournir du carbone, et de l'ammoniaque pour fournir de l'azote.

En d'autres termes, les probabilités sont, à mon avis, en faveur de l'opinion qui admet que les substances animales contenant de l'azote peuvent entrer directement dans les racines lorsqu'elles sont rendues solubles par la fermentation, et peuvent nourrir nos

---

composé, comme la fécule et la fibre ligneuse, de carbone et d'eau seulement.

récoltes sans être décomposées d'abord en ammoniaque ou en acide azotique. Toutefois la question a besoin de recevoir encore une solution définitive par l'expérience directe sur les champs ou dans les jardins.

CHAPITRE IV.

CONSTITUANTS INORGANIQUES DES PLANTES. — POTASSE, SOUDE, CHAUX, MAGNÉSIE, SILICE, ALUMINE, OXYDE DE FER, OXYDE DE MAGNÉSIE, SOUFRE, ACIDE SULFURIQUE, PHOSPHORE, ACIDE PHOSPHORIQUE, CHLORE.—LEUR SOURCE IMMÉDIATE.—QUANTITÉS CONTENUES DANS LES PLANTES ET DANS LES PARTIES DES PLANTES, VARIANT EN BEAUCOUP DE CIRCONSTANCES. — COMPOSITION OU QUALITÉ DES CONSTITUANTS INORGANIQUES DES PLANTES, VARIANT ÉGALEMENT SUIVANT BEAUCOUP DE CIRCONSTANCES. — QUANTITÉ MOYENNE DE CHAQUE CONSTITUANT DANS CERTAINES RÉCOLTES ORDINAIRES ET DANS UNE SÉRIE DE RÉCOLTES. —DÉDUCTIONS PRATIQUES A TIRER DE LA CONNAISSANCE DES CONSTITUANTS INORGANIQUES DES PLANTES.

SECTION PREMIÈRE. — Sources des matières terreuses des plantes. — Composition de ces substances.

Les plantes laissent toujours, après leur combustion, plus ou moins de cendres; ces cendres varient en quantité dans différentes plantes, dans différentes parties d'une même plante, et quelquefois aussi, dans divers individus d'une même espèce de plantes, surtout si elles ont été récoltées sur des sols différents. Cependant les cendres ne font jamais totalement défaut; elles semblent être aussi nécessaires à l'existence d'un végétal à l'état de santé parfaite, que l'un des éléments qui constituent la partie organique ou combustible du bois ; la plante doit donc les obtenir en même temps que la nourriture sur laquelle elle vit : c'est, en effet, une partie de sa nourriture naturelle, puisqu'elle devient maladive du moment qu'elle en est privée ; en conséquence, nous la nommerons *nourriture inorganique* des plantes.

Nous avons vu que tous les éléments nécessaires à la production de la fibre ligneuse et des autres parties organiques des plantes peuvent provenir, soit de l'atmosphère, par l'acide carbonique et la vapeur d'eau qu'absorbent les feuilles, soit du sol, par l'intermédiaire des racines. On sait qu'il existe une très-petite quantité de matières inorganiques ou terreuses en suspension dans l'air, encore sont-elles à l'état solide ; de sorte qu'il est impossible qu'elles pénètrent à l'intérieur de la plante par les feuilles. Les matières terreuses dont se composent les cendres doivent donc provenir du sol.

La partie terreuse du sol remplit conséquemment deux offices : ce n'est pas seulement, comme l'ont supposé quelques auteurs, un milieu dans lequel la plante peut se fixer et s'enraciner de manière à conserver sa position verticale, malgré l'effort des vents et des tempêtes, c'est aussi un magasin de nourriture dans lequel les racines peuvent choisir telle ou telle substance terreuse nécessaire à leur croissance ou propre à l'activer. Les cendres des plantes consistent dans un mélange de plusieurs et quelquefois de onze matières terreuses différentes, savoir :

1° La *potasse*, ou cendre perlée du commerce, est un composé de potasse et d'acide carbonique ; c'est un carbonate de potasse : en le dissolvant dans de l'eau et faisant bouillir la solution avec de la chaux vive, l'acide carbonique lui est enlevé, et l'on obtient de la potasse pure que l'on nomme souvent potasse caustique.

2° *Soude*. Celle du commerce est un carbonate de soude ; en faisant bouillir sa solution avec de la chaux vive, l'acide carbonique est absorbé comme dans le cas de la potasse.

3° *Chaux*. Ce corps est familier à tout le monde, sous la forme de calcaire coquillier, ou bien sous celle de chaux calcinée. Le calcaire non brûlé est un carbonate de chaux ; on le prive de son acide carbonique en le faisant chauffer dans un fourneau.

4° *Magnésie*. Elle est connue, dans le commerce, sous le nom de magnésie calcinée. La magnésie non calcinée est un carbonate de magnésie dont on sépare l'acide carbonique par l'application de la chaleur.

5° *Silice*. C'est ainsi que les chimistes nomment la matière dont se composent le silex, le quartz, les sables siliceux et le grès.

6° *L'alumine* est la base de l'alun : on peut l'obtenir pure en dissolvant de l'alun dans de l'eau et en ajoutant, à la solution, de l'ammoniaque liquide ; elle entre environ pour deux cinquièmes dans le poids de la porcelaine, de la terre de pipe et de quelques autres espèces d'argile d'une grande ténacité.

7° *Oxyde de fer*. La forme la plus familière sous laquelle ce corps se présente à nous est la rouille qui recouvre le fer exposé dans les endroits humides ; c'est un composé de fer et d'oxygène : de là lui est venu le nom d'*oxyde*.

Il y a deux variétés d'oxyde de fer. L'oxyde de fer *rouge*, qui communique sa couleur à la rouille et à nos terrains rouges ; il est insoluble dans l'eau et absorbe l'ammoniaque en une certaine proportion. L'oxyde de fer *noir*, qui donne sa couleur aux nombreuses argiles bleues ; il est soluble dans les acides faibles. Sa production a lieu par l'action des matières organiques contenues dans le sol sur l'oxyde de fer rouge. On le considère comme très-nuisible aux racines des plantes.

8° *Oxyde de manganèse.* C'est une poudre brune ; elle est formée d'oxygène en combinaison avec un métal qui ressemble au fer, et auquel on a donné le nom de manganèse. L'oxyde de manganèse existe en très-petites quantités seulement dans les plantes et dans le sol.

9° *Soufre.* Cette substance est connue. On la rencontre dans presque toutes les parties des plantes et des animaux. Elle se trouve en forte proportion dans la graine de moutarde ; elle forme une partie constituante nécessaire au gluten du froment, du blanc d'œuf, de la fibre musculaire du bœuf, du lait caillé, et un vingtième en poids des cheveux et de la laine ; semée avec de la graine de turneps, elle la préserve de l'attaque du puceron.

L'*acide sulfurique*, ou huile du vitriol, se compose de soufre et d'oxygène ; c'est un liquide très-corrosif, capable de dissoudre un grand nombre de corps organiques et inorganiques. On s'est servi, dans ces derniers temps, d'acide sulfurique étendu d'eau pour macérer l'orge et comme engrais pour les turneps. Ramené à un degré plus énergique, on l'emploie à dissoudre les os destinés à l'agriculture.

L'acide sulfurique forme, avec la potasse, un sulfate de potasse ; avec la soude, un sulfate de soude (sel de Glauber) ; avec la chaux, du sulfate de chaux (gypse) ; avec de la magnésie, du sulfate de magnésie (sel d'Epsom) ; avec de l'alumine, du sulfate d'alumine ; et, avec de l'oxyde de fer, du sulfate de fer ou vitriol du commerce. Quand le sulfate de potasse se trouve combiné avec le sulfate d'alumine, il constitue l'alun ordinaire.

10° Le *phosphore* est une substance molle et d'un blanc jaunâtre ; au contact de l'air, il prend feu avec promptitude et produit, par sa combustion, une épaisse fumée blanche. Cette fumée est un composé de phosphore avec l'oxygène de l'air ; on lui a donné le nom d'acide phosphorique. Dans les cendres des végétaux, on rencontre le phosphore à l'état d'acide phosphorique, bien qu'il soit probable que, pendant la végétation d'une plante, tout le phosphore qu'elle contient ne s'y trouve pas sous cette forme.

L'acide phosphorique donne des phosphates avec la potasse, la soude, la chaux et la magnésie. Quand on brûle des os, on obtient une grande quantité de cendres blanches ; ce résidu est du phosphate de chaux, un composé d'acide phosphorique et de chaux. Le phosphate de chaux se rencontre généralement dans les cendres des plantes ; c'est dans celles du froment et de quelques autres espèces de grains que l'on rencontre le phosphate de magnésie en plus grande abondance.

11° *Chlore.* Le chlore est un gaz très-suffocant ;

c'est lui qui donne au chlorure de chaux son odeur caractéristique : on l'obtient facilement en répandant de l'acide hydrochlorique (esprit de sel) sur l'oxyde noir de manganèse du commerce. En combinaison avec les bases métalliques de la potasse, de la soude, de la chaux et de la magnésie, il forme des chlorures de potassium, de sodium (sel marin), de calcium et de magnésium (1). C'est sous l'une ou l'autre de ces formes que, en général, il pénètre dans les racines des plantes, et qu'on le rencontre dans leurs cendres.

Telles sont les substances inorganiques que l'on trouve généralement mélangées ou combinées entre elles dans les cendres des plantes.

Nous avons déjà fait observer que la quantité de cendres provenant d'un poids donné de matière végétale varie suivant un grand nombre de circonstances ; un tel fait mérite une attention toute particulière.

SECTION II. — De la différence qui existe dans la quantité de cendres provenant de différentes plantes.

1° La quantité de cendres que l'on retire de *plantes différentes* est fort variable. Ainsi 1,000 kilog. des matières végétales suivantes prises à leur état ordinaire

---

(1) La potasse, la soude, la chaux et la magnésie sont des composés d'oxygène et des métaux que nous venons de nommer. N'est-ce pas un fait bien remarquable que le chlore (ce gaz si suffocant) en combinaison avec le sodium (un métal qui s'enflamme au contact de l'eau) produise ce condiment si nécessaire et si agréable, le sel commun ?   (*Note de l'auteur.*)

de siccité donnent, en moyenne, les quantités de cendres ci-après :

Froment environ		20	kilogrammes.
Orge		30	
Avoine		40	
Seigle		20	
Maïs		15	
Fèves		30	
Pois		30	
Paille de froment		50	
— d'orge		50	
— d'avoine		60	
— de seigle		40	
— de maïs		50	
— de pois		50	
Foin de prairie	50 à	100	
— de trèfle	90		
— de raygrass	95		
Pommes de terre	8 à	15	
Turneps	5 à	8	
Carottes	15 à	20	

De sorte que la quantité de nourriture inorganique que réclament différents végétaux varie suivant leur nature ; et, si une terre ne peut fournir qu'une faible portion de cette nourriture inorganique, elle ne produit, en abondance, que les plantes qui exigent le moins de substances minérales. Aussi les arbres réussissent-ils souvent très-bien là où des récoltes cultivées ont manqué, car un grand nombre d'entre eux n'ont besoin que d'une très-faible proportion de substances minérales et n'en contiennent que très-peu : ainsi 1,000 kilog. de bois d'orme laissent 19 kilog. de cendres, tandis que le bois de peuplier en donne 20, le saule 4 1/2, le hêtre 4, le bouleau 3 1/2, diverses espèces de pins moins de 3 kilog., et enfin le chêne 2 kilog. seulement.

L'orme et le peuplier contiennent à peu près autant de matières inorganiques que le grain de froment, mais beaucoup moins que les foins. On peut également remarquer que dans le chêne ces proportions sont très-minimes.

2° La quantité de matières inorganiques varie dans *les différentes parties de la même plante*. Cela est clairement démontré par les proportions de cendres si différentes laissées comme résidus par la combustion du grain et de la paille de nos plantes cultivées; mais ce fait va ressortir plus clairement encore dans le tableau qui va suivre. 1,000 kilog. de chaume des parties désignées laissent :

	Racines ou tubercules.	Grains ou semence.	Paille ou fanes.	Feuilles.
Turneps..............	80 kil.	» kil.	» kil.	130 kil.
Pommes de terre..	40	»	»	180
Froment............	»	20	50	»
Pois.	»	30	50	130
Tabac.............	70	40	100	230

Dans les arbres, les feuilles contiennent également une plus forte proportion de matières inorganiques que le bois. Ainsi 1,000 kilog. de bois et de feuilles à l'état sec donnent, en cendres, les nombres suivants :

	Bois.	Feuilles.	Graine.
Pour le saule.............	4 1/2 kil.	82 kil.	» kil.
— le hêtre............	4	42	»
— le bouleau.........	3 1/2	50	»
— le pin............	3	20 à 30	50
— l'ormeau..........	19	120	»

Aussi le cultivateur intelligent rend au sol la majeure partie des matières inorganiques que lui avait enlevées une récolte de céréales, en fumant ses terres avec de la paille fermentée ; en cela il imite la nature, qui permet que les arbres se dépouillent périodiquement de leurs feuilles et restituent ainsi au sol une grande partie des substances minérales solubles que les racines y avaient puisées pendant l'époque de la végétation.

C'est ainsi que les terrains boisés reçoivent, chaque année, une fumure en couverture, et tout ce que les racines aspirent sans cesse depuis le printemps jusqu'à l'automne, et qu'elles puisent soigneusement à des profondeurs considérables, se trouve ramené, pendant l'hiver, à la surface du sol ; de sorte qu'au bout d'un certain temps il y a formation d'un sol qui ne peut manquer d'être fertile, puisqu'il se trouve composé des mêmes matériaux dont la partie inorganique de races antérieures était formée.

3° Les quantités de matières inorganiques varient *dans différentes portions de la même partie de la plante.* Que l'on prenne une longue tige de paille de froment, d'avoine ou d'orge, qu'on la coupe en quatre parties égales, brûlées ensuite chacune à part : la partie inférieure donnera la plus petite proportion relative de cendres ; la partie élevée donnera la plus forte. Si , par exemple, le bas de la tige donne 3 1/2 à 4 pour 100, la partie venant immédiatement après en remontant donnera 5 à 6, la troisième 6 ou 7, enfin la quatrième peut-être 8 à 9 pour 100 de cendres. Ce fait est très-curieux ; il n'a pas encore été mentionné par les expérimentateurs, quoique, évidemment, il doive exister là quelques rapports avec la nourriture inorganique des plantes.

4° La quantité de matières inorganiques varie souvent dans *différents individus d'une même espèce de plantes* ; ainsi 1,000 kilog. de paille de froment récoltée dans différentes localités donnèrent successivement, à quatre expérimentateurs différents, 44, 43, 35 et 155 kilog. de cendres. Il est donc certain que la paille de froment ne laisse pas toujours la même quantité de cendres. Ce fait se vérifie également sur d'autres espèces de végétaux.

Ce fait, ainsi que la variation de la quantité de cendres suivant telle ou telle partie de la plante, est démontré par le tableau ci-après ; on y a indiqué les proportions de cendres données par deux variétés d'avoine cultivées sur sols différents (Norton).

	Avoine sur houblon.	Avoine sur pommes de terre.
Grain........................	2,14	2,22
Enveloppe de la graine......	6,47	6,99
Paille......................	4,98	8,62
Feuilles....................	8,44	14,59
Balles......................	16,53	18,59

A quoi doit-on attribuer cette différence ? Est-ce à la nature du sol ou bien à la *variété* d'avoine ou des autres produits qui ont servi aux expériences? Le résultat semble dépendre en partie de ces deux causes à la fois.

Ainsi un même champ dans la vallée de Ravensworth (comté d'York), dont le sol se compose d'une argile très-riche, abondant en chaux, fut ensemencé, au printemps de 1841, avec du froment de deux sortes, le froment doré du comté de Kent et le froment rouge d'Irlande. La première de ces semences fournit une excellente récolte, tandis que la seconde manqua, au point qu'un épi ne contenait guère que de 20 à 30 grains mal nourris. 1,000 kilog. de paille provenant de la première semence fournirent 165 kilog. de cendres, et la même quantité de paille provenant de la deuxième ne laissa pour résidu que 120 kilog. La variété de la plante exerce donc une influence marquée sur la quantité de cendres qu'elle fournit.

1,000 kilog. de paille provenant d'une même espèce d'avoine récoltée en 1841 ont donné,
sur un sol formé
de granit d'Aberdeen, 96 kilog. de cendres;

d'argile.	78	—
de grès vert.. . .	79	—
de calcaire. . . .	102	—
de gypse. . . .	58	—
de sable siliceux. .	64	—

sur un sol léger, mais assez riche, 88 kilog. de cendres.

La quantité de cendres que laisse une plante dépend donc aussi, en partie, du sol sur lequel elle a crû.

5° Mais le degré de maturité que la plante a acquis influe aussi sur la proportion des cendres qu'elle laisse :

ainsi 1,000 kilog. de paille de froment sèche, récoltée cinq semaines avant la maturité, sur un sol de formation calcaire, près Wetherby, dans le comté d'York, me donnèrent 40 kilog. de cendres ; le même poids de paille sèche du même froment, récoltée sur le même sol, mais au moment de sa parfaite maturité, me laissa 55 kilog. de cendres. Si donc l'on veut comparer les cendres provenant de deux échantillons de pailles, il faut qu'elles aient été récoltées quand elles ont atteint le même degré de maturité.

En résumé, tout ce que l'on peut, jusqu'à présent, dire avec certitude sur ce sujet se borne à ceci, que toute plante doit avoir à sa disposition une certaine quantité de matières inorganiques pour se développer avec vigueur et se trouver dans le meilleur état sanitaire possible, qu'elle peut vivre, se développer et même mûrir ses semences avec beaucoup moins de substances inorganiques, mais que le sol qui produira les plantes les plus parfaites sera celui qui peut le mieux fournir à tous leurs besoins, et que les meilleures semences proviendront des localités où le sol, sans être excessivement riche ou fertile, pourra cependant produire des matières organiques et inorganiques en proportions telles, que les céréales s'y maintiendront dans leur état le plus parfait.

Cette dernière observation, au sujet de la qualité de la semence, est d'une grande importance pratique ; on aura soin de s'en souvenir lorsque nous en viendrons à rechercher si l'on doit préparer ou traiter les grains de manière à activer leur germination, à amener leur développement et une forte production.

SECTION III. — De la qualité des cendres que laissent les plantes.

La qualité des cendres d'une plante n'est pas moins importante que la quantité. Certaines plantes peuvent fournir, après leur combustion, la même quantité de cendres, et cependant la nature des deux espèces, les espèces dont elles sont composées, peuvent différer beaucoup. Les cendres de l'une pourront contenir une grande quantité de chaux, celles de l'autre contiendront beaucoup de potasse ; les cendres d'une troisième espèce de plantes pourront renfermer beaucoup de soude, tandis que celles d'une quatrième espèce se composeront principalement de silice.

Ainsi 100 kilog. des cendres de la paille de haricots contiennent 53 de potasse, tandis que 100 kilog. de paille d'orge contiennent seulement 9 kilog. de potasse ; d'un autre côté, sur 100 kilog. de cendres d'orge, on a 68 kilog. silice, et dans 100 kilog. de cendres de paille de haricots on ne trouve que 7 kilog. de silice.

La qualité des cendres semble être modifiée par les conditions qui en affectent la quantité.

1° Elle varie suivant l'espèce de la plante. — 1,000 kilog. de cendres de grains de froment, d'orge, d'avoine, de haricots et de lin, de cendres de tubercules de pommes de terre ou de racines de turneps, par exemple, ont les doses respectives suivantes :

	Froment.	Orge.	Avoine.	Seigle.	Maïs.	Haricots.	Graine de lin.	Pom. de terre.	Turneps.
Potasse	237	136	262	220	325	336	245	557	419
Soude	91	81	»	116		106	34	18	51
Chaux	28	26	60	49	14	58	147	20	136
Magnésie	120	75	100	103	162	80	99	52	53
Oxyde de fer	7	15	4	13	3	6	19	5	13
Acide phosphorique	500	390	438	495	449	380	381	125	76
Acide sulfurique	3	1	105	9	28	10	9	136	136
Silice	12	273	27	4	14	12	57	42	79
Chlore	»	traces.	3	»	2	7	3	42	36
	998	997	999	1,009	997	995	994	1,007	999

La comparaison des nombres inscrits aux quatre colonnes montre combien diffèrent les quantités de substances diverses contenues dans un poids égal de cendres des quatre variétés de grain. Néanmoins on remarquera que la grande quantité relative de silice que présente l'orge provient de l'épaisseur de l'enveloppe qui recouvre la graine.

Les haricots contiennent plus d'acide sulfurique qu'aucun des autres grains indiqués à la table ci-dessus, tandis que, au contraire, ils ont proportionnellement moins d'acide phosphorique que le froment, l'orge ou l'avoine. Mais les différences sont encore plus frappantes entre les diverses espèces de grains et les pommes de terre et turneps. Dans ces derniers, il y a plus de matières alcalines et moins d'acide phosphorique.

Il est donc évident qu'une récolte de froment privera le sol d'une quantité de potasse, de soude, etc., bien différente de celle que lui enlèverait une récolte d'avoine, même en supposant égales en poids les quantités de cendres provenant de la combustion des deux plantes. Le froment enlèvera au sol une plus grande portion d'alcalis, d'acide sulfurique et de certaines autres substances ; il épuisera davantage le sol de ce matières que ne le feraient l'orge, l'avoine et les haricots ; ceci explique pourquoi un terrain peut êtr bon pour une de ces plantes, tandis qu'il ne convien drait pas aux autres. Un sol sur lequel le froment n réussit pas peut néanmoins produire de l'avoine : c'e pourquoi on peut cultiver à la suite l'un de l'autre deu produits différents sur un sol qui se trouverait fort ap pauvri, si l'on y faisait succéder deux récoltes de la même espèce, particulièrement du froment et de l'orge; c'est aussi cette raison qui motive l'alternat des récoltes. La couche arable peut avoir été tellement épuisée d'une substance minérale, qu'elle ne pourrait pas actuellement en fournir une quantité suffisante pour conduire à une maturation saine et parfaite une récolte donnée; et cependant cette même substance minérale peut, par suite de l'action qu'exercent les influences naturelles, y être amenée en quantité telle, pendant la croissance intermédiaire d'autres récoltes, qu'à une époque future elle pourrait satisfaire aux exigences de la récolte primitive, et même fournir une abondante moisson.

2° L'espèce des matières inorganiques varie dans les différentes parties de la plante. Ainsi le grain et la paille des céréales contiennent des quantités très-variables de leurs constituants inorganiques; on peut factlement s'en assurer en comparant le tableau suivant avec le précédent.

1,000 kilog. de cendres de pailles de froment, d'orge, d'avoine, de seigle et de maïs contiennent :

	Froment.	Orge.	Avoine.	Seigle.	Maïs.
Potasse	125	92	191	173	96
Soude	2	3	97	3	286
Chaux	67	85	81	90	83
Magnésie	39	50	38	24	66
Oxyde de fer	13	10	18	14	8
Acide phosphorique	31	31	26	38	171
Acide sulfurique	58	10	33	8	7
Chlore	11	6	32	5	15
Silice	654	676	484	645	270
	1,000	963	1,000	1,000	1,012

Les quantités de substances inorganiques diverses contenues dans les espèces de paille mentionnées plus haut diffèrent beaucoup de celles contenues dans les espèces correspondantes de grains. Cette particularité peut nous expliquer l'*une* des raisons pour laquelle certains terrains sont plus favorables à la production de la paille qu'à la production du grain. La paille contient comparativement moins de quelques ingrédients que l'épi; ainsi la chaux, la magnésie et l'acide phosphorique s'y trouvent en bien plus petite proportion que dans l'épi. D'un autre côté, la paille est riche, le grain est pauvre en silice : par conséquent, il est clair que les racines parviennent, pour certaines plantes et dans certains sols, à nourrir parfaitement la paille, tandis que le grain ne peut atteindre sa maturité; et réciproquement la paille est souvent rabougrie pendant que, au contraire, l'épi est gros et bien nourri.

On peut remarquer des différences analogues dans d'autres plantes. Le tableau ci-après va montrer que plusieurs de leurs parties ont besoin, pour parvenir à leur plein développement, de quantités différentes de nourriture inorganique.

1,000 kilog. des cendres du tronc, des feuilles et du fruit d'un pommier (*pirus spectabilis*) contiennent, suivant Vogel,

	Tronc.		Feuilles.		Fruit.	
Carbonates de potasse et de soude..	» kil.	46	» kil.	68	» kil.	190
Phosphates de potasse et de soude...	»	»	traces.		»	141
Carbonate de chaux...............	»	822	»	729	»	370
Carbonate de magnésie.....	»	49	»	98	»	55
Phosphates de chaux et de magnésie.	»	88	»	105	»	186
Silice.......................	»	»	»	»	»	37
	»	1,005	»	1,000	»	979

D'après cela, le fruit du pommier est, comme l'épi, riche en potasse et en acide phosphorique, d'où il suit que ces corps sont indispensables à leur développement et à leur maturité.

3° La qualité des cendres varie encore avec le sol sur lequel les produits ont été récoltés : ceci se comprend facilement après ce qui a été déjà dit. Quand le sol est dans des conditions favorables, les racines peuvent envoyer à la paille les principes que la plante réclame, pour se maintenir avec vigueur ; quand, au contraire, le sol ne renferme qu'une faible proportion des principes inorganiques qu'exige la plante, la vie pourra se soutenir, mais on n'obtiendra qu'une récolte misérable, et les cendres qui proviendront de la combustion d'une telle récolte différeront nécessairement en qualité, et probablement en quantité, de celles obtenues de la même espèce de plantes qui aura végété dans des circonstances plus favorables. Il est impossible de révoquer en doute la véracité d'un tel fait, bien que l'on n'ait pas encore trouvé jusqu'à quel point de telles variations peuvent avoir lieu, sans que la plante succombe tout à fait.

Cela est démontré dans le tableau suivant, où 1,000 kil. de cendres de trois échantillons de froments venus en différents endroits donnent :

	Blé hollandais.	Blé d'Allemagne blanc.	Blé d'Allemagne rouge.
Potasse	64	219	338
Soude	278	157	»
Chaux	39	19	31
Magnésie	130	96	136
Oxyde de fer	5	14	3
Acide sulfurique	3	2	»
Acide phosphorique	461	493	492
Silice	3	»	»
	983	1,000	1,000

Dans le premier, on trouve peu de potasse; dans le dernier, point de soude; tandis que, dans tous les trois, la moitié du poids est en acide phosphorique.

4° Les mêmes variations se font sentir dans la qualité des cendres, suivant la période de la croissance de la plante et l'époque à laquelle elle a été moissonnée.

Ainsi, dans les jeunes feuilles de turneps et de pommes de terre, parmi les matières inorganiques qu'elles renferment, on trouve proportionnellement une plus grande quantité de potasse que dans les vieilles. Le même fait s'observe dans la tige du froment, et l'on remarque des différences analogues dans presque toute espèce de plantes, aux différentes périodes de leur croissance.

Le cultivateur éclairé se sera aperçu qu'il existe une certaine liaison entre les faits que nous venons de lui présenter et les procédés ordinaires de l'agriculture pratique, et que ces faits tendent à jeter une vive lumière sur les principes qui devraient régler la pratique agricole : la section suivante en offre un exemple frappant.

SECTION IV.—Quantité de principes organiques contenus dans une récolte ordinaire ou dans une série de récoltes.

L'importance des principes organiques contenus dans les plantes vivantes ou dans les substances végétales qui ont été coupées et séchées paraîtra d'une manière évidente, si nous considérons la quantité de ces principes, qu'une série de récoltes enlève au sol :

Dans un assolement de quatre ans, dont les récoltes s'élèvent par acre à (1) :

____

(1) L'acre vaut 40 ares 54 centiares.

1re année. Turneps, 25,500 kilog. de racines et 7,140 kilog. de
    feuilles.

2e année. Orge, 13 1/3 hectol. pesant 81 kilog. chacun et
    1,020 de paille.

3e année. Trèfle et raygrass, 1,020 kilog. de foin de chaque
    espèce.

4e année. Froment, 8,81 hectol. pesant 77 kilog. chacun et
    1,785 kilog. de paille.

La quantité des principes inorganiques enlevés à la
terre par les quatre récoltes, en supposant qu'aucune
ne soit consommée sur l'exploitation, s'élève à :

Potasse....	127 kilog.	Silice...............	144 kilog.
Soude......	59	Acide sulfurique...	50
Chaux......	109 1/2	Acide phosphorique.	30
Magnésie...	19	Chlore............	17 1/2
Alumine	5	Total.......	561 kilog.

Dans ces 561 kilog., les différentes substances qui
les composent entrent en proportions fort variées.

On pourra apprécier plus facilement ces diverses
quantités en réfléchissant au fait suivant. En supposant que les récoltes entières fussent transportées hors
du domaine, et que l'on n'ajoutât aucun engrais au sol,
il faudrait, pour rétablir sa fertilité première, répandre, tous les quatre ans, sur chaque 40 acres :

Potasse du commerce, 177 kil. coûtant, en Angleterre,		87	50
Carbonate de soude			
cristallisé.......... 200	—	56	25
Sel marin.......... 29	—	2	50
A REPORTER.. 406	—	146	25

REPORT...	406	—	146 25
Gypse	18	—	1 25
Chaux vive.........	73	—	» 80
Sulfate de magnésie..	113	—	31 25
Alun...............	38	—	10 »
Poussière d'os	118	—	14 »
Total......	766	—	203 55

De l'examen des faits que nous venons d'exposer, il résulte

1° Que, s'il est vrai que ces principes inorganiques soient réellement nécessaires à la plante, tôt ou tard l'épuisement du sol suivra l'enlèvement constant et graduel de ces principes;

2° Que plus on rendra au sol, sous forme d'engrais, des produits qu'il fournit, moins son appauvrissement sera sensible;

3° Que, puisque la plupart de ces substances inorganiques sont solubles dans l'eau, les liquides provenant de l'intérieur des fermes, et que l'on laisse échapper, doivent entraîner dans les rivières une grande partie des matières salines qui devraient être restituées au sol;

4° Que, si les eaux de pluie ne sont point dirigées d'une certaine manière, elles *délaveront* la surface du sol et le priveront graduellement de toutes les matières salines solubles qui sont nécessaires à la végétation des plantes. Cette observation fait ressortir la nécessité d'un assainissement assez parfait pour que l'eau puisse s'enfoncer dans le sol au point même où elle est tombée;

5° Et enfin que l'utilité et souvent le besoin indispensable de certains engrais artificiels qu'éprouve le sol doivent être attribués, dans certaines localités, peut-être à la pauvreté naturelle de la terre, mais plus fréquemment à l'ignorance des faits ci-dessus, à la négligence et aux pertes qui en ont été la conséquence inévitable.

Dans certains districts, le sol et le sous-sol contiennent une provision presque inépuisable de quelques-uns de ces principes inorganiques, de sorte que l'approvisionnement ne se fait sentir qu'après un long espace de temps. Dans quelques contrées, la terre s'épuise beaucoup plus tôt, aussi réclame-t-elle des soins plus attentifs ; et, quand elle a été épuisée, elle exige une culture plus dispendieuse, afin qu'elle puisse recouvrer les différentes substances dont elle manque.

L'agriculteur praticien doit se pénétrer de ce principe, c'est que l'épuisement du sol s'effectue souvent d'une manière très-lente. Entre les mains de plusieurs générations, une terre peut diminuer de valeur d'une manière si peu sensible, qu'il s'écoulera peut-être un siècle tout entier avant que le taux de la rente du sol ait baissé sensiblement. Cependant on a rarement fait mention de changements qui se soient opérés d'une manière aussi lente ; de là il résulte que le cultivateur se trouve souvent disposé à mépriser les principes les plus simples et les plus clairs qu'énonce la théorie, car il peut se faire que son expérience limitée ne les ait pas vérifiés, et alors il négligera les suggestions et les sages précautions que lui indiquent ces principes.

L'histoire spécialement agricole de certaines régions, qui exposerait le système d'agriculture suivi dans ces contrées , et le produit moyen en grains , fourrages et bestiaux que l'on en aurait obtenu tous les cinq ans, pendant un siècle tout entier, serait d'une valeur infinie à l'agriculture théorique et pratique.

On peut rencontrer, dans l'histoire agricole de presque tous les pays , des exemples généraux de cet appauvrissement lent, mais assuré du sol ; peut-être ces exemples ne sont-ils, en aucune contrée, plus frappants que dans les États de l'Amérique septentrionale. Les provinces de Maryland, de la Virginie et de la Caroline du Nord , autrefois riches, fertiles , mais fatiguées par un système de culture forcée et épuisante, sont devenues généralement improductives, au point que d'immenses étendues de terrain ont été abandonnées dans un état de stérilité désespérée : il n'est pas impossible de les remettre en culture ; mais combien ne faudrait-il pas y consacrer de temps , de travail, d'engrais et d'habileté ! Espérons que les nouvelles provinces de l'Amérique ne sacrifieront pas ainsi au présent, et dans l'intérêt d'un revenu temporaire , leur puissance future et leur avenir ; espérons aussi que les belles campagnes de Kentucky, qui , sans être fumées , fournissent sans interruption du maïs et des froments, ne seront pas ainsi épuisées , jusqu'à ce que leur fertilité ait disparu entièrement.

SECTION V.—Déductions pratiques que l'on peut tirer de la connaissance des constituants inorganiques des végétaux.

De ce qui a été constaté au sujet des parties constituantes inorganiques des végétaux, on peut déduire la démonstration de plusieurs points importants dans la pratique. Ainsi on peut actuellement savoir

1° *Pourquoi une récolte réussit là où une autre manque.* — Que l'on suppose, par exemple, une récolte demandant une quantité considérable de potasse ; elle réussira, si le sol contient ce corps en abondance. S'il en manque, au contraire, et si, au lieu de potasse, il contient beaucoup de chaux, alors cette récolte n'aura qu'une végétation chétive, pendant qu'une autre récolte, à laquelle la chaux est nécessaire, y réussira à merveille.

2° *Pourquoi les récoltes mélangées réussissent.* — Deux plantes de nature différente sont semées simultanément. Leurs racines absorbent les substances inorganiques en proportions différentes, — l'une peut-être plus de potasse et d'acide phosphorique, — l'autre plus de chaux, de magnésie ou de silice. Elles ne se contrarient pas ainsi comme feraient deux plantes de même nature, ayant les mêmes besoins. Ou bien encore, les deux plantes croissent avec des vitesses inégales ou à des époques différentes de l'année. Alors, pendant que les racines de l'une fonctionnent, celles de l'autre sont comparativement inactives jusqu'à ce que leur tour soit venu. Dans ce cas, la terre, n'étant point surchargée, peut fournir aux besoins de chacune à mesure que ces besoins se font sentir.

3° *Pourquoi la même récolte croît mieux sur le même terrain après de longs intervalles.* — Si une récolte demande des substances spéciales, ou des quantités particulières de substances, ou des substances dans un certain état de combinaison, le sol sera plus capable de les lui fournir dans toutes ces conditions quand un long intervalle aura séparé la venue de deux de ces récoltes ; car pendant cet intervalle on aura pu cultiver d'autres plantes, ayant d'autres exigences, et, par leur moyen, graduellement amener le sol à un état particulièrement favorable à la récolte en question.

4° *Pourquoi la rotation des récoltes est nécessaire.*— Supposons que le sol contienne une certaine quantité des substances inorganiques nécessaires à un certain nombre de plantes. Parmi elles, prenons le froment et cultivons-le plusieurs années de suite. En se nourrissant suivant ses besoins, il absorbera une grande proportion de matières inorganiques, en sorte que la quantité de ces dernières diminuera d'année en année, tellement que, à la longue, le sol, venant à manquer de ces substances, deviendra impropre à la culture du froment ; mais comme il aura conservé des matières minérales, qui, ne convenant pas au froment, peuvent parfaitement convenir à d'autres récoltes, il s'ensuit que sa stérilité ne sera que spéciale. En supposant, d'un autre côté, la culture continue du haricot ou de turneps pendant une série d'années, on finirait par épuiser le sol des substances qui conviennent à ces deux récoltes, et à le rendre impropre à les reproduire ; ce qui ne l'empêcherait pas d'être très-riche en substances favorables à la croissance du froment.

Mais cultivons alternativement ces deux récoltes ; l'une prendra sa nourriture dans une classe de substances, l'autre dans une autre classe. De cette manière on aura, sur un même sol, des produits beaucoup plus forts et pendant une plus longue période.

C'est sur ce principe que sont basés les avantages de la rotation des récoltes.

5° *Ce que l'on entend par épuisement.* — D'après ce qui précède, l'épuisement peut être *général*, c'est-à-dire provenir de l'enlèvement graduel de toutes les espèces de matières nutritives dont vivent les plantes, — ou *spécial*, c'est-à-dire provenir de l'absence d'une ou de plusieurs de ces matières enlevées par les récoltes continuellement cultivées sur le même terrain.

Pour réparer le premier, il faut restituer aux sols une grande quantité de matériaux différents ; — pour réparer le second, la restitution ne porte que sur un ou quelques corps inorganiques. En démontrant par quels procédés on peut opérer avantageusement et économiquement cette restitution, la chimie rendra un nouveau service au praticien. Mais, avant d'aborder ce point, il est nécessaire d'étudier la nature proprement dite du sol dans lequel croissent les végétaux.

CHAPITRE V.

DU SOL. — DES PARTIES ORGANIQUES ET INORGANIQUES. — MATIÈRES SALINES QU'IL CONTIENT.—EXAMEN ET CLASSIFICATION DES SOLS. — DIVERSITÉ DES SOLS ET SOUS-SOLS.

Tout sol se compose de deux parties : la partie organique qui se brûle facilement quand on expose le sol à une chaleur rouge , et la partie inorganique qui reste fixe dans le feu et qui consiste entièrement en matières minérales et salines.

SECTION PREMIÈRE. — De la partie organique des sols.

La partie organique du sol est principalement composée des détritus de végétaux et des animaux qui y ont vécu et qui y sont morts, que les rivières ou les pluies y ont amenés, ou bien que la main de l'homme a répandus à sa surface dans le but d'augmenter sa fertilité naturelle.

La proportion des principes organiques varie considérablement dans différents sols. Dans les terrains tourbeux, elle s'élève de 50 à 70 pour 100 de leur poids, et l'on a même trouvé que, dans un petit nombre de sols riches et cultivés depuis longtemps , elle formait un quart du sol ; en général, on la rencontre

en bien moins grande quantité, même dans les meilleures terres arables. L'avoine et le seigle peuvent venir sur un terrain qui contient seulement 1 et demi
pour 100 de principes organiques; l'orge en exige
de 2 à 3 pour 100, et les bonnes terres à froment en
contiennent généralement de 4 à 8 pour 100. Dans les
sols très-argileux et tenaces, on peut trouver quelquefois de 10 à 13 pour 100 de ces débris; dans les vieux
pâturages et les jardins, la matière végétale s'accumule quelquefois en telle quantité que le sol en est
surchargé.

Quelques écrivains ont donné le nom d'*humus* à la
matière organique du sol; c'est cet humus qui contient ou qui fournit aux plantes les acides ulmique et
humique que nous avons décrits dans un chapitre précédent. Au contact de l'air qui pénètre dans le sol, il
se décompose et produit une grande quantité d'acide
carbonique que l'on suppose devoir s'introduire dans
l'acide et favoriser la croissance des plantes. Pendant
cette décomposition, il se forme aussi de l'ammoniaque en quantité d'autant plus grande que le sol renferme une plus grande quantité de matières animales,
et l'on a trouvé que cette ammoniaque accélère d'une
manière remarquable la végétation. L'humus produit
également dans le sol d'autres substances plus ou
moins nutritives : elles s'introduisent dans les racines
et contribuent à alimenter la plante, qui en retire une
nourriture d'autant plus abondante que ces substances
lui sont présentées en plus ample quantité ; mais cependant la nature de la plante elle-même et le climat
sous lequel elle croît exercent aussi une certaine in-

fluence sur la quantité de ces principes secondaires qui est assimilée.

Nous devons mentionner une autre fonction que remplit la partie organique du sol, soit qu'elle ait été formée naturellement ou qu'elle y ait été ajoutée comme engrais : elle contient, de même que toutes les matières végétales, une quantité considérable de substances salines et minérales qui se trouvent mises en liberté à mesure que les matières organiques se décomposent. C'est ainsi que les plantes vivantes s'approprient, parmi les débris de races antérieures enfouies dans le sol, une portion de ces principes inorganiques qu'il peut seul fournir, et, si ces principes inorganiques ne sont pas offerts directement aux plantes, elles ne peuvent les obtenir qu'en disséminant avec lenteur leurs racines à travers une plus grande profondeur et une plus grande largeur du sol sur lequel elles croissent. L'application des engrais au sol sert donc à mettre à portée des racines des principes à la fois organiques et inorganiques.

SECTION II. — De la partie inorganique du sol.

La partie inorganique du sol (c'est-à-dire celle qui résiste à la combustion quand on chauffe au rouge une portion de terrain en contact avec l'air) consiste en deux parties, l'une qui est *soluble* dans l'eau, l'autre qui est *insoluble*. La portion soluble renferme les substances *salines;* celle qui est insoluble, les substances *minérales.*

1° *Portion saline* ou *soluble*. — En Angleterre , la couche arable contient, en général, très-peu de substances solubles. En desséchant parfaitement , dans un four, une portion d'un sol, et en délayant 1 kilog. du sol dans 3 litres d'eau de pluie bouillante et laissant filtrer le mélange, le liquide.clair qu'on en obtiendra et qu'on fera bouillir à siccité donnera 0 gr. 390 à 3 gr. 900 de matières salines , parmi lesquelles on trouvera du sel marin, du gypse , du sulfate de soude (sel de Glauber), du sulfate de magnésie (sel d'Epsom), des traces de chlorure de calcium , de potassium, de magnésium, et de nitrates de potasse, de soude et de chaux. C'est de ces substances solubles que les plantes tirent la plus grande portion des ingrédients salins que l'on rencontre dans leurs cendres.

Il ne faut point croire que cette quantité de matières inorganiques soit trop faible pour suffire aux besoins d'une récolte tout entière. Un seul grain de matières salines dans chaque livre d'un sol ayant 1 pied (33 centimètres) de profondeur équivaut à 500 livres (250 kil.) par acre (1), quantité beaucoup plus grande que celle enlevée au sol par dix rotations, ou dans quarante ans, si toutefois on a soin de rendre à la terre la paille et récoltes vertes sous forme de fumier, et que l'on n'exporte que le froment et l'orge (2).

Dans certains pays, et même dans quelques districts

---

(1) L'acre anglaise contient 40,54 ares.

(2) On doit se rappeler que la vente des bestiaux est aussi une cause de perte de matières salines pour le sol, perte qui, du reste, a été négligée ici. *(Note de l'auteur.)*

de l'Angleterre, la quantité de matières salines renfermées dans le sol est si considérable, que, pendant les saisons chaudes, il se forme à la surface de la terre une croûte distincte. Ce fait peut souvent être vérifié dans les environs de Durham. C'est dans les localités où le sous-sol sablonneux et perméable est plus ou moins humide que ce phénomène se présente le plus souvent. Quand la température est élevée, l'évaporation qui a lieu à la surface de la terre fait remonter l'eau que contient le sous-sol, et, comme cette eau entraîne toujours avec elle une certaine proportion de matières salines qu'elle dépose en s'évaporant, il devient évident que, plus la chaleur et l'évaporation qui en résulte se feront sentir longtemps, plus la croûte s'épaissira et plus il se trouvera de matières salines accumulées à la surface du sol. Dans les régions rarement visitées par les pluies, où l'on trouve un sous-sol perméable et mouillé, c'est à l'accomplissement de ce phénomène que l'on doit attribuer la formation d'une croûte non interrompue et composée des diverses substances dont nous avons donné les noms : les plaines du Pérou, de l'Égypte et de l'Inde nous en offrent de fréquents exemples.

Quand viennent les pluies, ces matières salines descendent vers le sous-sol ; à l'époque du beau temps, elles remontent à sa surface ; c'est pourquoi la couche arable d'un champ contient toujours une plus grande proportion de matières salines pendant une saison pluvieuse : ainsi la sécheresse, qui, au commencement de l'été, accélère la croissance des céréales et, vers la fin, favorise leur maturité, outre ses autres modes d'action, a probablement pour effet de mettre à portée des racines une abondante provision des composés salins que les récoltes exigent pour se développer avec vigueur.

En certains pays, la quantité de matières salines qui remontent à la surface du sol est telle, qu'elle le rend incapable de produire certaines récoltes. Ainsi, quand s'achève la saison pluvieuse, dans l'Attique, les sels, en remontant, envahissent le sol et empêchent la venue de l'herbe; cependant on y obtient d'abondantes récoltes de froment.

2° De la partie *minérale* ou *insoluble* du sol. — La partie terreuse et insoluble constitue rarement moins de 95 pour 100 du fonds du sol ; elle consiste principalement en silice sous forme de sable, en alumine sous forme d'argile, et en chaux sous forme de carbonate de chaux. Rarement elle est dépourvue d'environ 2 pour 100 d'oxyde de fer, et, dans les endroits où le sol présente une couleur rougeâtre, cet oxyde se trouve souvent en quantité plus considérable : presque toujours on obtient une trace de magnésie et une faible proportion de phosphate de chaux ; et généralement on classe les terres suivant la quantité qu'elles contiennent de ces trois substances.

Si l'on fait bouillir quelques grammes d'un sol dans 1 litre d'eau, jusqu'à ce que la terre soit parfaitement ramollie et mélangée avec le liquide, et qu'après avoir secoué on attende que le dépôt ait lieu pendant quelques minutes, le sable se précipitera au fond du vase, tandis que l'argile, qui est moins dense, flottera encore. Si l'on transvase et qu'on laisse reposer l'eau trouble jusqu'à ce qu'elle devienne parfaitement claire, on obtiendra, d'un côté, la partie sablonneuse du sol, de l'autre la partie argileuse, et il sera facile de les sécher et de peser séparément.

Si le sol contient 10 grammes d'argile sur 100, on l'appelle sol *sableux* : 10 à 40 pour 100 d'argile constituent un *loam sableux;* 40 à 70 pour 100 forment un sol auquel on donne le nom de *loam;* 70 à 85 pour 100 d'argile donnent un *loam argileux;* 85 à 95 pour 100 constituent un sol d'*argile tenace;* et, quand il devient impossible, par le procédé ordinaire, d'extraire du sable, on dit que le sol est *entièrement glaiseux.*

Les sols *argileux tenaces* sont exploités pour la fabrication des tuiles et des briques; l'*argile plastique* (terre de pipe) est employée dans la confection des pipes.

Le sol renferme ces trois substances, le sable, l'argile et la chaux, *mélangées* les unes avec les autres. L'*argile* pure est un *composé* chimique de silice et d'alumine, à peu près dans la proportion de 60 parties de la première avec 40 de la deuxième. Il est rare de rencontrer un sol formé d'argile pure, et les cultivateurs savent parfaitement qu'on éprouve les plus grandes difficultés à mettre en culture les argiles tenaces (terres à tuile), qui contiennent cependant de 5 à 15 pour 100 de sable. Il est donc très-rare que les terres arables contiennent plus de 30 à 35 pour 100 d'alumine.

Quand une terre contient plus de 5 pour 100 de carbonate de chaux, on l'appelle *marneuse;* si elle en renferme plus de 20 pour 100, elle prend le nom de sol *calcaire*. Naturellement dans les sols *tourbeux* ce sont les débris végétaux qui prédominent.

On détermine la proportion de matière végétale ou organique en faisant sécher, dans un four, une quantité donnée de sol déposée sur une feuille de papier, jusqu'à ce qu'elle ne perde plus de son poids. Il faut modérer la chaleur, pour qu'elle n'altère pas le papier; ensuite on pèse et l'on brûle au contact de l'air; on pèse de nouveau après la combustion, et la différence donnera la quantité approximative des matières organiques. Dans les argiles tenaces, cette différence comprendra le poids d'une partie de l'eau qui n'aura pas pu être évaporée par la dessiccation au four.

Pour apprécier la quantité de chaux contenue dans une terre, il faut en calciner une portion dans l'air, prendre 50 ou 100 grammes, par exemple, de la partie qui aura été brûlée, et la plonger dans 1 litre d'eau froide étendue d'acide hydrochlorique, puis laisser reposer le mélange pendant quelques heures, toutefois en ayant soin de le remuer de temps à autre. Quand on s'aperçoit qu'il ne se dégage plus de petites bulles de gaz, on décante l'eau, on sèche la terre, on l'expose à une chaleur rouge, comme précédemment, et on opère. La différence du poids indique à peu près la quantité de chaux que renfermait le sol (1).

---

(1) A moins, cependant, que le sol ne contînt une grande quantité de magnésie, ce qui est rarement le cas.   (*Note de l'auteur.*)

SECTION III. — De la diversité des sols et sous-sols.

Bien que le sol se compose principalement d'un très-petit nombre de substances, il n'est pas de cultivateur qui ne sache combien les terres possèdent de caractères différents et combien leur valeur, en agriculture, est variable. Ainsi, dans les comtés méridionaux de l'Angleterre, on remarque un sol blanchâtre qui, en apparence, consiste seulement en craie : le centre présente une vaste plaine d'un rouge foncé ; les comtés limitrophes du pays de Galles et ceux qui avoisinent les couches de houille se distinguent par des étendues de terrain presque entièrement noir, tandis que des sables blancs, bruns ou jaunes caractérisent principalement les autres localités. De pareilles différences proviennent de la diversité des proportions dans lesquelles ont été mélangés le sable, la chaux, l'argile et l'oxyde de fer, qui colore le sol.

Mais comment se fait-il que ces matériaux aient été mélangés d'une manière différente dans diverses parties du pays ? quelle en est la cause, et dans quel but cette diversité existe-t-elle ?

La couche arable repose sur ce que l'on désigne ordinairement par le nom de *sous-sol*. Le caractère et les qualités du sous-sol sont très-variables : quelquefois c'est un sable poreux ou un gravier au travers duquel l'eau remonte de la partie inférieure ou filtre facilement du dessus ; quelquefois il est léger et loameux comme le sol qu'il supporte ; d'autres fois, au contraire, il est compacte et imperméable à l'eau.

Le cultivateur le plus ignorant sait combien la valeur d'une pièce de terre dépend du caractère de la couche arable ; mais l'améliorateur intelligent comprend encore mieux l'importance d'un bon sous-sol. « Quand je suis venu visiter cette ferme, me disait un excellent agriculteur, c'était au printemps, l'atmosphère était humide, l'herbe avait une couleur verte magnifique, le trèfle poussait vigoureusement et en abondance ; toute la ferme me semblait composée d'excellente terre : si je l'eusse visitée au mois de juin, alors que la chaleur aurait déjà absorbé presque toute l'humidité qui n'eût pas été enlevée à la couche arable par le sous-sol sablonneux, j'aurais certainement réduit de plus de 50 fr. par hectare la rente que j'en ai offerte. » Il aurait pu ajouter : « Si j'avais pris une bêche et creusé à 50 centimètres sur différentes parties de la ferme, j'aurais su à quoi m'attendre pendant les saisons de sécheresse. »

Mais comment se fait-il que les sous-sols diffèrent ainsi les uns des autres et de la couche arable qu'ils supportent ?

Existe-t-il quelques principes qui puissent nous expliquer la cause de cette diversité, qui puissent nous la faire prévoir, et au moyen desquels nous puissions dire quel sol nous devons rencontrer dans tel ou tel district, avant de l'avoir visité, et sous quelle espèce de sous-sol il est probable que la couche arable repose ?

La géologie explique la cause de toutes ces différences et nous fournit des données et des principes au moyen desquels nous pouvons prévoir les qualités générales du sol et du sous-sol dans différentes parties de royaumes entiers ; et dans le cas où le sol est de qualité inférieure, mais cependant susceptible d'améliorations, les mêmes principes nous indiqueront si, dans une localité donnée, il y a possibilité de faire des améliorations à un prix raisonnable.

Il est nécessaire de démontrer succinctement les rapports directs qui unissent la géologie à l'agriculture.

CHAPITRE VI.

RAPPORTS DIRECTS DE LA GÉOLOGIE A L'AGRICULTURE.—ORIGINE DES SOLS.— CAUSES DE LEUR DIVERSITÉ. — RAPPORT QU'ILS ONT AVEC LES ROCHES SUR LESQUELLES ILS REPOSENT. — LA POSITION ET LE CARACTÈRE DES ROCHES STRATIFIÉES SONT DANS UN RAPPORT CONSTANT.—RAPPORT DE CE FAIT AVEC L'AGRICULTURE PRATIQUE. —CARACTÈRES GÉNÉRAUX DES SOLS SUR LES ROCHES STRATIFIÉES.

La géologie est cette branche de nos connaissances qui réunit en un seul corps toutes les découvertes qui ont rapport à la nature et à la structure intérieure, tant physique que chimique, des parties solides qui constituent notre globe. Cette science se trouve intimement liée par plusieurs points à l'agriculture pratique ; elle nous éclaire particulièrement sur la nature et l'origine des sols, sur les causes de leur diversité, sur le genre de matériaux que l'on peut employer pour les améliorer d'une manière permanente, et sur les sources d'où l'on peut puiser ces matériaux.

Elle nous apprend aussi, par la simple inspection d'une carte, quel est le caractère général du sol dans tel ou tel district, sur quel point on peut espérer de rencontrer une bonne terre, en quel lieu il faut entreprendre des améliorations, de quel genre d'améliorations tel ou tel district sera susceptible, et où l'acqué-

reur pourra employer son argent avec le plus d'avantages.

SECTION PREMIÈRE. — De l'origine des sols.

En creusant à travers le sol et le sous-sol à une profondeur suffisante, on arrive toujours, plus ou moins
tard, au roc solide. Dans beaucoup d'endroits, le ro-
cher atteint la surface du sol, ou bien s'élève en falai-
ses, en montagnes, en monticules, à une grande hauteur au-dessus du sol. La surface (ou croûte) de notre
globe consiste donc partout en une masse solide de
rochers, au-dessus desquels se trouve une couche,
généralement peu épaisse, de matériaux détachés
c'est cette partie supérieure qui forme le sol.

Les géologues ont parcouru une grande partie de la
surface de la terre; ils ont examiné la nature des roches
qui se trouvent recouvertes par le sol, et ils ont trouvé
que, dans différentes régions et différentes localités
ces roches ne présentaient pas toujours le même caractère, la même dureté et la même composition. Dans
quelques endroits ils ont rencontré du grès; ailleurs
ils ont trouvé du calcaire; plus loin, ils ont découvert
du schiste ou de l'argile durcie. Mais une comparaison
minutieuse et attentive de toutes les espèces de roches
qu'ils ont trouvées les a conduits à cette conclusion
générale, qu'*elles sont toutes du grès, du calcaire, de
l'argile plus ou moins durcie, ou bien un mélange, en
proportions diverses, de deux ou plusieurs de ces minéraux.*

Quand on enlève la couche libre de terre qui recouvre la surface d'une roche, et qu'on la laisse exposée, pendant l'hiver, à l'action des vents, de la pluie et de la gelée, on la voit tomber graduellement en morceaux. Tel est le cas même avec un grand nombre de roches qui, en raison de leur grande dureté, sont employées pour les constructions et, en général, préservées de l'humidité; à plus forte raison cette action aura-t-elle lieu sur celles qui sont moins dures ou qui, se trouvant recouvertes d'une couche de terre humide, sont continuellement exposées à l'action de l'eau.

Par la désagrégation naturelle, une roche nue se recouvre peu à peu de matériaux détachés, dans lesquels viennent se fixer des semences qui végètent et parfois donnent naissance à un sol. La couche arable, ainsi formée, possède nécessairement les caractères chimiques et la composition de la roche qui la supporte et à la désagrégation de laquelle elle doit sa formation. Si la roche est du grès, le sol est sablonneux; si c'est du schiste, le sol est une argile plus ou moins tenace; si c'est du calcaire, le sol sera plus ou moins calcaire; enfin, si la roche est un mélange de ces trois substances, on remarquera un mélange semblable dans la couche qui résulte de la décomposition de la roche.

Conduits par cette observation, les géologues, après avoir comparé les roches de différentes contrées les unes avec les autres, ont examiné le sol de différentes localités dans ses rapports avec les roches sur lesquelles il repose immédiatement. Le résultat *général* de cette comparaison, c'est que, dans presque chaque contrée, le sol et les roches au-dessous de lui ont entre eux une ressemblance aussi frappante que la couche de terre provenant d'une roche dont la désagrégation s'opère sous nos yeux en a avec la roche dont, encore dernièrement, elle faisait partie. Il est donc impossible de ne pas conclure de ces faits que, généralement, le sol a été formé par la désagrégation ou décomposition de roches solides, qu'il y a eu un temps où ces roches n'étaient pas recouvertes de matériaux libres, et que l'accumulation du sol a été le résultat lent de la décomposition naturelle, de l'usure, de la croûte solide du globe.

SECTION II. — Cause de la diversité des sols.

La cause de la diversité du sol, dans différents districts, n'est donc plus douteuse. Si, dans deux localités, les roches subjacentes sont différentes, le sol que l'on y rencontrera doit aussi varier de la même manière.

Mais pourquoi, demandera-t-on, trouvons-nous, dans certaines localités, un sol dont le caractère minéral (1) et la fertilité sont uniformes sur des centaines et des milliers de kilomètres carrés, tandis que, dans d'autres régions, le sol varie de champ en champ, et souvent la même ferme présente, dans son sol, plusieurs différences bien marquées, tant sous le rapport du caractère minéral que sous celui de la valeur agri-

---

(1) C'est-à-dire contenant les mêmes proportions générales de sable, d'argile, de chaux, etc., ou coloré en rouge par des quantités semblables d'oxyde de fer.　　　(*Note de l'auteur*)

cole? Nous trouvons la cause de cette diversité dans la position variable qu'occupent les roches, soit qu'elles gisent les unes sur les autres ou qu'elles soient placées à côté l'une de l'autre.

Les géologues ont divisé les roches en deux classes : celles *stratifiées* et celles *non stratifiées*. On trouve les premières placées les unes sur les autres, formant des couches séparées ou *strates*, absolument comme les feuillets d'un livre couché sur un de ses côtés, ou comme les assises d'un mur; les secondes, au contraire, forment des élévations, des montagnes et quelquefois des chaînes de montagnes, consistant en une masse plus ou moins solide de la même matière et dans laquelle on ne peut distinguer de couches ou strates. Dans la figure suivante, A et B représentent des masses *non stratifiées*, intercalées avec des dépôts *stratifiés* 1, 2, 3, reposant les uns sur les autres dans la position horizontale. Les roches A, C, B, D diffèrent toutes les unes des autres : il se formera en A une espèce de sol; en C on en trouvera une deuxième espèce, en B une troisième et en D une quatrième.

N° 1.

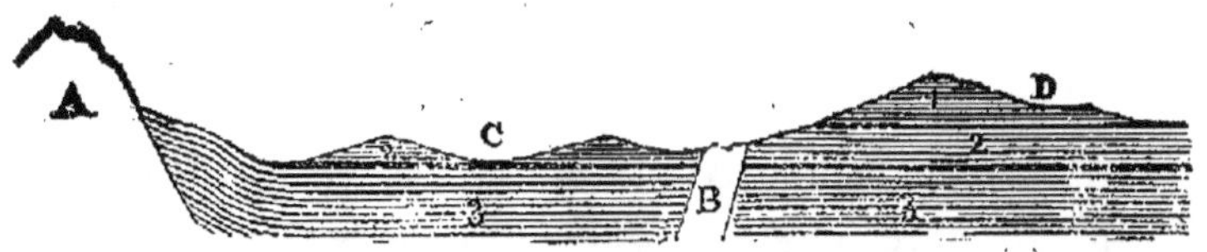

Si entre A et B il existe une grande vallée de plusieurs kilomètres d'étendue, la plaine ondulée au fond de cette vallée, reposant en grande partie sur la même roche 2, sera formée par un même sol. En B, le sol sera d'une autre composition dans une certaine étendue de terrain, et aussi en D, et sur le versant de A, au point où la roche 5 remonte à la surface. Dans cette coupe, les roches stratifiées sont placées dans le sens horizontal, et c'est la nature ondulée du pays qui, amenant à la surface différentes espèces de roches, cause nécessairement une diversité dans le sol ; mais le degré d'inclinaison suivant lequel les couches sont disposées est une cause plus fréquente de différence dans les caractères du sol d'une même localité et même d'une étendue moins considérable. La coupe suivante nous en donne un exemple : A, B, C, D représentent la manière dont les roches stratifiées, dans une localité peu étendue, sont assez souvent placées.

N° 2.

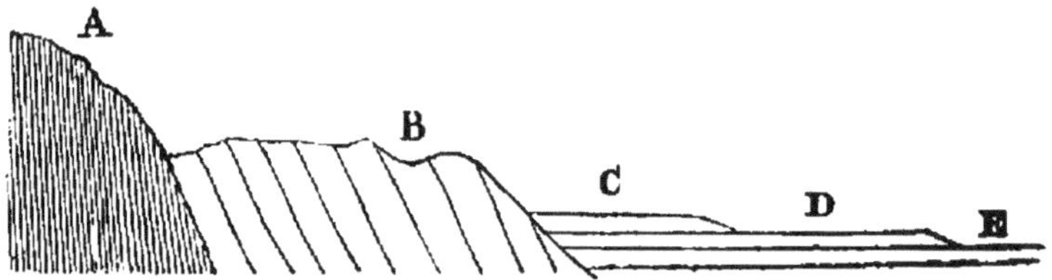

En s'avançant de E dans la plaine, le sol change en arrivant sur la roche D et continue à être uniforme jusqu'à ce qu'on atteigne la couche C. Chacune de ces couches peut s'étendre à plusieurs kilomètres sur une surface à peu près de niveau. Sur l'élévation B, on marche sur les extrémités des différentes couches, et le sol peut varier avec chaque nouveau strate sur lequel on passe. Enfin, quand on arrive au penchant A, les couches sont beaucoup plus minces, et il peut s'y présenter des variations dans le sol encore plus fréquentes.

Sur toute la surface de l'empire britannique on trouve des vallées (comme dans la fig. 1re) où les roches inférieures viennent aboutir à la surface et produisent des sols différents; ou bien les couches sont plus ou moins inclinées (comme dans la fig. 2e), ce qui occasionne des variations beaucoup plus fréquentes dans le sol. En se reportant à ces faits, on peut expliquer, d'une manière satisfaisante, presque toutes les différences que présente le sol d'une contrée.

SECTION III. —**Du rapport constant qui existe entre le caractère et la position des roches stratifiées.**

Un autre fait non moins important pour l'agriculture que pour la géologie, c'est l'ordre naturel ou mode d'arrangement d'après lequel on a observé que les roches stratifiées se présentaient à la surface du globe : ainsi, dans la première figure, si les n°s 1, 2 et 3 représentent trois espèces différentes de roches, par exemple du calcaire, du grès et une roche d'argile durcie (de forme conchoïdale ou feuilletée), reposant les unes sur les autres dans l'ordre où elles sont représentées, dans quelque partie du pays, bien plus dans quelque partie du monde que l'on rencontre ces mêmes roches, on les trouvera toujours dans la même position; jamais on ne verra la couche 2 ou 3 reposer sur la couche 1.

Ce principe est très-important en géologie, parce qu'il permet à cette science de classer toutes les roches stratifiées dans un ordre variable qui indique leur âge ou leur ancienneté, puisque celle qui se trouve à la plus grande profondeur, tout comme l'assise inférieure d'un mur, doit généralement avoir été posée la première, c'est-à-dire être la plus ancienne. C'est aussi ce principe qui donne aux géologues la faculté de dire de suite, en observant l'espèce de roche qui se trouve à la surface du pays, s'il est probable qu'on y rencontrera telle ou telle roche : ainsi en C (fig. 1), où la roche 3 aboutit à la surface, il est sûr qu'il serait inutile, soit en creusant ou en employant quelque autre moyen, de chercher la roche 1, dont la place naturelle est loin au-dessus, tandis qu'il sait bien qu'en creusant en D il devra trouver la roche 2 ou 3, s'il vaut la peine de l'atteindre.

Sous **plus d'un rapport**, ce fait présente de l'intérêt à l'agriculteur.

1° Parce qu'il lui permet de savoir si certaines roches dont il pourrait se servir avantageusement pour améliorer ses terres se trouvent à une distance raisonnable de son exploitation, ou bien si la couche est située à une profondeur accessible : ainsi, en prenant pour exemple la fig. 2, si la couche 2 est calcaire, le cultivateur instruit qui se trouve en E sait bien qu'il ne la trouvera pas en creusant sur sa terre, il va donc se la procurer en D; tandis qu'il peut être moins coûteux, pour le fermier qui est établi en C, de creuser dans la couche D, que d'en charroyer la substance d'un endroit éloigné où elle apparaît à la surface du sol; enfin, si le cultivateur a besoin d'argile, de marne ou de sable pour améliorer ses champs, la connaissance du rapport constant qui existe dans la position des couches le met à même de dire en quel endroit il peut se procurer ces matériaux, où il doit les rechercher, et si l'avantage qu'il en retirera peut le dédommager des frais qu'il faudrait encourir pour se les procurer.

2° On a remarqué que là où chaque série de roches, comme C, D, E (fig. 2), présente à sa surface un sol uniformément mauvais, la qualité du sol devient généralement meilleure au point où deux roches se rencontrent : ainsi il peut y avoir en C un sable sec et stérile, en D une argile froide et improductive, en E un sol calcaire plus ou moins pauvre; et cependant, à chacune des extrémités de la couche D, il est possible que le sol provenant de la désagrégation des deux roches adjacentes soit d'une fertilité moyenne. Le sable de C peut rendre l'argile qui l'avoisine favorable à la culture des turneps, tandis que la chaux de la couche E peut lui faire produire d'abondantes récoltes de froment : ainsi le fermier qui cherche une ferme, ou le capitaliste qui désire trouver un placement en terres, se trouvera considérablement aidé par une connaissance des rapports qui unissent la géologie à l'agriculture; et cependant combien ces connaissances si réellement utiles sont-elles peu répandues parmi ces deux classes d'hommes! combien peu les fermiers et les propriétaires sont-ils guidés par ces connaissances dans le choix de la localité où ils désirent se fixer!

Si la pratique agricole suivie çà et là dans quelques localités plus ou moins étendues n'est pas entièrement basée sur des principes analogues à ceux que je viens de citer et guidée par eux, elle ne peut cependant être expliquée que par leur concours. Je n'en citerai qu'un exemple : dans les comtés d'York, de Suffolk, et dans quelques antres provinces méridionales, la couche crayeuse est composée d'un très-grand nombre de strates qui, pris dans leur ensemble, forment un dépôt d'une très-grande épaisseur. Les couches supérieures de craie constituent un sol pauvre, peu profond et sec, donnant seulement un maigre pâturage, et qui ne produit d'assez bonnes récoltes de céréales que sous l'influence d'une culture très-habile. Les couches inférieures, au contraire, sont marneuses; elles sont recouvertes d'un sol plus compacte, plus tenace et même fertile, et l'on a trouvé qu'elles amélioraient considérablement la couche supérieure de craie, quand on en étendait une certaine quantité à la surface et qu'on la laissait se pulvériser par l'action des gelées; aussi, dans le comté d'York, dans le Wiltshire, le Hampshire et le comté de Kent, où la couche inférieure de craie se trouve à la surface du sol ou à une petite profondeur, on l'extrait des flancs des collines, ou bien on creuse des trous pour son extraction, et l'on retire de grands avantages de son application immédiate sur le sol; mais, dans certaines parties du comté de Suffolk, où le sol repose sur la couche supérieure de la craie, on ne trouve point dans le voisinage, ou bien on ne peut pas trouver à une profondeur assez peu considérable, une autre espèce de craie qui puisse améliorer matériellement le sol. D'après une longue expérience, les cultivateurs trouvent qu'il est beaucoup plus économique de faire venir par mer, du comté de Kent, la craie qu'ils doivent appliquer sur leurs terres en Suffolk, que d'extraire de semblables matériaux sur leur propre exploitation. La coupe suivante, tout à fait imaginaire du reste, servira à faire comprendre ce que nous venons de dire.

N° 3.

Embouchure de la Tamise.

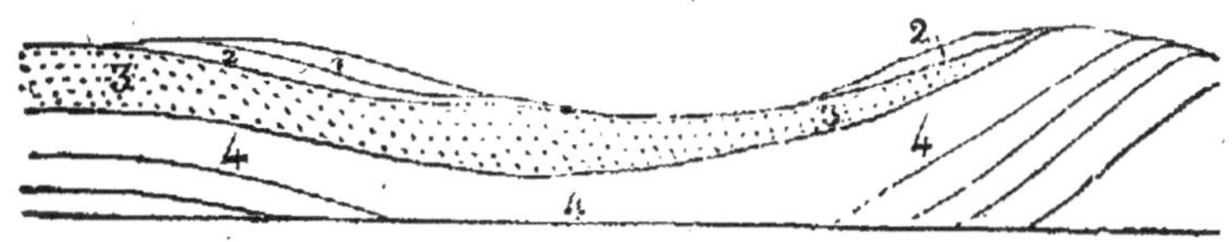

Dans cette coupe, le n° 1 représente l'argile de Londres; 2, l'argile plastique qui se trouve au-dessous; 3, la couche supérieure de craie mêlée de cailloux qui, dans le comté de Suffolk, s'élève à la surface du sol; enfin 4 représente la couche inférieure de craie sans cailloux, trop profonde pour être atteinte en Suffolk, mais venant à fleur de terre dans le comté de Kent : là elle est abondante, d'une extraction facile, et on la transporte, à travers l'embouchure de la Tamise, jusque dans le comté de Suffolk.

3° Le principe qui établit l'existence d'un rapport constant dans les caractères minéraux des roches stratifiées rend encore plus précieuse pour l'agriculture la connaissance de l'ordre de leur superposition : ainsi les géologues savent que, en différents points de la surface du globe, on trouve des milliers de couches différentes dont chacune occupe, dans la série, une place invariable. La plupart de ces couches donnent naissance, par leur désagrégation, à des terrains dont les caractères particuliers peuvent affecter plus ou moins leurs propriétés agricoles; ces caractères peuvent se retrouver dans les terrains provenant de roches du même âge, c'est-à-dire occupant la même position dans la série, quelle que soit, du reste, la partie du monde dans laquelle on les rencontre. Si donc un agriculteur ayant des connaissances en géologie apprend qu'un de ses amis a acheté ou bien est en marché pour acquérir une ferme ou une propriété, s'il sait que la terre repose sur telle ou telle roche ou formation géologique, il pourra très-probablement formuler une opinion assez exacte sur la valeur agricole du sol, que la terre se trouve située en Angleterre, en Australie ou dans la Nouvelle-Zélande : connaissant aussi la nature du climat, il pourra dire, avec une certaine exactitude, s'il y a probabilité que le sol paye les travaux du cultivateur; bien plus, il pourra même dire si le sol est plus favorable à la formation des prairies qu'à la culture des céréales, et, dans le cas où le sol serait propre à la culture arable, quelles espèces de récoltes céréales doivent donner les produits les plus abondants.

De pareils faits sont si curieux et démontrent si bien la valeur des connaissances géologiques, si ce n'est par A ou B, pour les propriétaires ou fermiers de telle ou telle petite terre, du moins pour les agriculteurs éclairés et pour l'agriculture scientifique en général, que je me propose d'expliquer plus en détail, dans une autre section, cette partie de notre sujet. Il

n'est aucune branche des connaissances agricoles qui,
plus que la science à laquelle conduisent les éléments
de la géologie, puisse être plus utile dès le commencement, et je dirai même pendant tout le cours de la
vie de ceux qui s'embarquent en foule pour s'établir
dans nos nombreuses colonies, et qui espèrent y trouver un sol, sinon plus fertile, du moins plus facile à
acquérir que celui de leur patrie. Ceux qui sont les
mieux préparés pour devenir fermiers ou propriétaires
dans le Canada, la Nouvelle-Zélande ou les vastes
étendues de l'Australie abandonnent, en général,
leur pays natal sans posséder les moindres notions de
cette science pratique, qui leur permettrait de dire,
en arrivant sur le sol adoptif : « J'achèterai mes terres
« sur cette partie du pays, dans cette localité plutôt
« que dans telle autre, et bien que toutes les deux pa-
« raissent offrir les mêmes avantages ; cependant je
« sais, d'après la structure géologique du pays, qu'ici
« je trouverai un sol dont la fertilité sera plus dura-
« ble, que je serai plus à portée d'améliorer ma terre,
« et que, outre les richesses qu'offre sa surface, mes
« descendants pourront espérer de s'enrichir du pro-
« duit des minéraux enfouis au-dessous. » Une pareille négligence provient principalement de ce que
l'on n'a pas bien compris la valeur de semblables connaissances ; souvent aussi de ce que des cultivateurs,
qui, d'ailleurs, avaient une bonne instruction agricole,
ignoraient complétement la nature de ces connaissances. Ce n'est pas à des hommes qui connaissent
bien seulement le mode de culture suivi dans leur localité, et qu'à juste titre on considère comme autori-

tés ou comme bons maîtres de la pratique adoptée dans leur canton, que nous irons demander une exposition ou souvent même une appréciation correcte de ces principes généraux sur lesquels doit être basé un système universel d'agriculture, sans lequel cette science n'embrasserait jamais qu'une série de principes empiriques qu'il nous faudrait étudier et expérimenter péniblement pour chaque pays dans lequel nous irions nons établir, semblables au voyageur en pays étrangers, qui est obligé d'apprendre une langue nouvelle chaque fois qu'il passe d'une frontière à l'autre. L'Angleterre, maîtresse de tant d'immenses terres inhabitées qui doivent un jour être couvertes par les habitations de ses fils entreprenants, sur lesquelles ils doivent répandre leur travail et perpétuer, par leurs labeurs, la gloire de la mère patrie ; l'Angleterre, dis-je, devrait encourager tout particulièrement l'étude de cette science, et les fils de fermiers anglais devraient mettre volontiers à profit chaque occasion de l'acquérir.

SECTION IV. — Des formations géologiques.—Caractères généraux des terrains qui les recouvrent.

Nous avons déjà dit que des milliers de couches ou strates superposés les uns aux autres formaient la croûte du globe. Pour plus de commodité et à cause de certains caractères remarquablement distinctifs qu'on y a observés, les géologues les ont divisés en trois grandes classes : les couches *primaires*, c'est-à-dire les plus basses et les plus anciennes ; les couches *secon-daires*, qui se trouvent au-dessus ; et les couches *ter-tiaires*, placées sur les couches secondaires et prove-nant de la formation la plus récente. Dans ces trois divisions on a séparé encore les diverses couches en groupes appelés *formations*.

I. Couches tertiaires.

Le *crag* consiste en un amas de cailloux roulés mê-lés à des coquillages marins reposant sur des couches de sable ou de marne. Cet amas peut avoir une épais-seur d'environ 18 mètres, et forme une étendue de terres en plaines généralement fertiles, ayant quelques kilomètres de largeur ; il est situé dans la partie est du Norfolk et du Suffolk.

Ce terrain est très-intéressant pour les agriculteurs à cause de ses marnes, qui contiennent des nodules considérés comme *coprolites* (excréments fossiles des poissons), et dans lesquelles on rencontre près de 50 pour 100 de phosphate de chaux. On rassemble ces nodules en grande quantité, et on en fabrique d'excel-lents engrais artificiels. En certaines localités, on en extrait de 60,840 à 70,980 kilogr. dans l'espace d'une semaine.

1° Argile de Londres et argile plastique : leur épais-seur varie de 170 à 300 mètres. Ce sont des argiles compactes, presque imperméables, d'une couleur fon-cée : elles sont presque toutes en pâturages. Les cou-ches inférieures sont mélangées de sables ; elles don-nent naissance à un sol arable, mais elles forment aussi de vastes landes dans le Berkshire, le Hampshire et le comté de Dorset. Les récoltes de céréales et de racines que l'on obtient sur les argiles tenaces de cette formation sont, en beaucoup de districts, considérées comme insuffisantes pour payer leurs frais de production. On ne pourrait rendre leur culture plus productive et plus avantageuse que par les assainissements souterrains, les labours profonds, et l'application du plâtre et de la chaux, dont les argiles ont grand besoin, et qui, sur elles, produisent des effets remarquables.

II. Couches secondaires.

2° Craie d'une épaisseur d'environ 200 mètres : cette couche est formée, à la partie supérieure (voir fig. 3), d'une craie assez pure, entremêlée de cailloux ; à la partie inférieure, d'une craie marneuse sans cailloux. Le sol formé par la couche supérieure sert au parcours des moutons ; celui de la couche inférieure produit d'abondantes récoltes de céréales.

Dans quelques localités (Croydon), les terres arables de la craie supérieure ont produit en plus grande abondance des céréales et des haricots, à la suite des labours profonds, au moyen desquels on a mélangé à la couche superficielle 12 à 16 centimètres de la craie inférieure.

3° Le grès vert, d'une épaisseur d'à peu près 170 mètres, offre environ 50 mètres d'argile intercalés entre 33 mètres environ de sable en dessus et 72 mètres en dessous. Le sable supérieur forme un sol arable très-productif, et l'argile un sol imperméable, humide et froid, principalement en pâturages. Le sable inférieur est généralement stérile.

Dans le grès vert supérieur et inférieur, mais surtout dans le premier, on rencontre des couches de marne qui recèlent des dépôts de coprolites et autres débris organiques riches en phosphate de chaux ; c'est à l'existence de ces couches que l'on attribue la fertilité du sol du grès vert supérieur, très-remarquable dans quelques localités. Les débris organiques sont parfois tellement abondants, qu'on cherche à les extraire, comme dans le crag, afin d'en retirer le phosphate de chaux. Ce dernier corps est aussi répandu sur les terres sous la forme d'os.

Il est important de remarquer, en agriculture, que, là où l'argile plastique arrive à toucher l'extrémité supérieure de la craie, on trouve un sol meilleur, et que les endroits où le grès vert et la craie sont mélangés présentent des étendues excessivement fertiles.

Les terrains situés au contact de la craie et du grès vert supérieur sont renommés par leur froment. On attribue encore ces riches récoltes de céréales à l'influence des phosphates contenus dans les marnes.

4° La formation de *weald*, épaisse d'environ 330 mètres, comprend à peu près 130 mètres de sable recouverts de 100 mètres d'argile et supportés par environ 80 mètres de marne et de calcaire. L'argile forme les pâturages pauvres et humides, cependant susceptibles d'améliorations, que l'on rencontre dans les comtés de Sussex et de Kent. Ces argiles, en plusieurs endroits, durcissent comme de la brique séchée à l'air ; elles forment des mottes qui vibrent, quand elles ont été longtemps exposées, comme une pièce de poterie. On peut faire hausser leur produit en froment de 5,84 hect. à

14,54 hect. par acre en les assainissant seulement. Lorsque le sable repose sur l'argile, il forme des landes et ne nourrit que quelques broussailles; mais, partout où la marne et le calcaire aboutissent à la surface, le sol est d'une qualité meilleure et peut, avec avantage, être soumis à la culture arable.

5° Dans l'oolithe supérieur, d'une profondeur de 200 mètres, nous trouvons une couche d'argile (argile de Kimmeridge) de 160 mètres, recouverte par 40 mètres de calcaire mêlé de sable. Le sol argileux ainsi produit exige un travail pénible et dispendieux; aussi est-il presque entièrement recouvert de vieux herbages. Le sol provenant du calcaire mélangé de sable au-dessus de l'argile est également peu fertile; mais, quand il repose immédiatement sur l'argile ou qu'il se trouve mélangé avec elle, il donne naissance à une excellente terre arable.

6° L'oolithe moyen a 170 mètres d'épaisseur; il consiste également en une couche d'argile (argile d'Oxford) bleu foncé, compacte et profonde d'environ 140 mètres. Cette argile est recouverte par 30 mètres de calcaire et de grès; ces derniers produisent une bonne terre arable là où la chaux est abondante. Quant à l'argile, elle forme un sol lourd, compacte, d'un travail très-difficile et très-coûteux; à l'époque des saisons pluvieuses, elle devient collante comme la glu, tandis qu'elle est dure comme de la pierre pendant les sécheresses, à un tel point que, pour la rompre, on est obligé de se servir du pic. Les vastes pâturages des comtés de Bedford, Huntingdon, Northampton, Lincoln, Wilts, Oxford et Glocester, ainsi que les landes

des comtés de Cambridge et de Lincoln, sont entièrement formés par cette couche d'argile.

7° L'oolithe inférieur ou oolithe de Bath a une profondeur de 165 mètres; il est composé d'un grand nombre de couches de grès et de calcaire, comprenant, au centre de la formation, une couche d'argile de 70 mètres d'épaisseur. Les terrains qui proviennent de ces différentes couches sont d'une qualité très-variable, suivant que le grès ou le calcaire prédomine dans telle ou telle localité. Les argiles sont principalement en prairies; le reste constitue une terre arable plus ou moins productive, mais d'un travail moins facile. Cette formation se trouve immédiatement au-dessous de la couche arable dans les comtés de Glocester, de Northampton, d'Oxford, dans la partie est du comté de Leicester et dans le comté d'York; on en trouve aussi une petite étendue sur la côte sud-est du comté de Sutherland.

8° Le lias est un immense dépôt d'argile bleue, épaisse de 160 à 330 mètres, donnant naissance à un sol froid, bleuâtre et improductif; il forme une longue étendue de terre, d'une largeur variable et qui s'étend de l'embouchure de la Tees, dans le comté d'York, jusqu'à Lyme-Regis, dans le comté de Dorset; il nourrit des pâturages très-vieux et souvent d'une grande valeur : un bon système d'égouttement (drainage) est susceptible de le convertir, graduellement, en bon terrain à froment.

9° Le nouveau grès rouge, bien qu'il n'ait que 170 mètres d'épaisseur, forme néanmoins la surface de presque toute la plaine centrale de l'Angleterre; il s'avance, au nord, depuis le Cheshire jusqu'à Carlisle et Dumfries. La couche consiste en grès rouge et en marne ; les sols qui en proviennent se travaillent facilement et à bon compte, et parmi eux on compte quelques-unes des terres arables les plus riches et les plus productives de l'Angleterre. Dans n'importe quelle partie du globe l'on rencontre les sols rougeâtres de cette formation, on trouve que, en général, ils possèdent les mêmes caractères agronomiques.

10° Le calcaire magnésien forme une couche de 55 à 170 mètres d'épaisseur, qui s'étend, de Durham à Nottingham, en une bande d'un sol peu profond, pauvre, que par une culture savante on peut améliorer comme terre arable, mais qui ne nourrit guère que des pâturages naturellement pauvres, parsemés, çà et là, de magnifiques sapins.

11° La houille, d'une profondeur de 100 à 1,000 mètres, consiste en couches de grès et de schiste d'un bleu foncé (argile durcie) alternant (interstratifiées) avec des strates de charbon de terre. Aux endroits où les sables aboutissent à la superficie, le sol est peu profond, pauvre, affamé, quelquefois même entièrement dénué de valeur. Le schiste, d'un autre côté, produit une argile compacte, humide, très-difficile à travailler : il n'est pas impossible de la cultiver ; mais elle exige un travail dispendieux, des desséchements, de la chaux, enfin de l'habileté et des capitaux pour que le cultivateur soit dédommagé par les récoltes de céréales qu'elle est susceptible de produire. Les débris de schistes de cette formation provenant des carrières ou extraits des puits de houille peuvent être répandus avec avantage sur les terrains sablonneux, et même sur les argiles blanches compactes, presque complétement dépourvues de matières végétales.

12° Les mêmes remarques s'appliquent à la pierre meulière ; la couche qu'elle forme a une épaisseur de 200 mètres et même plus. L'histoire de cette couche a plusieurs points communs avec celle des couches de grès et de schiste dans les terrains houillers ; souvent même le sol auquel elle donne naissance est inférieur à celui qui provient du grès et du schiste. Là où le grès se trouve en abondance, on rencontre de vastes étendues stériles ou bien recouvertes d'une lande peu épaisse ; là où le schiste prédomine, nous retrouvons les difficultés inhérentes au terrain décrit au n° 11. On rencontre généralement ces sortes de roches autour des mines de houille.

13° Le calcaire de montagnes, d'une épaisseur de 260 à 340 mètres. C'est une roche bleue et dure, séparée çà et là, en couches distinctes, par des couches de grès, d'ardoises arénacées ou de schiste bleuâtre semblable à celui des terrains houillers. Le sol qui repose sur le calcaire est peu profond ; mais il nourrit un herbage naturellement doux. Quand le calcaire et l'argile schisteuse se rencontrent, il en résulte une terre arable productive en avoine et qui, sous l'influence d'un climat favorable, peut être convertie en bonne terre à froment. Une étendue considérable de terrain, dans le nord de l'Angleterre, est formée par ces roches ; presque tout l'intérieur de l'Irlande repose sur cette formation.

14° Le vieux grès rouge varie en épaisseur de 170 à

5,300 mètres ; il possède plusieurs des précieuses qualités agronomiques de la nouvelle formation, se trouvant, comme elle, composé de grès rouge et de marne qui donnent naissance à de riches sols rougeâtres. Tel est le sol des comtés de Brecknock, de Hereford, d'une partie du comté de Monmouth, d'une partie des comtés de Berwick, de Roxburg, de Haddington et de Lanark, de la partie méridionale du comté de Perth, des deux rives du Moray-Forth et du comté de Sutherland. En Irlande, ces roches abondent aussi dans le Tyrone, le Fermanag, le Monaghan, le Waterford, le Mayo et le Tipperary. Dans toutes ces localités, le sol ainsi formé est généralement supérieur à ceux qui l'environnent, quoique çà et là, dans les endroits où le grès devient plus dur, plus siliceux et plus imperméable à l'eau, l'on rencontre de vastes marécages et des landes.

III. Couches primaires.

15° Le système silurien supérieur a une épaisseur d'environ 1,350 mètres ; c'est lui qui forme le sol des comtés méridionaux du pays de Galles. Il est composé de couches de grès, de schiste et de calcaire ; mais le caractère du sol qui provient de ces différents strates se ressent de l'abondance générale de l'argile : ce sont des terrains argileux, boueux, la plupart du temps très-difficiles à travailler, et le voyageur qui abandonne, à l'ouest, le grès rouge du comté de Hereford, pour s'avancer vers les roches siluriennes supérieures de Radnor, est immédiatement frappé du peu de valeur agricole de ces terres.

16° Les roches siluriennes inférieures ont aussi une profondeur d'environ 1,550 mètres ; on les rencontre dans le pays de Galles, à l'ouest du système silurien supérieur ; elles sont composées de 750 mètres de grès, qui ne forme guère que des landes, quand toutefois le sol n'est pas entièrement dépouillé de végétation.

On rencontre, au-dessous de ce grès, 400 mètres d'un calcaire sablonneux et terreux dont la désagrégation a produit des terres fertiles, comme on peut le voir dans la partie méridionale du comté de Caermarthen.

17° Le système cambrien a une épaisseur de plusieurs milliers de mètres ; il est formé, en grande partie, d'ardoises argileuses plus ou moins dures, d'une désagrégation lente et qui, dans la plupart des cas, donnent naissance à un sol pauvre et de peu d'épaisseur, ou à des terrains argileux froids, difficilement exploitables, d'un travail coûteux et exigeant des soins habiles pour être amenés à ce point de fertilité où la culture arable devient profitable. Le comté de Cornwall, la partie occidentale du pays de Galles et les montagnes de Cumberland en Angleterre, les régions élevées qui s'étendent depuis la chaîne de Lammermoor à Port-Patrick en Écosse, les montagnes du comté de Tipperary et une vaste étendue à la partie méridionale de l'Irlande, la côte orientale et une grande partie de l'intérieur, à partir de la baie de Dundalk, dans la même île, sont formés par ces couches d'ardoises : çà et là on rencontre, sur cette formation, des étendues de terre riche et bien cultivée ; une portion assez considérable est susceptible d'être améliorée, mais la majeure partie est occupée par des landes sans valeur et de vastes marécages. Çà et là quelques améliorations commencent à se manifester sur les terrains difficiles de cette formation ; ils sont cependant très-peu habités ; les fermiers n'y cultivent que de petites étendues et ne disposent, en général, que d'un capital fort peu considérable. L'introduction du système d'assainissement promet de faire croître du froment là où on n'apercevait, autrefois, qu'une chétive végétation. Ces roches contiennent peu de calcaire ; l'application de la chaux est donc de rigueur après les travaux d'assainissement : aussi son application est-elle considérée comme l'un des moyens les plus sûrs pour activer la production des terres provenant de leur désagrégation.

18° Les systèmes de micaschiste et de gneiss. Nous ignorons la profondeur de la couche ; mais nous savons qu'elle est principalement composée de roches dures et schisteuses d'une décomposition lente. Ces deux systèmes donnent naissance à des terrains pauvres et peu profonds qui reposent sur une roche imperméable, et rendus encore moins productifs par la hauteur à laquelle s'élève cette formation, où le climat devient encore un nouvel obstacle à la réussite des récoltes. Dans les comtés de Perth et d'Argyle, dans le nord et l'ouest de l'Irlande, ces terrains sont couverts de landes ; néanmoins, dans les vallées, sur les pentes abritées et au bord des lacs, l'œil rencontre une végétation luxuriante et quelques portions d'un sol fertile en céréales.

En examinant attentivement l'esquisse que nous venons de faire des propriétés agronomiques que possèdent les terrains provenant de la désagrégation des roches stratifiées, le lecteur aura remarqué que plusieurs des principes exposés dans la section précédente se trouvaient démontrés par des exemples dans celle-ci, et, entre autres conclusions, il aura dû tirer les suivantes :

1° Quelques formations, comme le nouveau grès rouge, donnent naissance à un sol presque toujours productif ; d'autres, telles que les couches houillères et les pierres meulières, produisent presque constamment un sol naturellement stérile.

2° Quand deux formations ou deux espèces de roches différentes se rencontrent, on peut espérer de trouver à leur jonction un bon sol, ou, du moins, un sol meilleur que celui de la contrée environnante.

3° Dans presque chaque pays on rencontre, sur certaines formations, de vastes étendues de terrain laissé en prairies naturelles, à cause du travail difficile et dispendieux qu'il nécessite : tels sont les lias, les argiles d'Oxford, de Kimmeridge et de Londres. Quand on veut récolter du grain, il est naturel de soumettre d'abord à la charrue les terres qui se travaillent le plus facilement et avec le moins de frais. Ce n'est que lorsque les instruments seront perfectionnés, les cultivateurs devenus plus habiles, que les capitaux se seront accumulés et la population aura augmenté, que l'on commencera à rompre les terres les plus fortes laissées jusque-là en prairies, pour en retirer la quantité bien plus considérable de nourriture, tant pour l'homme que pour les bestiaux qu'elles peuvent facilement produire.

Peut-être les terres à turneps de la Grande-Bretagne ne sont-elles, en certaines localités, qu'indifféremment cultivées, et l'État a des motifs pour se plaindre de ce que beaucoup de cultivateurs négligent d'employer des méthodes connues et certaines pour augmenter leur fertilité ; *mais le prochain grand pas que l'agriculture de la Grande-Bretagne est appelée à faire, c'est de défricher les argiles compactes, et de les convertir en ce que beaucoup d'entre elles sont destinées à devenir, c'est-à-dire les terres céréales les plus riches du royaume.*

4° Il existe encore de grandes étendues, telles que celles qui reposent sur les schistes du système cambrien par exemple, pour lesquelles l'agriculture progressive n'a rien entrepris, parce qu'on désespérait de pouvoir les cultiver avantageusement ; cependant beaucoup de localités pourraient récompenser avec usure une amélioration habilement conduite. Que l'on établisse des routes et des rigoles d'assainissement, que l'on applique de la chaux et des engrais, et l'on verra se modifier peu à peu le sol et le climat ; le travail économiquement exécuté ne tardera pas à porter ses fruits, le capital judicieusement employé rentrera dans ses avances, et les ressources du pays auront été augmentées.

CHAPITRE VII.

SOL FORMÉ PAR LES ROCHES GRANITIQUES ET TRAPPÉENNES.—ACCU-
MULATION DE SABLES, GRAVIERS ET ARGILES TRANSPORTÉS.—USAGE
DES CARTES GÉOLOGIQUES SOUS LE RAPPORT AGRICOLE.—CARACTÈ-
RES PHYSIQUES ET CONSTITUTION CHIMIQUE DES SOLS.—RAPPORT
QUI EXISTE ENTRE LA NATURE DU SOL ET LES ESPÈCES DE PLANTES
QUI Y CROISSENT NATURELLEMENT.

Nous avons dit, dans le chapitre précédent, que les
géologues avaient divisé les différentes roches en stratifiées et en non stratifiées (1). Les roches stratifiées
couvrent une partie du globe de beaucoup la plus considérable, et forment une variété de sols dont nous venons de donner une description générale. Il y a deux
espèces de roches non stratifiées, les roches granitiques
et les roches trappéennes ; et, comme elles couvrent
une très-grande portion de la surface de notre île, il
nous paraît convenable d'examiner rapidement les caractères particuliers de chacune d'elles, ainsi que les

---

(1) Les couches non stratifiées ont souvent été appelées *roches
cristallines*, parce qu'elles présentent fréquemment l'apparence
du verre, ou qu'elles contiennent certaines substances minérales
cristallisées régulièrement; souvent aussi on les désigne sous le
nom de *roches ignées*, parce qu'elles paraissent toutes avoir été
originairement dans un état de fusion ou bien avoir été formées
par le feu.   (*Note de l'auteur.*)

différences que présentent les sols auxquels elles ont donné naissance.

SECTION PREMIÈRE. — Sols formés par les roches granitiques et trappéennes.

1° Les granits sont formés d'un mélange en proportions diverses de trois minéraux connus sous les noms de *quartz*, *feldspath* et *mica*. En général, le dernier s'y trouve présent en quantité si minime, que, dans notre description générale, nous pouvons, sans inconvénient, le laisser de côté. Les granits sont donc composés de quartz et de feldspath en proportions très-variables; mais, en moyenne, le premier de ces minéraux entre peut-être depuis un tiers jusqu'à moitié dans la composition de la roche.

Nous avons déjà décrit le quartz comme étant la matière du silex, c'est-à-dire la silice des chimistes. Quand le granit se désagrége, le quartz forme un sable siliceux plus ou moins grossier.

Le feldspath est un minéral blanc, verdâtre ou couleur de chair; souvent il a une apparence plus ou moins terreuse, mais il est généralement dur et cassant, quelquefois même il ressemble au verre. Le quartz le raye facilement, et ce caractère sert à le faire distinguer promptement. Par sa décomposition, il donne naissance à une argile très-fine.

Le granit forme généralement des coteaux et, quelquefois, des chaînes entières de montagnes; quand il se désagrége, la pluie et l'eau des ruisseaux détachent et entraînent l'argile fine provenant du feldspath, tandis que le sable (quartz) est abandonné sur les flancs des montagnes, d'où il résulte que le sol des bas-fonds et des plaines, dans les contrées granitiques, est composé d'une argile froide, compacte, humide, plus ou moins imperméable, qui souvent se trouve en landes et en marécages, ou bien ne nourrit qu'un pauvre et chétif pâturage. Les flancs des coteaux sont entièrement nus, ou bien recouverts d'un sol peu profond, siliceux et ingrat, sur lequel des travaux industrieux, habilement exécutés, ne peuvent presque rien : cependant le côté opposé des mêmes montagnes présente souvent, sous ce rapport, une remarquable différence ; car celui qui a été le plus exposé aux pluies est entièrement privé de son argile, et, par conséquent, c'est le plus stérile des deux.

2° Les roches trappéennes, comprenant les grunsteins et basaltes, consistent essentiellement en feldspath et en *hornblende* ou *augite*. Il résulte, de la comparaison des roches trappéennes avec les roches granitiques, que le granit renferme du feldspath et du quartz, tandis que le trapp se compose de feldspath et d'augite. Dans les roches de trapp, le feldspath et l'augite sont tous deux réduits, par l'action de l'atmosphère, en une poudre plus ou moins fine, qui contient les éléments d'un sol ; dans les granits, c'est du feldspath que provient toute la matière terreuse qu'ils peuvent produire. Après avoir examiné la composition chimique des deux minéraux (augite et feldspath), nous saurons sous quels rapports ces deux variétés de sols doivent différer ; ainsi ils se composent respectivement de

	Feldspath.	Augite.
Silice................................	65	42
Alumine.............................	18	14
Potasse et soude.................	17	trace.
Chaux..............................	trace.	12
Magnésie...........................	—	14
Oxyde de fer.....................	—	14 1/2
— de manganèse...............	—	» 1/2
	100	97

Ces deux minéraux paraissent avoir une composition chimique bien différente, et cette différence doit nécessairement se retrouver parmi les terrains qui en proviennent. Un sol granitique renferme, outre le sable siliceux, de la silice, de l'alumine et de la potasse; un sol provenant de l'augite contient, outre la silice et l'alumine, une forte proportion de chaux, de magnésie et d'oxyde de fer, c'est-à-dire d'environ 150 kilog. de chacune de ces dernières matières, sur 1,020 kilog. de roche désagrégée. Un sol d'augite contient donc une plus forte proportion de ces substances inorganiques, que réclament les plantes pour se développer avec vigueur, qu'un sol provenant de la décomposition du feldspath, et en général il est plus fertile que ce dernier; mais, quand les deux minéraux sont mélangés, comme dans les grunsteins, le sol qui en provient doit être encore plus favorable à la vie végétale. Le feldspath peut fournir en abondance la potasse et la soude, dont l'augite manque presque entièrement, tandis que celle-ci procure la chaux et la magnésie, qui, nous le savons, exercent une influence remarquable sur les progrès de la végétation. Ainsi, tandis qu'un sol granitique peut être éminemment pauvre, la théorie nous enseigne qu'un sol de trapp peut être très-fertile. Actuellement l'observation et l'expérience ont vérifié ce résultat sur toute la surface du globe. Presque toute la partie de l'Écosse au nord des Grampians, de vastes étendues dans les comtés de Devon et de Cornwall, dans l'est et l'ouest de l'Irlande, sont recouvertes par un sol de granit stérile, tandis que, dans les terres basses de l'Écosse et dans le nord de l'Irlande, on rencontre des milliers de kilomètres carrés d'un sol de trapp très-fertile; et l'on a observé que, dans le comté de Cornwall, à la jonction d'un sol de trapp avec un sol de granit, ce dernier perdait beaucoup de sa stérilité naturelle.

Telle est la règle générale pour ces deux classes de sols; mais il arrive souvent qu'en certains endroits la présence d'autres minéraux dans le granit, ou bien une proportion d'augite ou de mica plus forte qu'à l'ordinaire, donne naissance à un sol granitique de fertilité moyenne, ainsi que cela a lieu dans les îles de Scilly; d'un autre côté, et pour la même raison, les roches de trapp présentent une composition si particulière, qu'elles forment un sol d'une stérilité désespérante : celui de l'île de Skye nous en offre un exemple.

Dans quelques localités, on enlève les débris de roches de trapp et on les applique avec avantage comme amendements sur d'autres terrains; et, de même que nous avons vu le sol granitique du comté de Cornwall s'améliorer par son mélange avec les débris de roches trappéennes, de même il est impossible qu'un mélange

de granit avec divers sols trappéens soit avantageux,
quand, toutefois, le granit est d'un accès facile.

L'application de la chaux dans certains districts
trappéens n'ajoute rien à la fertilité du sol. Feu M. Oli-
ver de Lochend m'a informé que, à sa connaissance, il
ne s'était pas présenté un seul cas, dans un rayon de
7 à 8 kilomètres autour d'Édimbourg, où l'application
de la chaux eût produit de bons effets. Il attribuait
cette impuissance aux énormes quantités d'écailles
d'huîtres qui se trouvent dans les boues de la ville, employées comme engrais par les fermiers des environs.
Une autre raison importante y contribue encore, c'est
la présence, dans les roches trappéennes, d'une grande
abondance de calcaire. J'ai recueilli, sur le versant
nord des collines de Pentland, un échantillon de trapp
en désagrégation, et j'ai trouvé, à l'analyse, qu'il contenait 16 pour 100 de carbonate de chaux.

On a remarqué, dans plusieurs localités des comtés
d'Ayr et de Fife, que la chaux produisait beaucoup
d'effet sur les terrains de roches trappéennes nouvellement défrichés, tandis qu'elle était sans action quand
on l'appliquait même fréquemment après vingt ou
trente années de culture. Cela s'explique de la manière
suivante : ces terrains, pendant leur période de friche,
ont été graduellement privés de leur calcaire par les
eaux de pluie, qui les ont délavés pendant une longue
série d'années. Lorsqu'on les défriche, le chaulage est
nécessaire pour réparer cette perte ; mais les labours
fréquents, qui retournent la terre continuellement,
amènent dans la suite, à la surface, de nouveaux fragments de roche trappéenne qui, en se désagrégeant

sous l'influence des météores, fournissent au sol un supplément suffisant de matières calcaires, et rendent, par conséquent, inutile toute application artificielle ultérieure. J'ai analysé un fragment de cette roche; la partie extérieure, qui tombait en poussière, n'a presque pas donné de trace calcaire, tandis que le noyau interne en contenait en forte proportion.

Les *laves* qui recouvrent souvent de vastes étendues de pays, dans les contrées où se trouvent des volcans actifs ou éteints, sont essentiellement composées des mêmes minéraux que les roches de trapp ; enfin celles-ci ne sont, en général, que des laves d'une époque antérieure. Les laves ayant une composition analogue à celle des roches de trapp, il n'est pas rare d'y trouver en abondance de l'augite et, par conséquent, de la chaux ; exposées à l'action de l'air, elles se désagrègent avec plus ou moins de rapidité. En Italie et en Sicile, elles donnent fréquemment naissance à des sols de la plus haute fertilité ; quand elles sont décomposées, on peut s'en servir avec autant d'avantage que des roches de trapp pour amender les terres moins fertiles. Dans l'île de Saint-Michael, l'une des Açores, les habitants pulvérisent les matières volcaniques et les répandent sur le sol, où elles se transforment en un riche guéret capable de produire de magnifiques récoltes.

SECTION II.—De l'accumulation superficielle des matériaux transportés sur diverses parties de la surface du globe.

Afin de garder le lecteur contre les désappointements qu'il pourrait éprouver en examinant les rapports qui existent entre le sol et la roche sur laquelle il repose, ou bien en cherchant à découvrir, au moyen des explications que nous avons déjà données , quelle est la qualité du sol, d'après la connaissance qu'il aurait de la roche qui le supporte, il devient nécessaire de lui faire connaître un autre genre de *couches* géologiques qui se présentent non-seulement dans notre propre pays, mais encore dans presque chaque partie du globe.

Un homme peu instruit, qui lirait le chapitre et la section précédents, pourrait dire : « Je connais des « terrains excellents qui reposent sur du granit, des « terres à turneps sur l'argile d'Oxford ou sur celle « de Londres, de nombreux champs très-fertiles sur « les couches houillères, tandis que j'ai vu des fermes « ayant un sol pauvre et graveleux sur le nouveau grès « rouge que l'on vante tant. Je n'ai aucune foi dans « la théorie, et je ne peux en avoir aucune dans des « théories si directement contredites par ce que nous « voyons dans la nature. » Il est à craindre que tel soit le jugement téméraire d'un trop grand nombre de cultivateurs, *excellents praticiens dans leur localité* (1), qui peuvent être familiers avec un grand nombre de

---

(1) Par excellents praticiens dans leur localité , j'entends les meilleurs cultivateurs d'une localité et les plus habiles dans le genre de culture qu'ils ont adopté, mais qui ne sauraient réussir dans d'autres districts où le sol exige des procédés différents de ceux qu'ils emploient. Celui qui possède de bons principes agricoles saisit promptement les modifications exigées par une récolte, un climat ou un sol différents, tandis que le cultivateur qui n'est que praticien ne saura comment faire ; il se découragera et tombera dans le désespoir. (*Note de l'auteur.*)

faits utiles, importants, mais qui n'ont pas appris à voir au delà de ces faits pour remonter aux principes dont ils découlent.

Quiconque a vécu pendant longtemps sur les côtes les plus exposées de notre île a dû remarquer que, dans un temps sec, lorsque le vent souffle avec violence de la mer, le sable du rivage est soulevé et répandu à l'intérieur sur le sol, quelquefois même à une grande distance de la côte; dans quelques contrées même, ce mouvement des sables est très-considérable, et peu à peu il engloutit de vastes étendues d'une terre fertile.

Presque tout le monde sait que pendant des pluies continues, quand les rivières se gonflent et finissent par déborder, il n'est pas rare que les eaux charrient des masses de sable et de gravier qu'elles entraînent au loin et qu'elles déposent, à différents intervalles, sur la surface du sol.

C'est ainsi que, par leurs débordements annuels, le Nil, le Gange et la rivière des Amazones déposent graduellement, sur des surfaces d'une grande étendue, des couches d'un sol qui finit par s'accumuler; de même, au fond des lacs, on trouve des couches épaisses de sable, de gravier et d'argile transportées des hauteurs par les cours d'eau qui les alimentent.

Une vaste portion de la terre ferme qui, en ce moment, se trouve à la surface de notre globe a été et se trouve encore soumise à de semblables influences. C'est pour cette raison qu'en bien des endroits les roches et les sols qu'elles ont formés sont enfouis sous des couches accumulées de sable, de gravier et d'argile, charriés d'une distance plus ou moins grande et

qui souvent proviennent de roches d'une espèce tout à
fait différente de celles de la localité où on les retrouve
maintenant. L'accumulation de ces minéraux transportés donne naissance à un sol dont les caractères
n'ont aucun rapport avec ceux des roches qui couvrent
le pays, et la connaissance parfaite de ces mêmes roches ne nous permettrait prs de prédire la nature du
sol.

C'est à cette cause qu'il faut attribuer le peu d'accord qui existe entre les premières indications fournies par la géologie sur l'origine des terrains, expliquée d'après les roches sur lesquelles ils sont assis et
les caractères de ces terrains, tels qu'on les observe
actuellement dans certaines localités ; désaccord dont
nous avons parlé comme bien propre à faire naître
dans l'esprit du lecteur peu instruit le doute et la mé-
fiance des indications fournies par la géologie agricole.
Néanmoins il existe plusieurs circonstances qui peuvent matériellement aider un observateur attentif dans
ses recherches sur la nature possible du sol et sur le
traitement à lui faire subir quand bien même les roches sous-jacentes sont recouvertes de matériaux
transportés. Ainsi

1° Il n'est pas rare que les matériaux amenés d'une
certaine distance soient plus ou moins mélangés avec
les fragments et les parties désagrégées des roches
que l'on trouve sur le lieu même ; de sorte que, lors
même que la qualité du sol se trouve modifiée, le terrain ainsi formé conserve les caractères généraux de
celui que l'on rencontre sur divers points et qui provient seulement des roches de cette région.

2° Quand la formation est considérable, c'est-à-dire qu'elle recouvre une vaste étendue, comme, par exemple, le nouveau grès rouge et les couches houillères en Angleterre, le calcaire de montagnes en Irlande et le granit en Écosse, il arrive parfois que le sable, le gravier et l'argile transportés et répandus sur une portion de la couche proviennent des roches d'une autre partie de la même formation, de sorte que, en définitive, on peut dire que le sol provient des roches sur lesquelles on le rencontre, et l'on peut apprécier sa nature, du moment que l'on connaît la composition de ces roches.

3° Ou bien, si les matériaux transportés ne proviennent pas de la même formation, il arrive très-souvent qu'ils aient appartenu à des roches d'une formation voisine, roches que l'on devra rencontrer à une distance peu considérable, et généralement sur un terrain plus élevé : ainsi les débris de la pierre meulière se trouvent souvent répandus à la surface des terrains houillers, souvent aussi on trouve des débris de ces derniers sur le calcaire magnésien, ou enfin du calcaire magnésien sur du nouveau grès rouge ; et ainsi de suite. L'effet que ce transport produit sur le sol est simplement de couvrir, dans une certaine direction, les limites d'une formation donnée, avec des matériaux appartenant à des formations voisines et adjacentes à la première.

Il résulte de ceci que la présence, en certains endroits, d'un sol qui n'a aucun rapport apparent avec les roches sur lesquelles il repose directement n'autorise nullement à douter, à discréditer ou à rejeter les conclusions tirées des faits et des principes généraux qui appartiennent à la géologie. Il n'en est pas moins vrai, en général, que les sols doivent leur origine aux roches sur lesquelles ils sont assis; les exceptions sont locales, et les difficultés que présentent ces exceptions locales obligent seulement l'agriculteur géologue à examiner plus attentivement la structure du sol de chaque localité, avant d'émettre une opinion décisive sur le plus ou moins de fertilité qu'il possède ou qu'une culture habile peut lui donner.

Les cartes géologiques nous montrent, avec assez de précision, l'étendue sur laquelle on trouve la craie, le granit, le grès rouge, etc., immédiatement au-dessous de la couche friable; elles ont aussi une grande valeur, parce qu'elles nous indiquent les qualités générales du sol de ces districts. Il peut se faire que, çà et là, le sol *naturel* soit enfoui sous des matériaux transportés; néanmoins l'économie politique pourra, en général, se rendre compte des capacités agricoles du sol d'un pays : par l'étude de sa structure géologique, le capitaliste pourra juger dans quelle partie de ce pays il trouvera probablement à faire un placement qui lui convienne, et le cultivateur dans quelle localité il peut espérer de trouver une terre qui le récompensera le mieux de ses travaux, sur laquelle il pourra pratiquer le genre de culture auquel il est le plus habitué, ou qui, par l'application de méthodes perfectionnées, sera susceptible de la plus grande amélioration.

SECTION III. — Des caractères physiques du sol.

L'influence que le climat exerce sur la fertilité d'un sol est souvent considérable; cette influence dépend, en grande partie, de ce que l'on appelle propriétés physiques du sol.

1° Il est des terres qui sont plus lourdes et plus denses que d'autres. Les sols sablonneux et marneux sont les plus lourds, les terrains tourbeux sont les plus légers. Quand on défriche un sol tourbeux, il est très-avantageux d'augmenter sa densité en y ajoutant une couche d'argile, de sable ou de débris calcaires.

2° Certains sols absorbent l'eau des pluies, la retiennent en plus grande quantité et plus longtemps que ne le font d'autres sols. Les argiles compactes absorbent et retiennent environ trois fois autant d'eau que les terres sablonneuses, et un sol tourbeux en absorbe une quantité encore plus forte; aussi est-on plus souvent obligé de dessécher les argiles que les sables : cette raison nous explique également pourquoi, dans les terrains tourbeux, on doit soigneusement tenir ouvertes les rigoles de desséchement, afin d'empêcher, autant que possible, que les sources et les eaux qui proviennent des couches inférieures n'aient accès à la partie supérieure.

3° L'action capillaire des sols varie également. Cette propriété est très-importante, eu égard à la végétation; en la connaissant on peut apprécier à quelle hauteur s'élèvera l'eau dans une terre qui repose sur un sous-sol humide, quelle sera la nécessité plus ou moins immédiate du drainage, à quel degré s'élèvera la température générale du sol, etc.

4° Quand les sécheresses arrivent, les terres perdent leur humidité par l'évaporation, avec différents degrés de rapidité : ainsi un sable siliceux perdra, sous forme de vapeur, une quantité d'eau dont une argile tenace, de la tourbe ou un riche terreau mettraient trois fois plus de temps à se débarrasser ; c'est ce qui nous explique pourquoi, sur un sol sablonneux, les plantes sont si promptement brûlées. Non-seulement un sol de cette espèce retient une moins grande portion de l'eau des pluies, mais encore celle qu'il retient se trouve plus promptement dissipée par l'évaporation. Mais, dans les temps pluvieux ou pendant les saisons très-humides, ces mêmes propriétés permettront au sol sablonneux de soutenir une végétation luxuriante, tandis que sur une terre argileuse les plantes périraient par l'excès d'humidité.

5° En se desséchant sous l'influence de la chaleur du soleil, les différents sols se contractent ou diminuent de volume, suivant la proportion d'argile ou de matières tourbeuses qu'ils renferment. Le sable ne subit pas une diminution de volume en séchant ; mais la tourbe se réduit d'un cinquième de son volume, et l'argile éprouve une réduction presque aussi considérable, au point que les racines sont comprimées, l'air est chassé, spécialement dans les argiles durcies, et la plante se trouve ainsi placée dans des conditions défavorables à son développement. De là la valeur d'une juste proportion de sable et d'argile dans une terre ;

l'argile entretient dans le sol un degré suffisant d'humidité et pour un espace de temps assez grand, tandis que le sable empêche que la compression des racines ait lieu et permet à l'air d'y avoir un accès facile.

6° Dans les saisons les plus chaudes et les plus sèches, le sol est soustrait, pendant quelques instants, à l'action brûlante des rayons solaires; durant la partie la plus fraîche de la nuit, lors même qu'il est impossible d'apercevoir la chute de la rosée, le sol jouit de la propriété de recouvrer une partie de l'humidité qu'il a perdue pendant le jour. Le sable parfaitement pur n'absorbe qu'une très-faible quantité ou même pas du tout de l'humidité de l'air; l'argile tenace, au contraire, peut absorber, dans une seule nuit, une quantité d'humidité qui s'élève à un trentième de son poids; un sol tourbeux, sec, environ un douzième de son poids; et, en général, la quantité d'humidité qu'absorbe le sol dépend de la proportion d'argile et de matière végétale qu'il contient. D'après ces observations, il serait difficile de ne pas remarquer combien la fertilité de la terre dépend des proportions dans lesquelles les substances minérales et végétales s'y trouvent mélangées.

7° La température d'un sol, c'est-à-dire le degré de chaleur qu'il est capable d'acquérir sous l'influence des rayons solaires, agit puissamment sur la végétation. Tous les jardiniers savent quelle influence la chaleur du fond exerce sur la croissance des plantes, particulièrement quand elles sont jeunes, et partout où il existe dans le sol une chaleur naturelle indépendante de celle que lui communique le soleil, comme, par exemple, dans le voisinage des volcans, on trouve des terres d'une fertilité prodigieuse. Un des principaux effets du soleil au printemps et durant l'été dépend de la propriété qu'il possède de réchauffer le sol autour des jeunes racines et, par là, de le rendre favorable à leur rapide développement. Cependant le soleil ne réchauffe pas également tous les terrains; quelques-uns absorbent plus de calorique que d'autres, bien qu'ils soient exposés à la même chaleur. Quand la température de l'air, à l'ombre, ne s'élève que de 55 à 58 degrés centigrades, un sol sec peut s'échauffer au point de faire monter le thermomètre à 50 ou 55 degrés ; madame Ellis rapporte même que, dans les Pyrénées, après une pluie, on voit les rochers fumer sous l'influence d'un soleil d'été, et qu'ils deviennent si chauds, que l'on ne peut s'asseoir dessus. La température des sols humides s'élève lentement; elle n'approche jamais de plus de 6 à 10 degrés de celle d'un terrain sec : aussi est-il strictement correct de dire que les sols humides sont *froids* ; et l'on comprend facilement comment cette fraîcheur leur est enlevée par un desséchement parfait. Les sables, les argiles sèches et le terreau noir des jardins, également exposés à l'action du soleil, acquièrent à peu près le même degré de chaleur, les sols d'un rouge brun s'échauffent davantage, et les terrains tourbeux d'une couleur foncée sont ceux qui absorbent le plus de calorique. Il est donc probable que la présence de la matière végétale noire communique au sol la propriété d'absorber une plus grande quantité de chaleur du soleil, tandis que la couleur des marnes d'un rouge foncé, provenant du vieux et du nouveau grès, peut, jusqu'à un certain point, développer les principes de fertilité contenus dans les terrains auxquels elles donnent naissance.

En lisant les observations précédentes, le praticien ne manquera pas d'avoir été frappé de la ressemblance qui existe entre les propriétés physiques d'un sol argileux et celles d'un sol tourbeux : tous les deux ils retiennent une grande quantité de l'eau des pluies, et s'en séparent difficilement par l'évaporation ; tous les deux ils se contractent fortement en séchant, et, en l'absence du soleil, ils absorbent promptement l'humidité de l'air. Dans cette similitude de propriétés, nous voyons pourquoi les premiers pas à faire pour améliorer ces deux espèces de terre doivent être, à peu de chose près, les mêmes, et aussi pourquoi un mélange soit d'argile, soit de matière végétale communiquera également à un sol sablonneux plusieurs de ces éléments de fertilité que tous les deux possèdent au même degré.

SECTION IV. — De la composition chimique du sol.

Dans ses rapports avec la végétation, le sol remplit au moins trois fonctions : il est la base dans laquelle les plantes peuvent fixer leurs racines et se maintenir dans une position verticale ; à chaque période de la croissance des végétaux, il leur fournit une nourriture inorganique ; enfin c'est le milieu dans lequel s'opèrent plusieurs transformations chimiques, essentielles à une bonne préparation des aliments que le sol est destiné à fournir à la plante pendant sa croissance.

Nous avons dit que le sol consiste principalement en sable, chaux et argile, et en substances salines et organiques en proportions plus faibles et variables; mais l'examen des cendres des plantes (*voyez* chapitre IV) nous montre qu'un sol fertile doit nécessairement contenir une quantité appréciable d'au moins onze substances différentes que l'on retrouve, en plus ou moins grande abondance, dans les cendres des plantes sauvages et des plantes cultivées.

Deux faits géologiques bien connus nous mènent exactement à la même conclusion. — Nous avons vu que, dans les terrains formés de roches non stratifiées, les roches granitiques et trappéennes, outre certaines substances minérales qu'ils contiennent en proportions qui leur sont particulières, on rencontre encore une *trace* de la plupart des différentes matières que l'on trouve dans les cendres de plantes. Il est également certain que les roches stratifiées proviennent d'une accumulation plus ou moins lente des ruines ou fragments de masses non stratifiées plus anciennes qui, sous diverses influences, ont été graduellement réduites en poussière, répandues, à la surface du globe, en couches alternées, puis consolidées de nouveau. — Le lecteur nous accordera facilement qu'en général on peut présumer qu'il existe, dans toutes les roches et, par conséquent, dans tous les sols, des *traces* de chacune des substances qui constituent les cendres des plantes.

Actuellement l'*analyse chimique* confirme les prévisions que l'on avait faites sur la constitution du sol; elle nous montre que, dans la plupart des terrains, on peut découvrir la présence des diverses matières des cendres de plantes, bien qu'elles s'y trouvent en proportions très-variables : en continuant ses investigations sous le rapport de l'effet que produit la différence de proportions des constituants du sol généralement les moins abondants, elle établit quelques autres points de la plus haute importance pour l'agriculteur praticien; elle a trouvé, par exemple, que

1° De même qu'un juste équilibre entre le sable et l'argile est nécessaire pour qu'un sol possède les propriétés physiques les plus favorables, de même il ne suffit pas, pour qu'un sol produise certaines récoltes, qu'il contienne les différents éléments inorganiques des plantes, il faut encore qu'ils s'y trouvent en proportions telles que les plantes puissent les obtenir facilement et en temps convenable.

Ainsi une terre peut contenir une quantité plus grande d'une substance donnée, telle que potasse, soude et carbonate de chaux, que n'en demande la récolte semée; et cependant cette quantité peut être tellement disséminée, que les racines sont dans l'impossibilité d'en trouver assez à leur portée pour les besoins d'une plante qui végète rapidement. Il sera nécessaire d'ajouter à une pareille terre la proportion supplémentaire voulue par la récolte.

Une récolte de froment d'hiver, qui met neuf à dix mois pour accomplir toutes les phases de sa végétation, a, d'un autre côté, beaucoup plus de loisirs pour rassembler dans le sol les substances éparses nécessaires à son développement qu'une récolte d'orge, qui, sous les climats froids, ne reste sur le sol que six à sept semaines et demie, comme en Suède, ou qui, comme en Sicile, sous un climat brûlant, peut deux fois être semée et récoltée dans un an. On conçoit donc parfaitement un terrain qui refuse de produire une plante à végétation rapide, et fort bien disposé cependant à nourrir une plante à végétation lente.

2° Quand un terrain manque particulièrement de quelques-unes de ces substances, les céréales, les plantes fourragères estimées et les arbres cultivés se refusent à croître avec vigueur et à donner de bonnes récoltes.

3° Lorsque certaines substances s'y trouvent présentes en trop grande quantité, le sol n'est également pas favorable aux plantes les plus utiles.

Dans ces trois principes, le lecteur intelligent apercevra les motifs pour lesquels d'habiles praticiens ont partout amendé les terres qu'ils cultivaient; il y verra aussi la source des difficultés qui, dans bien des localités, s'opposent à ce que le sol arrive à un degré de fertilité qui lui permettrait de suffire avec aisance à tous les besoins des végétaux que la culture artificielle a pour objet spécial de produire facilement et en abondance.

L'analyse chimique est un art difficile; elle exige des connaissances étendues en chimie, une grande habileté dans les manipulations, du temps et de la persévérance, pour que les résultats obtenus aient quelque valeur, qu'on puisse y avoir confiance, en un mot qu'ils soient *minutieusement corrects*. Je crois que c'est seulement en cherchant à atteindre des résultats aussi exacts que l'analyse chimique pourra nous fournir quelques lumières sur les propriétés particulières de certaines terres qui, ayant une composition et des propriétés physiques à peu près analogues, possèdent des qualités agricoles bien différentes. Dans chaque pays on rencontre des cas pareils, et c'est alors que l'agriculture a le droit de s'adresser à la chimie et de lui dire : « J'espère et je compte sur vous pour que vous expliquiez la cause de ces difficultés et que vous en indiquiez le remède. » Mais, s'il est permis à l'agriculture de tenir un pareil langage, elle a aussi des devoirs à remplir; elle ne doit pas, d'un côté, nier la valeur de la théorie chimique pour l'agriculture pratique, et, de l'autre, exiger le sacrifice de temps et de travail pour qu'on fasse les études chimiques qui la concernent. La chimie est un vaste champ, et l'on peut, en poursuivant son étude, employer bien des vies laborieuses, sans entrer dans le domaine de l'agriculture pratique.

Il peut se faire que, par hasard, un chimiste ait l'idée ou se trouve naturellement poussé à appliquer ses connaissances à cet art si important; mais, jusqu'ici, on a généralement si peu apprécié de tels efforts, la masse des agriculteurs a accueilli avec si peu de grâce les résultats et les conseils offerts par la science, que l'on s'étonnera peu qu'un grand nombre de chimistes, dégoûtés par une telle réception, aient abandonné leurs études, et que la majorité des hommes capables prend grand soin de ne pas aborder ce sujet.

C'est pour cette raison qu'en Angleterre on a rarement fait des analyses de sols, à moins que ce ne fût un travail de profession ; alors, d'après un juste calcul, on consacrait tant de temps à ce travail pour telle somme d'argent, et on faisait une analyse dont l'exactitude se mesurait par le temps que le chimiste avait pu y consacrer.

Afin de donner un exemple des conclusions qui peuvent, comme nous l'avons dit plus haut, être tirées d'une analyse chimique exacte, je donnerai la composition de trois terres différentes, telle que l'a trouvée Sprengel, chimiste allemand, en ce moment à la tête de l'école d'agriculture de la Prusse, et qui, par goût aussi bien que par profession, a dirigé, avec beaucoup de succès, son attention vers l'agriculture scientifique.

Le n° 1 est une terre d'alluvion très-fertile, située dans la partie est de la Frise, autrefois recouverte par la mer, mais que l'on cultive en céréales et en légumineuses depuis soixante ans, *sans jamais la fumer.*

N° 2 est un sol fertile des environs de Gottingen : il produit d'excellentes récoltes de trèfle, de colza, de pommes de terre et de turneps ; les deux derniers viennent particulièrement bien quand ils ont été fumés avec du gypse.

N° 3 est un sol très-stérile de Lunebourg.

Après avoir été lavés dans l'eau de la manière déjà décrite, ils ont donné chacun, sur 1,000 parties :

	No 1.	No 2.	No 3.
Matières salines solubles.................	18	1	1
Matières terreuses fines et matières organiques (argile).........	937	839	599
Sables siliceux.........................	45	160	400
	1,000	1,000	1,000

La différence la plus frappante que présentent ces chiffres, c'est la grande quantité de matières salines que renferme le n° 1. Cette matière saline consiste en sel marin, chlorure de potassium, sulfate de potasse et gypse, avec des traces de sulfate de magnésie, de sulfate de fer et de phosphate de soude. La présence d'une quantité comparativement si considérable de matières salines provient sans doute, en moyenne partie, de ce que la mer baignait autrefois ce terrain, et c'est probablement aussi la raison pour laquelle on a pu cultiver le sol pendant si longtemps, sans lui rien restituer sous forme d'engrais.

Le terrain stérile est le plus léger des trois; il contient 40 pour 100 de sable; mais ce n'est pas assez pour expliquer sa stérilité, puisque plusieurs sols légers renferment une plus forte proportion de sable, et cependant ils sont fertiles.

Les matières fines, séparées du sable et de la partie soluble, consistaient, sur 1,000 parties, en

	No 1.	No 2.	No 3.
Matière organique	97	50	40
Silice	648	833	778
Alumine	57	51	91
Chaux	59	18	4
Magnésie	8 1/2	8	1
Oxyde de fer	61	30	81
— de manganèse	1	3	» 1/2
Potasse	2	trace	trace
Soude	4	—	—
Ammoniaque	trace	—	—
Chlore	2	—	—
Acide sulfurique	2	» 3/4	—
— phosphorique	4 1/2	1 3/4	—
— carbonique	40	4 1/2	—
Pertes	14	»	4 1/2
	1,000	1,000	1,000

1° La composition du n° 1 vérifie le précepte général que nous avons cité plus haut, c'est-à-dire qu'une
grande quantité de nourriture inorganique de toute
espèce est nécessaire pour rendre un sol éminemment
fertile. Non-seulement ce sol renferme une proportion
de matières solubles comparativement très-forte, mais
il contient encore près de 10 pour 100 de substances
inorganiques (et ce qui est d'une grande importance
par rapport à la quantité de principes inorganiques);
on y rencontre 6 pour 100 de chaux : la potasse, la
soude et les différents acides s'y trouvent aussi présents en grande abondance.

2° Dans le terrain n° 2, c'est-à-dire un sol fertile,
mais qui ne peut pas se passer d'engrais, on trouve

peu de matières salines solubles, et parmi la partie insoluble nous voyons qu'il n'y a que des traces de potasse, de soude, et des acides importants; on y rencontre seulement 5 pour 100 de principes organiques et environ 2 pour 100 de chaux. Les faibles proportions dans lesquelles plusieurs principes importants entrent dans la composition de ce sol, et le manque complet de certaines autres substances, le font descendre de la classe des terres *naturellement très-fertiles* dans celle des terrains qui, entre des mains d'une habileté ordinaire, peuvent être amenés à un état de haute fécondité et entretenus dans cette condition.

5° Dans la partie fine du sol n° 3, on observera qu'il manque une bien plus grande quantité de matières fertilisantes que dans le n° 2. La matière organique s'élève à environ 4 pour 100, et la chaux à 1/2 pour 100; mais on doit se rappeler que ce sol contient 40 pour 100 de sable; de sorte que, sur 100 parties, il y a seulement 60 parties de matières fines, dont le tableau précédent nous donne la composition; c'est-à-dire que 100 kilogrammes du sol non amendé contiennent seulement 2 kilog. 50 de matières organiques et 0 kilog. 12 de chaux.

L'absence d'un si grand nombre de corps fertilisants ne suffirait pas pour condamner un tel sol à une stérilité sans remède; car, dans des circonstances favorables, et si toutefois la terre en valait la peine, on pourrait les lui fournir. Mais nous trouvons dans la matière fine 8 pour 100 du poids en oxyde de fer, et l'expérience semble nous apprendre que, dans un terrain contenant une aussi faible quantité de débris végétaux la proportion de ce métal est trop considérable pour être compatible avec un développement vigoureux des plantes cultivées. Pour amender un tel sol, il faudrait lui ajouter non-seulement les substances dont il se trouve privé, mais encore d'autres matières propres à combattre l'influence nuisible d'une si forte proportion d'oxyde de fer.

Dans les analyses de ces trois terrains, nous trouvons des échantillons, d'abord d'un sol qui renferme en lui-même tous les éléments de fertilité; en second lieu, d'une terre qui manque totalement, ou à peu près, de certains aliments que, néanmoins, on peut lui procurer facilement au moyen des engrais généralement en usage, et sur laquelle le gypse exerce une action tout à fait bienfaisante, en l'aidant à nourrir les pommes de terre et les turneps; enfin nous avons un exemple d'un troisième sol qui non-seulement manque de plusieurs éléments nécessaires à la vie des plantes, mais aussi qui abonde en une substance inorganique qui, présente en excès dans le sol, est préjudiciable à la vie végétale.

Ces exemples serviront à faire comprendre au lecteur, en général, combien une analyse chimique faite avec exactitude peut nous éclairer sur les capacités d'un sol et diriger la pratique que l'on doit y suivre.

SECTION V. — Du rapport qui existe entre les caractères du sol et l'espèce des plantes qui y croissent naturellement.

Un examen rapide des espèces si différentes de végétaux qui, dans les mêmes circonstances, croissent sur des terrains de nature diverse fera peut-être apprécier plus promptement l'importance d'une étude sur la constitution chimique du sol.

Tout le monde a une idée assez exacte des capacités agricoles du sol, pour ne pas ignorer que certaines terres produisent naturellement un riche herbage ou d'abondantes récoltes, tandis que d'autres terrains se refusent à donner un pâturage nourrissant et restent insensibles aux efforts répétés des cultivateurs. Il existe donc un rapport général entre la nature du sol et l'espèce des plantes qui y croissent naturellement; il est intéressant d'observer combien, dans beaucoup de circonstances, ce rapport est intime.

1° Les sables du bord de la mer et les rives des lacs salés se distinguent par la production des plantes qui recherchent le sel, telles que les variétés de salsola, salicornia, etc. Le *triticum junceum* croît sur les inclinaisons de terrains rapprochés de la mer. Sur les sables mouvants jetés sur la rivage, on rencontre une végétation particulière composée de joncs (*arundo arenaria*), de l'*elymus arenarius* et du *carex arenarius*. Les racines de ces végétaux donnent de la consistance au sol sur lequel ils croissent : les sables plus éloignés du bord de la mer nourrissent de longues herbes grossières, tandis que, plus avant dans les terres, on aperçoit des espèces différentes de végétaux.

2° Les sols tourbeux mis en pâturages ou sur lesquels il existe des herbages naturels produisent presque exclusivement une seule plante fourragère, douce au toucher et laineuse (*holcus lanatus*), l'houlque laineux.

Quand ils ont été chaulés, ils produisent facilement des récoltes vertes et de la paille en abondance ; mais les épis sont mal remplis : le grain qu'on y récolte est enveloppé d'une peau épaisse ; il contient donc peu de farine : en un mot, cette espèce de terrain a une plus grande tendance à produire de la fibre ligneuse que la substance plus utile de l'amidon.

3° Sur les bords siliceux des ruisseaux, la prêle (*equisetum*) croît en abondance, et, si l'eau est fortement chargée de carbonate de chaux, on y voit le cresson tapisser les bords et les parties peu profondes du lit jusqu'à plusieurs kilomètres de la source.

4° La bruyère étalée (*erica vagans*) se montre seulement sur les roches de serpentine, l'orobanche (*orobanche rubra*) sur les roches basaltiques, l'anémone pulsatille sur les bancs arides des contre-forts crayeux, comme dans le voisinage de New-Market, la lupuline (*medicago lupulina*) sur les terrains qui abondent en marne, tandis que le trèfle rouge et les vesces semblent se complaire en présence du gypse, et que le trèfle blanc recherche les terres qui abondent en alcalis.

5° Nous trouvons encore que les plantes paraissent se succéder les unes aux autres sur le même sol : ainsi, en Suède, si l'on brûle une forêt de pins, elle sera remplacée, *pour un temps*, par une forêt de bouleaux ; après une certaine époque, les pins repoussent et finissent par prendre la place des bouleaux. Cette révolution s'opère naturellement. Sur les bords du Rhin on voit de vieilles forêts de chênes âgés de deux cents à quatre cents ans, qui disparaissent pour faire place à des hêtres venus naturellement ; et, dans d'autres endroits, des pins qui succèdent à la fois aux chênes et aux hêtres. Dans le Palatinat, les anciens bois de chênes sont remplacés par des pins qui y ont crû naturellement; et, dans le Jura, le Tyrol et la Bohême, le pin alterne avec le hêtre.

Ces faits et beaucoup d'autres semblables dépendent de la constitution chimique du sol. Les limaces peuvent très-bien vivre sur une terre qui manque presque entièrement de calcaire et l'infester tout entière; mais on ne pourra trouver des colimaçons en abondance au pied des haies que là où la chaux se trouve présente en grande abondance et où ces animaux pourront facilement l'obtenir pour construire leurs coquilles. Il en est de même des plantes : chacune d'elles croît spontanément sur les terrains où elle peut pourvoir à ses besoins avec abondance et facilité; si elle n'est pas douée de la faculté de se mouvoir d'un lieu à l'autre comme les animaux, du moins ses semences peuvent ne pas germer jusqu'à ce que la main de l'homme ou bien des causes naturelles aient produit dans la constitution du sol un changement tel qu'il puisse suffire aux besoins les plus pressants de la plante.

Ces changements s'opèrent naturellement dans le sol. Le chêne, après avoir prospéré sur un endroit pendant une longue suite d'années, dépérit graduellement; il finit par disparaître tout à fait, et de nouvelles races lui succèdent. Par l'influence de causes naturelles le sol s'est trouvé peu à peu privé des substances qui favorisaient la croissance du chêne, et celles que préfèrent le hêtre et le pin y ont été introduites ou bien ont obtenu la prépondérance sur les autres.

Sur les terrains de New-Jersey le pêcher réussissait mieux que partout ailleurs; c'est là qu'il a rendu des sommes considérables à ceux qui l'ont cultivé. Mais, depuis quelques années, cet arbre dépérit complétement. On a vu, en Écosse, les sapins périr simultanément sur une étendue de 250 à 300 hectares. Dans un grand nombre de localités les forêts de mélèzes offrent les mêmes signes d'affaiblissement.

Entre les mains des cultivateurs nous voyons le sol devenir malade de telle plante, fatigué de telle autre ; ceci indique un changement dans la constitution chimique du sol. Cette altération peut s'accomplir avec lenteur, durer un grand nombre d'années ; et, néanmoins, les mêmes plantes peuvent venir sur le même sol pendant une série de rotations. A la fin cependant, le changement sera trop grand pour qu'elles puissent le supporter ; elles deviendront maladives, donneront des récoltes misérables et finiront par disparaître du sol.

Les plantes que nous cultivons pour notre nourriture ont des préférences et des antipathies analogues à celles des végétaux qui croissent naturellement : certains aliments les font prospérer, d'autres les rendent chétives et les font périr; il faut donc que le sol soit préparé d'une manière spéciale pour la croissance de chacune d'elles.

En suivant une rotation artificielle pour les récoltes nous ne faisons qu'imiter la nature. Une récolte enlève au sol une certaine quantité de tous les constituants organiques des plantes; mais certains végétaux enlèvent une plus grande proportion de ces principes que

ne font d'autres plantes : une deuxième récolte peut
s'approprier de préférence une grande quantité de
principes que la première avait laissés dans le sol, ce
qui nous explique clairement pourquoi une abondante
fumure peut tellement modifier la composition du sol
qu'il sera capable de produire des plantes de presque
toutes les espèces, et pourquoi aussi le même sol
sera capable de donner une succession de récoltes plus
abondantes et plus nombreuses, si les plantes que l'on
sème et que l'on récolte sont variées de telle sorte
qu'elles enlèvent au sol, l'une après l'autre, les diverses substances que nous savons être contenues dans
les engrais qui ont été enfouis.

L'exploitation et la culture du sol ne sont, en réalité,
qu'une branche de la chimie pratique : comme l'art
de teindre et celui de fondre le plomb, elles peuvent
atteindre une certaine perfection sans l'aide de la
science pure; mais c'est seulement au moyen de principes scientifiques que les procédés employés peuvent
être expliqués, abrégés, simplifiés et rendus plus économiques.

CHAPITRE VIII.

AMÉLIORATION GÉNÉRALE DU SOL. — MOYENS MÉCANIQUES POUR L'O-PÉRER. — DRAINAGE (ASSAINISSEMENT PAR RIGOLES SOUTERRAINES). — DRAINAGE DES TERRES SÈCHES EN APPARENCE.—PROFONDEUR DES RIGOLES. — EMPLOI DE LA CHARRUE-TAUPE. — ÉCONOMIES QUI EN RÉSULTENT.—EFFETS PRODUITS PAR LA PLUIE A MESURE QU'ELLE FILTRE A TRAVERS LE SOL.—LABOURS PROFONDS, BÉNÉFICES QUI EN DÉRIVENT.—LABOUR ORDINAIRE. — AMÉLIORATION DU SOL PAR LE MÉLANGE, PAR LES PLANTATIONS D'ARBRES, PAR LA MISE EN HER-BAGE.—AMÉLIORATION GRADUELLE DES ANCIENS PATURAGES.

Le sol est doué de qualités actives, faciles à appré-cier, et de capacités dormantes. Comment doit-on améliorer les qualités qu'il possède? comment mettre en action ses capacités dormantes?

SECTION PREMIÈRE. — De l'amélioration générale du sol.

Il est peu de terres pour lesquelles on ne puisse plus rien faire dans le but de les améliorer, et la majeure partie du sol de l'Angleterre et de l'Irlande est sus-ceptible de grandes améliorations. L'art de cultiver le sol, au point où il se trouve maintenant en Angleterre, diffère, en général, de tous ceux qui sont pratiqués dans ce pays, en ce que l'homme qui s'y adonne après avoir parcouru une grande partie de sa vie, qui, du reste, apporte avec lui une bonne éducation ordinaire, un esprit déjà mûr, un jugement solide et une bonne dose de prudence, qui, d'ailleurs, entreprend l'agriculture comme une carrière nouvelle, se place souvent à la tête des agriculteurs de la localité où il s'est fixé; il entre dans le métier, libre des entraves qu'imposent les anciens usages, les vieilles méthodes et les vieux préjugés; il peut adopter des méthodes pratiques plus justes, un système de culture plus rationnel. Le plus généralement c'est par manque de prudence que des hommes placés dans une position semblable n'ont pas réussi dans leurs affaires; mais, en bien des endroits, ce sont eux qui ont commencé les améliorations, qui ont introduit de nouveaux systèmes de culture, et, par conséquent, ils ont rendu service à leur pays.

Quel plan doit suivre l'homme qui va engager un capital un peu considérable dans cette nouvelle entreprise? quel plan devra suivre l'agriculteur intelligent qui va s'établir dans une localité qu'il ne connaît pas? Supposons que, tous les deux, ils sachent également bien la théorie et la pratique générale de l'agriculture, ils devront

1° Examiner la qualité du terrain, le sol et le sous-sol, l'exposition, le climat et la distance du marché, la facilité plus ou moins grande de se procurer des engrais, et s'informer des causes les plus communes des désappointements qu'éprouve le cultivateur industrieux;

2° Considérer quel est le traitement que, d'une manière abstraite, la théorie indique comme propre à une terre semblable et dans une exposition pareille, et quel est le produit que l'on doit en attendre;

3° Découvrir quel est le produit actuel de la terre, quel est le système suivi dans la localité, et principalement sur quelles causes reposent les usages en vigueur dans le pays. Il est certaines pratiques locales qui sont fondées sur de bonnes raisons; les nouveaux venus ont tort de les dédaigner, et ce n'est que trop tard, pour leur propre intérêt, qu'ils s'en aperçoivent. Un homme prudent pourra mettre en doute le plus ou moins de fondement de ces usages locaux; mais, avant de les rejeter et de suivre la méthode que la théorie seule lui indique, il devra s'assurer qu'il n'existe pas de motif suffisant pour s'attacher à la coutume du pays.

A l'appui de ce fait, je peux citer l'exemple d'un de mes amis, dans le comté d'Ayr. En prenant à ferme une terre qui paraissait avoir été épuisée par son prédécesseur, il fondait ses espérances de succès sur un labour plus profond, qui ramènerait à la surface un sol neuf, et le résultat de l'opération n'a pas trompé ses espérances.

D'un autre côté, je connais, dans le Berkshire, une propriété où, sous la direction d'un nouvel agent, le sol fut labouré plus profondément, et la récolte vint à manquer tout à fait. Dans ce cas, la théorie conseillait de donner un labour profond; mais l'expérience locale avait prouvé que c'était seulement par un labour très-superficiel qu'on pouvait préserver les récoltes des ravages des insectes. Dans cet exemple, la coutume locale était fondée sur de bonnes raisons, qui devaient suffire pour empêcher un homme prudent de faire des expériences précipitées ou sur une trop vaste échelle, bien que, cependant, elle ne dût pas l'empêcher de rechercher un moyen de détruire les insectes nuisibles, afin que, plus tard, il pût profiter d'une plus grande profondeur du sol.

Supposons maintenant que l'on ait trouvé que la terre est susceptible de donner un produit plus abondant, nous devons revenir à cette question : comment pourrons-nous améliorer le sol de la manière la plus profitable, la plus complète et en même temps la plus économique ?

Tous les terrains peuvent être rangés dans deux classes.

A la première appartiendront les terrains qui contiennent naturellement et en abondance tout ce qui est nécessaire au développement de la plante, et qui sont chimiquement appropriés à la production de toutes les récoltes ;

A la deuxième, les terrains qui manquent d'une ou de plusieurs substances nécessaires à la végétation, et qui, par conséquent, ne sont pas propres à produire une seule récolte complète.

Ces deux catégories de sols sont susceptibles d'améliorations, la première par des moyens mécaniques, la dernière par des moyens mécaniques et chimiques. Nous allons, dans ce chapitre, étudier les méthodes diverses pour améliorer mécaniquement une terre.

SECTION II. — Amélioration du sol par le drainage. — Avantages qui en résultent.

Le premier pas à faire pour augmenter la fertilité de presque toutes les terres susceptibles d'améliorations dans la Grande-Bretagne, c'est de les égoutter.

1° Aussi longtemps qu'elles conserveront leur humidité, elles seront froides. La chaleur des rayons solaires, que la nature a destinée à réchauffer le sol, sera employée à évaporer l'eau à la surface, de telle sorte que les racines des plantes ne ressentiront jamais autour d'elles cette chaleur vivifiante qui favorise si essentiellement une rapide croissance chez les végétaux. La température à laquelle un sol peut parvenir pendant l'été est souvent considérable. Sir John Herschell a observé qu'au cap de Bonne-Espérance le sol atteignait souvent une température de 150° F. (65°,55), pendant que celle de l'atmosphère restait à 120° F. (48°,88). Dans ses ouvrages, Humboldt dit que, sous les tropiques, la température du sol s'élève souvent de 124° à 156° (51°,11 à 57,77).

2° Quand le sol contient une trop forte proportion d'eau, la nourriture qu'il fournit aux plantes est tellement délayée, qu'elles doivent absorber par leurs racines une beaucoup plus grande quantité du fluide, et, par conséquent, le travail de la nutrition sera de beaucoup augmenté, ou bien elles ne recevront qu'une faible alimentation. La présence d'une si grande quantité d'eau dans la tige et dans les feuilles doit aussi tenir leur température basse pendant qu'elles sont exposées à l'influence du soleil : il se fait une évaporation plus considérable à la surface des plantes ; la chaleur naturelle est, conséquemment, moins élevée à l'intérieur, et les combinaisons chimiques, dont leur croissance dépend, s'effectuent avec moins de promptitude.

3° L'écoulement des eaux améliore d'une manière remarquable les propriétés physiques du sol. Il est facile de réduire la terre de pipe en une poudre très-fine ; mais, dès qu'on l'humecte, elle se concrète naturellement : il en est de même de l'argile dans les champs. Quand elle est humide, elle se resserre, devient compacte et adhésive, et empêche l'air d'arriver aux racines en croissance ; mais que l'eau soit égouttée, alors on la verra se contracter graduellement, craquer dans toutes les directions, s'ouvrir, devenir friable et douce, d'un travail facile et peu coûteux, et perméable à l'air.

4° L'accès de l'air est essentiel à la fertilité du sol et à la venue de nos récoltes. Par l'établissement des rigoles d'assainissement qui entraînent l'eau, on facilite non-seulement l'accès de l'air, mais encore on le force à pénétrer dans les couches inférieures du sol. Après chaque pluie, l'eau, en disparaissant, le renouvelle ; à mesure que celle-ci s'écoule, l'air s'introduit dans le sol, en remplit les pores et exerce sur chaque racine les influences salutaires qu'il est dans son rôle d'apporter avec lui.

Les débris végétaux, soit qu'ils existent naturellement dans un tel sol, soit qu'ils y aient été apportés comme engrais, acquièrent une valeur double ; quand ils sont imbibés d'eau, ils se décomposent très-lentement, ou bien donnent naissance à des substances acides plus ou moins malsaines pour les plantes, et qui exercent même, sur les matières terreuses et salines du sol, des réactions chimiques nuisibles. En présence de l'air, au contraire, la matière végétale entre en décomposition rapide; elle produit, en grande quantité, l'acide carbonique et d'autres composés propres à nourrir les plantes; elle prépare même les constituants inorganiques du sol à s'introduire dans les racines, et par cette double action elle fournit plus promptement les principes que réclament les diverses parties de la plante.

5° Ce ne sont pas seulement les sols tenaces et argileux que l'on a avantage à dessécher : il est évident que, lorsqu'une source aboutit à la surface d'un sol sablonneux, il faut creuser un canal pour éconduire les eaux; on conçoit facilement aussi que, là où le sol sablonneux repose sur un fond dur et argileux, il peut être nécessaire d'établir des rigoles d'écoulement; mais assez souvent on suppose que, dans le cas d'un sous-sol sablonneux et graveleux, les saignées ne sont utiles que dans des circonstances particulières.

Cependant personne n'ignore que, lorsqu'on mouille le fond d'un pot à fleurs rempli de terre, l'eau s'élève graduellement à la surface, quelque légère, d'ailleurs, que soit la terre. Le même phénomène se passe dans le sol ou le sous-sol sablonneux d'un champ : s'il se trouve une grande quantité d'eau à une profondeur de quelques pieds, ou bien si, à certaines époques de l'année, la terre est tellement mouillée que l'eau s'élève à la surface du sol, à mesure que la chaleur du soleil évapore cette eau, d'autre eau vient remplacer celle qui a été enlevée. Cette attraction de bas en haut continue à s'exercer aussi longtemps que la température reste sèche et chaude, de sorte qu'il en résulte un double inconvénient; le sol est toujours froid et mouillé, et, au lieu d'un courant d'air continu de l'extérieur à l'intérieur du sol, il y a un courant d'eau de bas en haut. Dans ce cas, les racines, 'les parties inférieures du sol et la matière organique qu'il renferme seront toutes privées des avantages que l'accès de l'air peut leur fournir. C'est dans un système efficace de dessèchement qu'il faut chercher le contre-poids de ces inconvénients.

6° Un fait curieux et paradoxal en apparence a été observé. On a remarqué que le drainage (dessèchement par rigoles souterraines) améliorait souvent les terres sur lesquelles les récoltes, pendant les sécheresses, étaient exposées à être brûlées ; cependant on peut l'expliquer très-facilement.

A —— b. Supposons la surface du sol représentée par $a\,b$,

C —— d. Et le point horizontal où l'eau s'arrête en $c\,d$.

E —— f. Au-dessous de $c\,d$, il n'y a pas de rigoles qui favorisent l'écoulement de l'eau. Les racines descendront jusqu'en $c\,d$; arrivées là, elles s'arrêteront à cause des substances malsaines qui s'accumulent d'ordinaire dans les eaux stagnantes. Actuellement, qu'il survienne une forte sécheresse, comme les racines ne sont descendues qu'à une petite profondeur, les plantes seront calcinées plus ou moins rapidement. Si l'eau, dans ce cas, remonte au-dessus de la ligne $c\,d$ par les lois de la capillarité, afin d'humidifier la surface, elle amènera avec elle ces substances nuisibles dans lesquelles les racines avaient déjà refusé de se plonger, et causera, par conséquent, la perte de la

récolte. Mais établissez une rigole de desséchement en
e f, au-dessous du niveau de station *c d* ; les eaux pluviales, à mesure qu'elles y parviendront, entraîneront
les matières nuisibles hors du sous-sol, et les racines
descendront à une grande profondeur, de sorte que, si
une sécheresse survenait, elle pourrait dessécher la
couche terreuse au-dessus de *c d* comme auparavant,
mais elle ne fera aucun mal aux plantes, qui trouveront
plus bas de la fraîcheur et de la nourriture.

7° Plusieurs localités du pays, surtout les districts
du grès rouge, ont des terres et des sources tellement
abondantes en oxyde de fer, que celui-ci finit par s'amasser dans le sous-sol et par former une couche plus
ou moins imperméable, impénétrable aux racines et
aux eaux pluviales. On peut améliorer ces terrains pour
quelque temps en rompant la couche quand le soc de
la charrue peut l'atteindre ; mais elle ne tarde pas à se
reformer un peu au-dessous, et le mal revient. Pour
s'en affranchir complétement, le drainage fournit encore un moyen assuré ; les rigoles offrent un accès à
l'eau, déterminent un courant qui perce la couche de
toutes parts et qui entraîne avec lui les particules
d'oxyde de fer.

8° Il n'est pas rare, même dans les localités riches
et fertiles, de voir des récoltes de fèves, d'avoine ou
d'orge pousser avec vigueur jusqu'à l'époque de la floraison, et commencer ensuite à péricliter à un degré
plus ou moins avancé de dépérissement ; souvent encore
les trèfles de seconde année sont faibles et maladifs.
Ces faits indiquent, en général, qu'il y a des matières
nuisibles dans le sous-sol, que les racines se sont en-

foncées jusque dans la région où elles sont accumulées, et qu'elles n'ont pu s'y développer qu'aux dépens de la santé de la plante. Avec l'aide des eaux pluviales, les rigoles donnent issue à ces substances, déterminent un courant et, conséquemment, un renouvellement de l'air, et mettent dans la main du cultivateur un correctif aussi sûr qu'il est peu coûteux.

9° Un autre inconvénient entrave quelquefois le cultivateur. On sait que les substances salines en certaines quantités sont avantageuses et même nécessaires à la végétation des plantes ; quand elles sont en excès, elles sont nuisibles et détruisent même beaucoup de récoltes. Nous avons vu précédemment qu'elles remontaient à la surface du sol au point de former des incrustations pendant les sécheresses prolongées. Ce fait est connu dans les plaines d'Athènes et dans les environs de Mexico ; leur abondance est telle, en ces pays, que les herbes tendres n'y peuvent croître, et que les végétaux vigoureux seuls peuvent y vivre. Lorsque la saison pluvieuse est terminée dans les plaines d'Athènes, une évaporation rapide a lieu : l'eau, en remontant, arrive chargée de matières salines ; à mesure qu'elle se dégage sous forme de vapeur, elle les laisse se cristalliser sur la superficie, en sorte que l'herbe refuse de venir, tandis que le froment pousse et atteint parfaitement sa maturité.

Cet inconvénient serait presque insensible, si l'eau tombée pendant la saison pluvieuse pouvait s'échapper par-dessous ; car, après avoir dissous les sels incorporés au sol, elle les enmènerait avec elle avant l'époque des chaleurs.

On peut objecter à ceci que sous ces climats, déjà si chauds par eux-mêmes, des rigoles de desséchement augmenteraient l'aridité du sol. Cette objection manquerait de forces, parce que, dans ce cas, les racines, pouvant pénétrer plus profondément, trouveraient toujours des couches fraîches qui ont retenu leur humidité hygroscopique et qui sont indépendantes des éventualités de la surface.

10° J'ajouterai, à ce sujet, une remarque pratique très-importante, et qui se présentera facilement à l'esprit de tout géologue qui a étudié l'action de l'air et de l'eau sur les couches d'argile que l'on rencontre çà et là comme faisant partie de la série des roches stratifiées. *Il n'y a aucune espèce d'argile qui ne s'amollisse graduellement sous l'action combinée de l'air et de l'eau courante. C'est donc une fausse économie que de poser des tuiles sans semelles* (1), *quelque dur et compacte que le sous-sol argileux semble être.* Au bout de dix à quinze ans, l'argile la plus tenace se ramollira au point de permettre aux tuiles de s'affaisser, et, dans beaucoup de cas, cet effet aura lieu bien avant l'époque que nous avons fixée. Le passage réservé à l'eau se trouve ainsi graduellement rétréci, et, quand les tuiles ont baissé de 5 à 6 centimètres, on est obligé de tout dé-

---

(1) Pour empêcher que les rigoles de desséchement ne viennent à s'engorger et que, par là, l'action des rigoles soit paralysée, on emploie, en Angleterre, et en Écosse principalement, des briques allongées que l'on place au fond des rigoles ; ces briques sont appelées *semelles*, et c'est sur elles que portent les tuiles. L'objet de la semelle est d'empêcher la tuile de s'affaisser.

(*Note du traducteur.*)

faire. Des milliers de kilomètres de saignées faites dans les terres basses de l'Écosse et dans les comtés septentrionaux de l'Angleterre sont devenus à peu près inutiles maintenant, et cependant on continue à ne pas poser de semelles. Il semblerait que les fermiers et les propriétaires de chaque district, ne voulant pas croire à l'expérience d'autrui et la mettre à profit, soient déterminés à en faire eux-mêmes l'épreuve avant d'adopter un système plus sûr, exigeant, dès le commencement, un capital un peu plus fort, mais qui profitera à ceux qui ont fait le desséchement, sans exiger de nouvelles dépenses de temps et d'argent. Si l'un de mes lecteurs, vivant dans un comté où cet usage est maintenant abandonné, doutait que d'autres localités fussent plus arriérées, en fait de progrès agricoles, que celle qu'il habite, je l'engagerais à parcourir, pendant une semaine, le comté de Durham ; là il trouvera l'occasion d'éclaircir ses doutes, et il pourra donner aux plus intelligents de nos cultivateurs quelques avis utiles.

Tout le monde conviendra que les tuiles peuvent s'affaisser plutôt dans une espèce d'argile que dans une autre, et mieux encore dans un terrain sablonneux que dans un terrain argileux. Il arrive alors que ceux qui n'ont pas l'habitude d'employer des semelles en manquent quand il se présente sur le trajet de la rigole une longueur en argile molle ou en sable ; d'un autre côté, les ouvriers, trop souvent insoucieux de leur naturel, posent les tuiles sans s'inquiéter de ce qui s'ensuivra : avec si peu de précautions, on ne doit s'attendre qu'à des mécomptes et à des dépenses inutiles.

11° Les avantages économiques du drainage peuvent se réduire à ceux-ci :

A. Les sols compactes se cultivent plus aisément et à moins de frais.

B. La semaille et la récolte sont plus assurées et plus hâtives.

C. Les récoltes sont plus fortes et de meilleure qualité.

D. Des récoltes de froment et de turneps réussissent là où l'on ne retirait qu'une chétive récolte d'avoine.

E. Les jachères pures deviennent moins nécessaires.

F. Le climat devient plus sain.

SECTION III. — **De la profondeur des rigoles ou saignées.**

On a beaucoup écrit, dans ces derniers temps, sur la profondeur que l'on devait donner aux rigoles pour égoutter parfaitement le sol. Il est difficile, peut-être même impossible, d'établir à ce sujet une règle empirique en général ; mais il existe quelques points hors de discussion qui peuvent servir à diriger le fermier intelligent dans la plupart des cas qui se présenteront.

1° Il est reconnu, en thèse générale, qu'il est très-important d'approfondir le sous-sol ; on doit le creuser aussi profondément que cela est possible économiquement, afin que les racines puissent descendre. Par l'usage de la charrue à sous-sol, il peut être ouvert jusqu'à 22, 24 pouces (57 c., 61 c.). La tuile ou sommet de la rigole, si elle est empierrée, doit être à 3 pouces (8 c.) au moins au-dessous de la couche terreuse remuée, et, comme la plupart des tuiles ont une hauteur de 3 pouces (8 c.), nous trouverons que les rigoles à tuiles devront avoir au minimum 30 pouces (77 c.) de profondeur totale ; les rigoles empierrées, dans lesquelles les pierres formeront une couche de 9 pouces (23 c.), ne pourront pas avoir moins de 3 pieds (91 c.).

2° Lorsque la pente n'est pas favorable, et que l'on ne peut arriver à 30 ou 36 pouces (77 ou 91 c.) de profondeur, il faut creuser les rigoles le plus possible, afin que les eaux puissent couler et sortir.

3° Les racines du froment et d'autres plantes cultivées s'enfoncent dans une terre ameublie, et lorsqu'il y a concours de circonstances favorables, jusqu'à 4 et 5 pieds ($1^m,21$ et $1^m,52$), afin de chercher leur nourriture ; plus elles pénètrent profondément, plus la récolte est belle. Il est, par conséquent, désirable, théoriquement parlant, que l'on égoutte et approfondisse le sol même à plus de 3 pieds, là où cela peut se faire sans trop de frais.

4° Dans cette question, le point économique est très-grave. En certains endroits, il en coûte autant pour creuser le quatrième pied que pour creuser les 3 pieds au-dessus ; cela empêche souvent que l'on aille à plus de 30 pouces ou de 3 pieds.

5° Mais le point économique devrait, en tous cas, rester sans influence, et l'on devrait donner toute profondeur aux rigoles lorsque le sol est sourceux, ou qu'au-dessous il existe une couche de terre renfermant beaucoup d'eau, par la raison que ces eaux, en remontant, maintiennent le sous-sol humide et froid , et retardent le développement des récoltes.

L'énumération des circonstances ci - dessus nous semble suffisante pour guider le praticien dans la plupart des cas. On sent qu'il est impossible de fixer une profondeur uniforme, qu'elle se modifie sans cesse par les circonstances locales.

Quant à la distance qui doit séparer les rigoles, l'expérience seule peut la déterminer : jusqu'ici elle a indiqué 18 ou 21 pieds comme étant la distance extrême; au delà , il est douteux que l'égouttement ait lieu.

SECTION IV. — Amélioration du sol par l'emploi de la charrue à sous-sol.

L'emploi de la charrue à sous-sol seconde avantageusement les travaux de desséchement. Bien qu'il y ait peu de sous-sols au travers desquels l'eau ne puisse filtrer à la longue, il en existe cependant qui, naturellement ou par l'effet d'une longue consolidation, sont si tenaces, que les bons résultats que doit donner un système de saignées bien disposées sont considérablement diminués par la lenteur avec laquelle ils permettent aux eaux superflues des pluies de se frayer un passage. En pareil cas, il est bon de se servir de la charrue à sous-sol, en ce qu'elle ameublit les couches inférieures d'argile et qu'elle donne à l'eau un prompt écoulement vers la partie inférieure et les côtés, jusqu'à ce qu'elle rencontre les saignées.

Tout le monde sait qu'un morceau d'argile compacte, coupé en forme de brique et qu'on laisse sécher, se contracte et se durcit; il devient comme une brique séchée à l'air, presque aucun gaz ne peut le pénétrer. Si on mouille l'argile, elle se gonfle, et son imperméabilité s'accroît; si on la coupe pendant qu'elle est encore humide, chacun des morceaux se durcit en séchant, ou bien, si on les expose à une pression, ils adhèrent les uns aux autres. Soumis à une traction en sens contraire, pendant qu'il est sec, ce morceau d'argile se brise, ses fragments se réduisent plus ou moins en poussière, et l'air peut facilement s'introduire à l'intérieur des fragments. Un sous-sol argileux se comporte de la même manière.

Après que le terrain a été traversé par les saignées, si le sous-sol est très-tenace, on se sert de la charrue à sous-sol pour l'entr'ouvrir, faire écouler l'eau et donner accès à l'air. Si on néglige cette opération, le sous-sol argileux se contracte et se durcit en séchant; mais l'air n'y a pas eu un accès suffisant, et les racines ne peuvent y pénétrer librement. Si, au contraire, l'opération est exécutée lorsque l'argile est encore trop mouillée, il s'ensuit, tout d'abord, un bon effet; mais, après un certain temps, l'argile reprend son adhérence, et le cultivateur dira que sur sa terre l'ameublissement du sous-sol est une dépense inutile. Pour vous servir de la charrue à sous-sol, attendez que l'argile ait séché; alors, au lieu d'être coupée, elle se brise et éclate en morceaux, et les interstices restent ouverts. Une fois que l'on a permis à l'air d'être en contact avec l'argile desséchée, elle est tellement modifiée dans ses caractères physiques, qu'elle perd une grande partie de sa force de cohésion.

M. Smith, de Deanston, recommande très-judicieusement de ne jamais se servir de la charrue à sous-sol qu'un an après que le terrain a été parfaitement égoutté. Dans bien des cas, cet espace de temps sera une garantie suffisante, l'argile aura eu le temps de se sécher; dans d'autres circonstances, il ne serait peut-être pas trop d'attendre deux années entières. Quelques personnes ont négligé cette précaution, et, comme l'opération ne leur a pas réussi, elles ont attribué ce manque de succès à la nature de leur sol, tandis que la véritable cause est l'oubli d'une précaution si essentielle. Le cultivateur ne doit pas être trop impatient de recueillir les bienfaits qu'amène l'adoption des systèmes perfectionnés de culture; il doit faire, pour chaque méthode, des essais impartiaux; mais, par-dessus tout, avant de condamner un système, *il faut que, dans ses essais, il ait suivi les explications que donne l'auteur du système, et qu'il se soit astreint à prendre les précautions indiquées.*

Comme on a contesté plusieurs fois les avantages des labours du sous-sol, que même on a prétendu que cette pratique était nuisible, je vais citer les résultats numériques de deux domaines de Penicuik, à quelques kilomètres d'Édimbourg.

1° M. Wilson, d'East-Field (Penicuik), après avoir parfaitement égoutté son terrain, fit une expérience sur deux lots de terres qui ont porté chacune trois récoltes séparées. Il a trouvé que les effets comparés du labour ordinaire se traduisaient ainsi :

	Tur-neps.	ORGE.		Pomm. de terre.
		Grain.	Paille.	
	kilog.	hectol.	kilog.	kilog.
Labour à 8 pouces........	20,635	21,50	1,419	6,832
Labour du sous-sol à 15 p.	27,850	25,42	1,850	7,570
Différence.........	7,215	3,92	431	738

2° M. Maclean, de Braidwood, près Penicuik, entreprit une expérience semblable avec des turneps et de l'orge, avec les résultats suivants :

	Tur-neps.	ORGE.	
		Grain.	Paille.
	kilog.	hecto.	kilogr.
Labour à 8 pouces..............	20,026	19,61	1681,60
Labour du sous-sol de 15 pouces...	24,083	21,38	2060,86
Différence.............	4,057	1,77	379,26

On a remarqué que les effets du labour du sous-sol ne cessent point après la première récolte. Dans un cas où l'on a tenu un compte exact du produit, on en a estimé, pendant les cinq années qui ont suivi l'opération, le profit à 7 fr. 20 c. par acre (40 ares). Ces exemples doivent paraître concluants en faveur de l'adoption prudente de cette pratique. Il serait désirable que, toutes les fois qu'elle manque dans ses effets, on s'appliquât à en rechercher rigoureusement la cause.

L'emploi du trident a été récemment recommandé comme beaucoup plus efficace et même plus économique pour ouvrir le sous-sol que la charrue à sous-sol. On creuse et on rejette devant le sol jusqu'à 9 ou 12 pouces de profondeur, et l'on remue et retourne le sous-sol jusqu'à une profondeur de 15 autres pouces au moyen du trident. J'ai vu l'action de cet instrument; il paraît, en effet, remplir infiniment mieux le but.

SECTION V. — **Effets de la pluie à mesure qu'elle filtre à travers le sol.**

Nous avons montré que le drainage et le labour du sous-sol favorisaient la filtration des eaux de pluie et leur ouvraient des écoulements par les saignées. Actuellement, nous allons détailler brièvement quels sont les avantages qui résultent du passage de la pluie à travers le sol.

1° *L'air interposé entre les particules terreuses se renouvelle.* — Le renouvellement de l'air dans le sol est considéré comme très-favorable à la végétation; ce renouvellement est opéré à la suite des pluies : quand elles tombent sur la terre, elles s'enfoncent dans ses pores et dans ses fissures, et chassent, par conséquent, l'air qui remplissait tous ces vides. Aussitôt que les pluies se sont arrêtées, l'eau achève de descendre au fond du sous-sol, arrive aux saignées par où elle s'échappe; elle laisse derrière elle des vides qui, sous l'influence de la pression atmosphérique, ne tardent pas à se remplir d'air nouveau. Mais, s'il n'y a pas de saignées, l'eau stationne entre les molécules et empêche l'air de pénétrer.

2° *Le sous-sol est réchauffé.*—La pluie, en tombant, parcourt un certain espace dans l'atmosphère, et prend sa température. Si cette température est plus élevée que celle de la surface du sol, celui-ci est réchauffé, et, si les pluies sont fortes, elles s'infiltreront jusque dans les saignées, en communiqueront leur chaleur au sol qui se trouve sur leur passage. Ainsi le sous-sol des champs assainis n'est pas seulement plus chaud parce que l'évaporation est moindre, mais parce que les pluies d'été amènent avec elles du calorique pris dans l'espace et qui s'ajoute à leur chaleur naturelle.

3° *La température du sol pendant la végétation est plus égale.* — Le soleil frappe la surface du sol et la réchauffe graduellement. Mais cette chaleur directe, même en été, ne descend qu'à quelques pouces au-dessous de la surface. Que la pluie arrive, elle imbibe cette couche, parfois brûlante, et s'y réchauffe ; si le sol est poreux et coupé par des saignées, elle portera dans ses profondeurs l'addition de calorique qu'elle aura enlevé au-dessus. Les racines s'en trouveront mieux, et la végétation sera stimulée.

4° *La pluie charrie vers les racines des substances solubles.* — Quand la pluie tombe sur une terre imperméable, non égouttée, elle coule à la surface comme sur un toit, dissout toutes les matières solubles qu'elle rencontre, et les entraîne au ruisseau voisin. Dans ce cas, la pluie appauvrit cette terre.

Que, au contraire, ce terrain soit perméable et disposé pour l'écoulement souterrain, alors la pluie descend, dissout tout ce qu'elle trouve sur son passage, le porte aux racines, et empêche les matières salines qui ont des tendances à remonter d'affleurer à la surface. Les plantes reçoivent un supplément de nourriture, et leur végétation se développe.

5° *La pluie nettoie le sous-sol des matières nuisibles qu'il peut contenir.* — Dans le sous-sol, surtout dans les terrains rouges, hors de la portée de l'air, il s'accumule des substances nuisibles aux racines des plantes. Sous l'influence de la pluie, ces substances sont en partie modifiées et rendues saines, en partie entraînées.

On peut donc, avec un sous-sol assaini, enfoncer hardiment la charrue en terre ; les racines iront chercher avec sécurité leur nourriture là où, sans saignées, elles auraient infailliblement péri.

D'un autre côté, il faut convenir que de fortes pluies délavent le sol et entraînent dans les saignées les substances qu'il serait utile de laisser. Mais, si l'on compare l'avantage constant avec le mal éventuel, le premier l'emportera de beaucoup, comme l'expérience l'a prouvé. D'ailleurs les pluies ne nous tombent pas du ciel à l'état d'eau pure ; toujours elles amènent des bienfaits ; outre l'humidité qu'elles fournissent aux végétaux altérés, elles leur apportent des régions aériennes de la nourriture organique et saline. L'ammoniaque et l'acide nitrique, tous les gaz qui s'exhalent de la surface du globe lui reviennent avec les pluies.

SECTION VI. — De l'amélioration du sol par le labour profond et par le labour à la bêche.

1° Comme l'ameublissement du sous-sol, ils rendent plus efficace l'effet des rigoles souterraines, et même ils dessèchent encore mieux quand ils atteignent à la même profondeur que les rigoles ; mais, en outre, les labours profonds présentent d'autres avantages et sont destinés à d'autres usages : quand ils sont exécutés dans des conditions avantageuses, la terre s'améliore par des causes indépendantes du desséchement.

L'ameublissement du sous-sol laisse égoutter l'eau et permet à l'air et aux racines de se frayer un passage au travers des couches inférieures. Un labour profond présente ces avantages, et, en outre, il amène à sa surface une couche nouvelle de terre ; il se forme ainsi un sol plus profond, dont les propriétés physiques et la constitution chimique se trouvent plus ou moins modifiées.

Si, au moyen de la charrue, on amène à la surface du champ 4 ou 5 centimètres d'argile ou de sable, le résultat de cette opération sera, selon les circonstances, d'ameublir ou de rendre plus compacte la couche arable, ou bien de modifier sa couleur et sa densité. Il est donc assez évident que les labours profonds peuvent changer les propriétés physiques du sol.

Mais toutes les terres soumises à la culture arable ou bien laissées en prairies contiennent des substances qui s'enfoncent graduellement dans le sol et le sous-sol ; elles descendent jusqu'à ce qu'elles atteignent au moins la partie dans laquelle la charrue ne pénètre pas habituellement. Tous les cultivateurs savent que la chaux disparaît ainsi, bien que beaucoup d'entre eux ignorent que le pas-d'âne, dont leurs champs sont infestés, est un indice certain qu'il se trouve encore de la chaux dans le sous-sol, et que, par un labour plus profond que de coutume, il serait possible de la ramener à la partie supérieure de la couche arable.

Dans les terrains tourbeux ou sablonneux amendés avec de l'argile, celle-ci disparaît, et je crois que, dans tous ces cas, la disparition est plus rapide, quand la terre est en prairie, que lorsqu'elle est cultivée à la charrue. Dans les terrains marnés, la marne s'enfonce, et même l'eau entraîne les matières qui communiquent aux sols crayeux de la formation inférieure leurs propriétés fertilisantes, ce qui rend nécessaire de faire une nouvelle application des substances que renferme le sous-sol, afin de renouveler leur faculté productive.

S'il en est ainsi des matières terreuses et insolubles dans l'eau dont nous venons de parler, on concevra facilement que les substances salines conservées dans le sol et qui se dissolvent facilement seront encore plus tôt enlevées à la couche supérieure et déposées dans le sous-sol. C'est ainsi que la couche peut s'enrichir, par degrés, des substances dont la couche arable aura été dépouillée. Retournez une portion d'un tel sous-sol, et vous restituerez à la terre une partie de ce qu'elle a perdu, substances qui, peut-être, la rendront encore plus fertile qu'auparavant. Tels sont les principaux points de la théorie des labours profonds.

En Allemagne, les théoriciens, pour parvenir au

même résultat, ont recommandé de cultiver, de temps à autre, dans les terres légères, des plantes à racines profondes. Les racines profondes ramènent à la surface du sol des substances qui avaient été naturellement enfouies par l'action de l'eau.

Mais supposons que, primitivement, la c ouche arable contînt des substances nuisibles à la végétation qui, au bout d'un certain temps, se sont enfoncées dans le sous-sol, ce serait faire grand tort à la terre que de mettre ces substances en état d'agir de nouveau. Une telle objection est fondée, et nul doute qu'il faille du discernement pour juger dans quel cas un labour profond peut avoir des conséquences aussi fâcheuses.

Néanmoins de pareilles circonstances sont beaucoup plus rares qu'on ne le suppose généralement. Il existe peu de sous-sols qui, exposés convenablement, pendant tout un hiver, aux influences de la gelée, ne perdent, en grande partie, leurs propriétés nuisibles et ne deviennent propres à améliorer, en général, la surface d'une terre pauvre. Si le lecteur n'est pas bien convaincu de ce fait, il n'a qu'à visiter Yester et considérer avec attention les effets produits, par des labours profonds, sur la ferme du marquis de Tweddale.

Dans bien des endroits, et c'est le cas du comté de Durham, le cultivateur craint de retourner un seul centimètre de l'argile jaunâtre qui se trouve en dessous de la couche arable.

Dans la partie supérieure du sous-sol, on rencontre, entre autres substances, du fer provenant de l'usure des instruments; et, dans quelques terrains, ce fer s'y trouve, après un certain temps, en quantité considérable. Tant que ce fer n'est pas exposé à l'air, il est nuisible à la végétation, et l'une des actions bienfaisantes que produit le contact de l'air avec un tel sous-sol, c'est l'altération qu'éprouve le fer.

Cependant c'est faute d'avoir desséché le sous-sol et d'y avoir donné accès à l'air que le plus souvent il est, pour un temps, nuisible à la végétation. Égouttez bien les terres, laissez, pendant quelques années, les eaux pluviales laver le sous-sol en s'y frayant un passage, et vous en trouverez sûrement un bien petit nombre, parmi ceux qui sont de nature argileuse, que l'on ne puisse à la fin retourner non-seulement sans préjudice, mais encore avec avantage.

2° Les labours au moyen des tranchées faites à la bêche accomplissent parfaitement ce que la charrue n'a pas pu faire. Avec la bêche on retourne plus complétement le sol qu'avec la charrue, et entre les mains d'un ouvrier industrieux cet instrument est encore le plus économique des deux.

SECTION VII. — Labours ordinaires.

Il est encore d'autres avantages qui résultent des labours, des cultures à la houe et de toutes les autres façons que l'on donne au sol : il est plus divisé, l'air pénètre plus facilement autour de chaque particule, la terre devient plus légère, plus friable, et se laisse traverser plus facilement par les racines. La couche arable étant constamment retournée, les substances végétales qu'elle contient se décomposent plus promptement, de sorte que, partout où pénètre le chevelu des racines, il se trouve une provision de nourriture organique et de l'oxygène de l'air en abondance pour aider à sa préparation. Plus le sol est pulvérisé, plus il a été exposé aux influences atmosphériques; plus il se forme d'ammoniaque et d'acide nitrique, plus aussi est grande la quantité de chacun de ces composés, qui sont absorbés dans l'air. Tous les terrains contiennent aussi des fragments des minéraux dont se composent les roches de granit et de trapp; et, par leur désagrégation, ces fragments fournissent aux plantes une nouvelle provision de principes inorganiques. Le plus fréquemment ces fragments de minéraux sont exposés à l'action de l'air, le plus promptement s'opèrent leur réduction en poussière et leur décomposition. On peut conclure combien sont avantageuses les façons données au sol, de ce fait, que Tull a fait douze récoltes successives de froment, sans autre secours que l'usage répété de la charrue et de la houe à cheval. Il est peu de terres assez ingrates pour ne pas produire en proportion des travaux de ce genre qui lui auront été consacrés.

Les récoltes plus belles que l'on a obtenues dans certains districts sont principalement dues à ce que l'on a remplacé la culture à la charrue par la culture à la bêche et au trident; car il est maintenant reconnu que ces deux instruments divisent et séparent mieux le sol, à une plus grande profondeur que la charrue.

SECTION VIII. — Amélioration du sol par le mélange.

Nous avons déjà démontré que les propriétés physiques du sol exercent une puissante influence sur sa fertilité moyenne. Le mélange de sable pur avec un sol d'argile produit une altération souvent avantageuse et toujours entièrement physique. Le sable ne fait qu'ouvrir les pores de l'argile et la rendre plus perméable à l'air.

Le mélange de l'argile avec un sol sablonneux ou tourbeux produit un changement à la fois physique et chimique. Non-seulement l'argile donne de la consistance au sable et à la tourbe, mais elle leur communique aussi certaines substances terreuses et salines que, dans le principe, le sable et la tourbe pouvaient ne pas contenir en quantité suffisante : c'est ainsi que l'argile altère leur constitution chimique et les rend propres à produire de nouvelles espèces de plantes.

Les amendements de marne, de sable coquillier et de chaux agissent de la même manière; ils donnent une légère consistance au sable et ameublissent un peu l'argile, et par là ils améliorent physiquement la texture de ces deux espèces de sols ; mais leur principale action a un caractère chimique, et les avantages qu'ils produisent dépendent, presque partout, du nouvel élément chimique qu'ils introduisent dans le terrain.

C'est une remarque universelle que, dans notre climat, le sol (ou du moins les terres *loameuses* et argileuses) n'est fertile que lorsqu'il renferme une quantité appréciable de chaux. Quelle que soit sa manière d'agir, la chaux, appliquée, sous l'une des formes que nous venons de citer, à un sol qui n'en contient que peu ou pas du tout, est un moyen pratique des plus sûrs pour rapprocher sa composition de celle des terres qui produisent les plus belles récoltes. Dans une des sections suivantes nous donnerons quelques détails sur les effets chimiques que la chaux produit sur le sol.

SECTION IX. — *Amélioration du sol par la croissance du bois.*

On a remarqué que les terres qui ne sont pas propres à la culture arable et qui, laissées en prairie, ne donnent qu'un faible revenu, sont cependant souvent capables de nourrir des plantations productives, et que la valeur permanente du sol s'accroissait beaucoup par le fait que le terrain était sous le couvert des bois. Tous les arbres ne croissent par sur le même sol, et ils n'améliorent pas tous, au même degré, le terrain sur lequel ils croissent.

Ainsi, sous le couvert du sapin d'Écosse, le pâturage ne se loue pas plus de 1 fr. 80 c. de plus par hectare après la plantation ; sous le hêtre et l'épicéa (*spruce*) il diminue de valeur, bien que l'épicéa procure un excellent couvert; sous le hêtre, il acquiert graduellement une valeur de 6 fr. 25 c. à 8 fr. 80 c. par hectare. Dans les taillis de chêne, la valeur des pâturages s'élève de 6 fr. 25 c. à 7 fr. 50 c., mais seulement pendant les huit dernières années (sur vingt-quatre) de la révolution ; mais, sous le couvert du mélèze, quand on a éclairci, après les trente premières années, un pâturage qui ne se louait guère que 5 fr. l'hectare vaut de 15 à 25 fr. comme pâturage permanent.

On doit attribuer cette amélioration à la formation du sol, qui s'accumule graduellement au-dessous des arbres par suite de la chute des feuilles. Le feuillage abrite des rayons solaires et de la pluie les débris végétaux qui proviennent des arbres; il les empêche de se décomposer aussi promptement et d'être lavés, de sorte que, dans un temps donné, il peut s'en accumuler une plus grande quantité que là où le couvert manque; et, par conséquent, plus le couvert est serré, plus l'accumulation du sol a lieu avec rapidité, du moins pour ce qui dépend de cette cause.

Mais la quantité de feuilles qui tombent chaque année influe considérablement sur le plus ou moins d'amélioration qui peut en résulter pour un terrain planté de telle ou telle essence. Les feuilles larges et membraneuses du hêtre et du chêne se décomposent plus promptement que les aiguilles des pins, et cette circonstance peut contribuer à donner au mélèze une plus grande valeur, comme essence propre à améliorer le terrain d'une manière permanente.

On doit aussi s'attendre à ce que la quantité et la qualité des principes inorganiques puisés, chaque année, par les racines, et ensuite répandus uniformément sur la surface où tombent les feuilles, affectent matériellement la valeur du sol auquel elles donnent naissance. Les feuilles du chêne contiennent environ 5 pour 100 de matières salines et terreuses, et celles du pin d'Écosse moins de 2 pour 100, de sorte qu'en supposant que chacune de ces deux essences répande un poids égal de feuilles, nous devrons trouver, au bout d'un même espace de temps , un sol plus profond sous le chêne que sous le pin d'Écosse.

Je ne connais aucune expérience qui détermine la quantité de cendres que laissent les feuilles du mélèze (1).

L'amélioration du sol par la plantation dépend donc en partie de la quantité de principes organiques que les arbres peuvent absorber dans l'air, et qu'ensuite ils laissent tomber sur le sol en forme de feuilles, et aussi en partie de la qualité et de la quantité des matières inorganiques que les racines peuvent puiser dans le sol et répandre à la surface du terrain par l'intermédiaire des feuilles. La quantité et la qualité des matières inorganiques détermineront, en grande partie, l'espèce des plantes fourragères qui croîtront sous le couvert des arbres et, par conséquent, la valeur du pâturage. Dans les forêts de mélèzes du duc d'Athol, les graminées les plus abondantes que l'on rencontre sont l'*holcus mollis* et l'*holcus lanatus* (l'houlque mou et l'houlque laineux).

L'action d'un arbre, pour l'amélioration du sol, est de deux natures :

1° Il accumule des matières végétales sur la surface de la terre;

---

(1) De jeunes feuilles de mélèze , qui avaient crû au printemps de 1842, desséchées à 100 degrés centigrades, m'ont fourni 6 pour 100 de cendres; il est possible, cependant, que les jeunes feuilles contiennent plus de substances inorganiques que celles qui tombent durant l'hiver.　　　　　(*Note de l'auteur.*)

2° Il va chercher dans les profondeurs du sol des substances qui sont d'une importance vitale pour les plantes, et qui souvent sont en trop petites quantités ou manquent totalement dans la couche arable.

SECTION X. — Amélioration du sol par la mise en herbages. — Comment les vieux pâturages deviennent riches.

Sur ce point, on admet généralement les deux faits suivants :

1° Qu'une terre mise en prairie artificielle, pour une, deux, trois ou plusieurs autres années, se trouve, en quelque sorte, rafraîchie ou reposée, et qu'elle devient plus propre à la production des céréales : parmi les moyens dont nous pouvons disposer pour reposer une terre qui a été épuisée par un assolement vicieux, on a adopté l'usage de la laisser en prairie artificielle pendant un ou deux ans de plus qu'à l'ordinaire;

2° Qu'une terre mise en prairie artificielle se détériore plus ou moins pendant la deuxième ou troisième année qui suit l'ensemencement, et que ce n'est que peu à peu qu'elle se couvre d'un riche herbage : de là cette opinion que, plus on laisse une terre en prairie, plus elle s'améliore; c'est aussi ce qui explique la répugnance qu'on éprouve à rompre un vieil herbage, et pourquoi, dans certaines localités, les anciennes prairies se louent à un prix si élevé.

Si l'on nous accorde qu'en général la valeur des prairies augmente proportionnellement à leur ancienneté, nous devons avoir présents à l'esprit trois faits principaux, avant de chercher à déterminer quelle est

la cause de cette amélioration, et quelles sont les circonstances dans lesquelles il est probable qu'elle se fera sentir le plus longtemps et de la manière la plus complète.

1° Sur un sol donné, la valeur du fourrage pourra
s'accroître pendant un temps indéfini, mais elle ne
s'élèvera jamais au-dessus d'un certain degré; elle sera
limitée, comme l'est celle de toutes les autres récoltes,
par la qualité du terrain : c'est pourquoi la mise en
herbage ne rendra pas bonnes toutes les terres, quel
que soit le temps pendant lequel on les laissera dans
cet état; les vastes communes et les landes, qui, depuis
les temps les plus reculés, ont été laissées en pâturages, en sont une preuve évidente; dans la majorité des
cas, elles ont fourni un herbage si pauvre, que l'on a
pensé qu'il ne valait pas la peine de les enclore.

2° Quelques prairies se maintiennent pendant longtemps, et sans le secours d'engrais, dans le degré de
fertilité qu'elles ont acquis, de la même manière et
d'après le même principe que de riches terres à céréales donnent pendant cent ans une succession de récoltes, sans jamais être fumées : les riches herbages
de l'Angleterre, et particulièrement ceux de l'Irlande,
dont un grand nombre a été pâturé depuis un temps
immémorial, sans qu'on se rappelle que les terres
aient jamais reçu d'engrais pour remplacer tout ce
qu'elles ont produit, sont autant de preuves à l'appui
de ce fait.

3° D'autres prairies, si on les fait pâturer, si on y
introduit un troupeau de moutons, ou qu'on les
fauche, se détériorent graduellement, à moins qu'elles
ne soient fumées, et l'intensité de la fumure qu'elles

exigent doit varier avec la qualité du sol et la manière dont la prairie a été traitée. Ainsi, sous le rapport de l'avantage qu'une terre retire d'avoir été mise en herbage, il est deux points qui demandent à être examinés : sous quelle forme se manifeste cette amélioration, et comment s'est-elle effectuée?

1° L'amélioration s'effectue par l'accumulation graduelle, à la surface du sol, d'une terre brune riche en débris végétaux; cette couche s'épaissit proportionnellement au nombre d'années qui s'est écoulé depuis la création de l'herbage : d'après une loi de la nature, ce dépôt est plus abondant dans les climats tempérés que sous les régions tropicales, et il semblerait que la couleur foncée que prend le sol, par suite de la présence de ce terreau, lui a été donnée pour faciliter l'absorption des rayons solaires et, par là, lui permettre d'activer la végétation dans les pays où la température moyenne est peu élevée et où les étés sont de courte durée.

Si le sol est très-léger et sablonneux, la couche de terreau ne s'épaissit pas beaucoup; s'il est modérément argileux, l'amélioration continue pendant plus longtemps, et il est connu qu'en Angleterre quelques-uns des plus riches herbages sont établis sur des terres très-argileuses.

S'il en est ainsi, nous devons être frappés de l'uniformité remarquable que présentent les caractères physiques et la composition chimique de la couche formée à la surface de tous nos vieux et riches herbages; cette uniformité s'établit graduellement, même sur les argiles tenaces de lias et sur l'argile d'Oxford, qui, sans doute, ont été dans l'origine, ainsi que beaucoup d'autres terrains argileux, laissées en pâturages naturels, à cause des difficultés que l'on eût éprouvées et des dépenses qu'il eût fallu faire pour les transformer en terres arables.

2° Comment se fait-il que les terres argileuses acquièrent ce nouveau caractère, et pourquoi est-il l'ouvrage de tant d'années? A mesure que la jeune herbe jette ses pousses dans l'air d'où elle tire tant de nourriture, elle enfonce ses racines dans le sol pour y puiser d'autres aliments : les feuilles peuvent être fauchées ou broutées par les animaux, mais les racines restent dans le sol; elles périssent, et garnissent peu à peu la couche supérieure du sol de débris végétaux. On ignore quel rapport existe entre les racines et les feuilles des plantes fourragères qui croissent naturellement dans nos herbages; sans doute, ce rapport varie beaucoup suivant l'espèce des plantes et celle du sol. Quand on récolte le froment, la quantité de paille qui reste dans le champ, sous forme de chaume et de racines, surpasse celle qui a été enlevée avec les épis; sur 1 hectare on peut récolter de 50 à 70 quintaux métriques de foin, et, en supposant que, chaque année, il reste à se décomposer dans le sol une dixième partie de ce poids, soit en racines, fragments de racines ou excrétions provenant de racines, il est facile de concevoir comment la matière végétale s'accumule graduellement dans le sol. Dans une terre arable, le remuement continuel du sol empêche cette accumulation d'avoir lieu; car les fibres végétales, étant constamment exposées à l'action de l'air et de l'humidité, se décomposent plus promptement.

Les racines et les feuilles des plantes fourragères contiennent des substances terreuses et alcalines, car le foin sec laisse, après la combustion, d'un huitième à un dixième de son poids de cendres ; ces matières inorganiques s'accumulent à la surface du sol avec les substances végétales en décomposition et forment une poudre excessivement ténue, et ceci nous explique pourquoi le terreau qu'on trouve à la surface des vieux herbages présente une texture si fine : la partie terreuse des substances inorganiques du terreau consiste principalement en silice et en chaux avec à peine une trace d'alumine, de sorte que, même sur un terrain excessivement argileux, on peut trouver à la surface de la prairie un sol qui ne contiendra qu'une très-faible portion d'alumine.

Il se passe encore d'autres phénomènes qui modifient la couche superficielle des terrains argileux. A mesure que les racines pénètrent dans l'argile, elles frayent un chemin aux eaux pluviales, et, quand l'eau a accès à l'intérieur du sol, elle tend à entraîner l'argile avec elle. On a remarqué que ce phénomène avait lieu sur les terres sablonneuses et tourbeuses, et qu'il s'accomplissait plus promptement quand les terres étaient en prairies : c'est pour cette raison que l'action mécanique qu'exercent les pluies tend à rendre le sol plus léger, en le privant d'une portion de son argile ; cette action est lente dans certaines localités, mais elle est constante. L'eau des pluies est un de ces agents naturels qui établissent presque partout, après un espace de temps illimité, des différences importantes entre la couche supérieure qui produit les récoltes et le sous-sol sur lequel cette couche est assise.

Les chaleurs de l'été et les gelées de l'hiver contribuent encore à l'accomplissement de ces transformations lentes. Pendant les extrêmes de chaleur et de froid, la terre se contracte plus que ne le font les racines des herbes; et, pendant les changements de température qui, sous notre climat, surviennent en un seul jour, on peut remarquer de semblables altérations, bien qu'elles soient moins frappantes. Quand la pluie tombe sur un sol desséché ou que le dégel arrive, la terre se dilate, tandis que les racines des herbes restent fixes, ou à peu près; alors le sol se soulève vers les feuilles, se mélange avec la matière végétale et, par là, facilite l'accumulation du terreau.

Le lecteur peut avoir remarqué que, pendant l'hiver, la terre dans les champs ou sur le bord des chemins s'élève au-dessus des pierres, et qu'elle paraît vouloir les recouvrir; il peut même avoir vu, sur une route abandonnée et déserte, les pierres s'enfoncer graduellement et finir par disparaître, quand, après une série d'hivers, les contractions et les dilatations successives du sol ont beaucoup augmenté les effets qui résultent d'une seule gelée.

Le même phénomène arrive dans les champs; et, si une personne, connaissant parfaitement le sol d'une localité, peut conjecturer, d'après la profondeur à laquelle se trouvent les pierres, quelle est l'époque où telle terre a été mise en prairie, c'est parce que l'ameublissement, la dilatation du sol tend à enfoncer, chaque année, d'une profondeur presque imperceptible les pierres qui restent dans leur état normal.

Ces divers mouvements entr'ouvrent la portion supérieure du sol, le mélangent avec les matières végétales en putréfaction, et permettent à l'action lente des pluies de rendre plus légère la partie terreuse du sol. Mais le travail des animaux vient encore concourir à produire le même effet. Bien peu de personnes ont suivi une charrue sans remarquer l'énorme quantité de vers de terre dont certains champs semblent être remplis. Les vers de terre et quelques autres petits animaux travaillent incessamment, surtout sous un gazon qui n'est pas piétiné, et, chaque nuit, ils apportent d'une grande profondeur et répandent à la surface du sol leur fardeau d'une terre argileuse riche et très-fine; chacun de ces petits tas est autant de richesse acquise à la surface du sol, et personne ne peut douter que le travail inaperçu et inapprécié de ces tribus d'insectes n'améliore le sol, tout en augmentant sa profondeur.

Dans quelques localités on peut également ranger les vents parmi les agents qui améliorent le sol. Ils soufflent rarement sur une contrée sans soulever des particules de poussière et de sable, qu'ils laissent ensuite retomber dans les endroits abrités, après avoir été tamisées par les feuilles de l'herbe ou des arbres. Pendant les étés chauds, les printemps secs, et même en hiver, les terres labourées et les routes poudreuses sont plus ou moins dégarnies de particules légères déposées par les vents sur des terres voisines.

Les vents sont très-violents dans certaines contrées. Ainsi, sur les bords du Kuruman et de l'Orange, rivières de l'Afrique méridionale, les vents soufflent pendant les mois de printemps, — depuis le mois d'août jusqu'en novembre, — en venant du désert Kulagare, transportant des particules de sable en telle quantité que l'air en est obscurci comme par de la fumée. Cette poussière est si fine, qu'elle pénètre à travers des tapis et des tissus presque imperméables à l'eau.

Nous savons donc qu'il existe des causes naturelles agissant constamment, et qui suffisent pour expliquer presque tous les effets de la mise en pâturage d'une terre. Les argiles tenaces deviennent plus légères à leur surface, et, si le sous-sol renferme tous les principes inorganiques que réclament les plantes fourragères, le terrrain s'améliorera pendant une période de temps indéfinie, sans le secours d'engrais; si, au contraire, elles manquent de l'un de ces principes, elles se détériorent peu à peu après avoir acquis un certain degré de fertilité, ou bien alors il faudra leur restituer l'ingrédient ou l'engrais dont elles ont besoin.

Il est douteux qu'un herbage puisse avoir un fonds de richesse naturelle assez considérable pour qu'on ne puisse pas le détériorer, en y faisant pâturer les animaux pendant des siècles sans jamais y ajouter aucune fumure.

Sur les terrains légers, qui ne contiennent que peu d'argile, les graminées se développent plus rapidement, elles forment plus vite une couche épaisse de gazon ; mais les pluies tendent à entraîner l'argile contenue dans le sol, et peuvent les empêcher d'avoir cette vigueur de végétation qui distingue les vieux pâturages établis sur les terres argileuses.

Dans les landes et les marais qui ne sont pas assainis, et, en général, sur tous les terrains auxquels il manque quelque principe fertilisant, on ne doit pas s'attendre à obtenir un herbage abondant ou une bonne récolte, de quelque nature qu'elle soit : mettre en pâturage une pareille terre, ou bien l'y laisser pendant un certain temps, est un moyen de la préparer à produire une ou deux récoltes moyennes de céréales ; mais on ne doit pas compter que cette opération seule la convertisse en un bon herbage.

Enfin, si l'on rompt un vieux pâturage, à la surface duquel s'est accumulé pendant longtemps un sol léger et de bonne qualité, l'argile de dessous sera de nouveau mélangée avec la couche supérieure, la matière végétale disparaîtra promptement par son exposition aux influences atmosphériques, et, si l'on veut remettre ce terrain en pâturage, il faudra attendre l'accomplissement des altérations produites par les mêmes causes naturelles, pendant une longue série d'années, avant que la terre puisse produire un herbage aussi riche que celui qu'elle offrait avant le labour.

Plusieurs personnes ont pensé qu'un semis de plantes fourragères pourrait donner de suite une couche de gazon épaisse et durable : sur un sol léger, riche en débris végétaux, cette méthode peut jusqu'à un certain degré réussir ; mais on se trouve souvent désappointé en répandant des semences de graminées, même celles qu'on aura choisies avec le plus grand soin, sur un sol lourd où se trouvent beaucoup d'argile compacte et peu de matières végétales. L'action des causes que nous avons citées change graduellement le sol, de sorte que, dès le commencement, il est impropre à produire les graminées qui, dix ou vingt ans plus tard, y croissent spontanément et avec vigueur. Le même principe règle la nature dans la production des céréales et des plantes fourragères; la différence apparente de sa manière d'agir provient de différences réelles dans les procédés que nous employons.

CHAPITRE IX.

MOYENS CHIMIQUES D'AMÉLIORER LE SOL. — EMPLOI DES ENGRAIS. — ENGRAIS VÉGÉTAUX. — ENGRAIS VERTS. — EMPLOI DES VÉGÉTAUX MARINS. — SUBSTANCES VÉGÉTALES SÈCHES. — PAILLE. — SCIURE DE BOIS. — DÉCHETS DE MENUISERIE. — DÉCHETS DE BRASSERIE. — MALT. TOURTEAUX DE COIZA. — POUSSIER DE CHARBON DE BOIS. — SUIE. — LIMON. — RÉSIDUS DE TANNERIES. — GOUDRON DE CHARBON. — VALEUR RELATIVE DES ENGRAIS VÉGÉTAUX DIVERS.

Aucun des procédés que nous venons d'indiquer et qui sont en usage dans l'amélioration du sol n'agit d'une manière purement mécanique : tous entraînent avec eux des actions chimiques que l'on peut facilement expliquer au moyen de quelques principes élémentaires de chimie. L'application des engrais au sol est plus strictement une opération chimique; il est, par conséquent, plus convenable de traiter cette question à part des systèmes qui ont aussi pour but d'améliorer la couche arable, mais qui exigent des opérations mécaniques à la fois importantes et coûteuses.

Le cultivateur consciencieux qui entreprend la culture d'une terre peut avoir en vue trois objets différents :

1° Il peut vouloir défricher une lande ou bien élever à une fertilité moyenne une terre qui a été négligée ;

2° S'il trouve que la terre a déjà atteint ce degré de fertilité moyenne, peut-être voudra-t-il simplement la maintenir dans cet état ;

3° Enfin il peut désirer de développer, au moyen d'une culture savante, toutes les facultés du sol, et de porter sa production permanente au chiffre le plus élevé possible.

Celui qui cherche à atteindre ce dernier but est non-seulement le meilleur tenancier et le meilleur citoyen, mais encore c'est celui qui sert le mieux ses propres intérêts ; un système raisonné d'agriculture, lorsqu'il est appliqué avec prudence et habileté, rend plus que tous les autres systèmes (1).

Mais, quel que soit celui de ces trois points auquel vise le cultivateur, il ne saurait l'atteindre, s'il ne possède une connaissance approfondie des engrais qu'il a à sa disposition, s'il ne sait quels sont ces engrais et quelle est leur composition ; quels sont les effets principaux et généraux que chacun d'eux doit produire ; quels sont les plus efficaces pour telle ou telle récolte ; comment on peut en obtenir la plus grande quantité

---

(1) Dans le Holstein, où l'on se sert beaucoup de la marne comme amendement, on observe un fait qui confirme ce que nous venons de dire. Les champs marnés rendent plus qu'avant d'avoir été amendés, tandis que les champs voisins qui n'ont pas été marnés produisent bien moins que lorsque toutes les terres n'avaient pas reçu d'amendement, de sorte que les propriétaires de ces dernières se trouvent forcés de les améliorer avec la marne.

(*Note de l'auteur.*)

et au meilleur marché possible ; comment on peut ménager leur action ; dans quel état et dans quelles saisons il est le plus avantageux de les employer : telles sont les principales questions qu'un habile cultivateur doit se poser et être en état de résoudre.

On doit entendre par engrais tout ce qui peut nourrir ou fournir des aliments aux plantes ; et, comme ces dernières exigent, pour se développer, des substances minérales et salines, il en résulte que le gypse et le nitrate de soude méritent le nom d'engrais tout aussi bien que le fumier d'étable, la poussière d'os et la poudrette.

Les engrais se divisent naturellement en trois classes, suivant que leur origine est végétale, animale ou minérale.

SECTION PREMIÈRE. — **Emploi des engrais végétaux.**

On sait généralement que les engrais végétaux enfouis dans le sol y remplissent deux fonctions principales : ils ameublissent la terre, ouvrent ses pores et la rendent plus légère ; de plus, ils fournissent aux plantes la nourriture organique dont elles ont besoin. Il est un troisième but que les engrais végétaux atteignent, c'est de présenter aux racines les matières salines et terreuses qu'il est de leur rôle de puiser dans le sol, et qui, dans les plantes en putréfaction, se trouvent sous une forme particulièrement adaptée à l'alimentation de races nouvelles.

Les substances végétales en putréfaction sont donc, en réalité, un engrais mixte, et leur valeur, comme tel, doit varier considérablement, suivant l'espèce et la partie des plantes dont elles sont principalement composées : cette valeur est variable, parce que l'analyse des cendres des végétaux nous prouve que diverses matières végétales contiennent des substances inorganiques en quantité et de qualité différentes.

Ainsi 1,000 kilogrammes de sciure fermentée de peuplier, enfouie dans le sol, ne lui apporteront que 4 kilog. 1/2 de substances salines et terreuses, tandis que 1,000 kilog. de feuilles fermentées du même arbre et répandues sur la terre lui communiqueront 82 kilog. de matières inorganiques ; de sorte que, indépendamment de la matière végétale que chacun de ces engrais contient, l'un produit sur le sol plus d'effet que l'autre (1).

Les débris végétaux que le cultivateur ramasse pour les appliquer à ses terres se présentent sous trois états différents : 1° à l'état vert ; 2° à l'état sec ; 3° enfin dans cet état de décomposition imparfaite où ils constituent la tourbe.

SECTION II. — Engrais verts et végétaux marins.

Quand on fauche de l'herbe dans les champs et qu'on la rassemble en tas, elle s'échauffe promptement, fer-

---

(1) C'est à cause de la forte proportion de sels et d'autres principes inorganiques que contiennent les feuilles, qu'elles constituent, pour les plates-bandes de fleurs, un engrais trop actif, et que les jardiniers, avant de s'en servir, en forment un compost.

(Note de l'auteur.)

mente et se putréfie ; mais, si on la retourne souvent et qu'on la fasse sécher, il sera possible de la conserver longtemps, sous forme de foin, sans qu'elle subisse aucune altération matérielle. Tous les autres végétaux se comportent de la même manière ; tous se décomposent plus facilement quand ils sont à l'état vert. La cause en est que la plante verte entre promptement en fermentation à l'intérieur de la tige et des feuilles, et communique bientôt sa fermentation à la fibre humide de la plante. A l'état sec, la matière végétale de la séve perd cette tendance à se décomposer facilement et permet ainsi que la plante se conserve longtemps.

Les matières végétales enfouies dans le sol, à l'état vert, se décomposent rapidement : c'est ainsi que les curages de fossés, les gazons que l'on tire du bord des haies forment un compost de terre et de débris végétaux frais qui, bientôt, deviennent un riche engrais pour le sol. Quand on enfouit à la charrue une récolte verte, toute la surface du champ se trouve convertie en un pareil compost, la matière végétale se transforme promptement en un terreau léger et noirâtre qui enrichit et fertilise le sol d'une manière remarquable.

C'est pourquoi la réussite du froment sur trèfle, de l'avoine sur prairie rompue dépend presque entièrement de l'égalité avec laquelle la végétation recouvrait le sol au moment du premier labour.

1° *Engrais verts.* — C'est pourquoi l'usage d'enfouir les engrais verts date de temps très-reculés. Les Romains avaient l'habitude d'enfouir la deuxième ou la troisième coupe de luzerne, et cet usage est encore en vigueur en Italie. En Toscane, on emploie de préférence le lupin blanc ; en Allemagne, c'est la bourrache, et, dans le Holstein, la spergule. La plante connue sous le nom de *madia sativa* a été dernièrement essayée comme engrais vert en Silésie. On la sème au mois de juin et on l'enfouit par un labour quand elle atteint 2 pieds de hauteur, c'est-à-dire au mois d'octobre. Comme les moutons la délaissent, on leur fait parcourir les champs de *madia sativa*. Pendant ce parcours, ils broutent les autres herbes qui s'y trouvent et foulent aux pieds la récolte destinée à être enfouie, de sorte que le labour peut facilement être exécuté. Au bout d'un mois, la végétation enterrée est décomposée; alors on commence les labours en travers et on sème les céréales d'hiver. Dans la Flandre française, on fait deux coupes de trèfle et on enfouit la troisième. Dans quelques parties des États-Unis, on ne fauche jamais le trèfle, mais on le retourne, et c'est le seul engrais employé dans ces localités. On remarque une pratique semblable dans quelques Etats du Nord, où l'on sème du maïs sur des terres pauvres à raison de 4 à 6 bushels (1 hectol. 45 à 2 hectol. 18) par acre (40 ares). Deux ou trois récoltes se suivent pendant l'été et sont successivement enfouies. De même, dans le nord-est de la Chine, on sème en ligne une variété de coronille et du trèfle, que l'on enterre comme engrais pour le riz. Un labour suivi d'un hersage précède ordinairement la plantation du riz qui a toujours lieu sur des terres inondées. Dans le comté de Sussex, quelques cultivateurs ont semé de la graine de turneps sur chaume, et, deux mois après, les plants ont été enfouis avec grand profit pour le sol. La moutarde sauvage, que l'on rencontre souvent comme mauvaise herbe dans les champs de blé , est encore employée comme engrais vert; on la sème et on l'enfouit, dans le Norfolk, sur les terres destinées au froment; quelquefois aussi sur chaume, comme préparation aux turneps. Les fanes de turneps et de pommes de terre se décomposent plus rapidement, avec plus de perfection et enrichissent davantage le sol quand elles sont enfouies en vert. Il est donc d'une sage économie, quand les circonstances le permettent, d'enfouir les fanes de pommes de terre sur le terrain même où elles ont crû.

Depuis le temps des Romains, il est d'usage d'enfouir au pied des vignes les pampres qui en ont été coupés, et beaucoup de vignobles maintiennent leur fertilité pendant une longue période sans le secours d'aucun autre engrais.

Dans le Weald du Kent les déchets de la taille du houblon sont enterrés, ou mis en compost, et enfouis à la base des pieds de houblon. De cette manière, et avec la moitié des engrais que l'on consacre à les fumer, ils donnent une récolte plus forte que celle que l'on obtient avec une fumure complète.

Le sarrasin, les vesces, le trèfle et le colza sont quelquefois semés pour être enfouis en vert. Cette opération doit être exécutée dès que la fleur commence à s'épanouir et, s'il est possible, dans un moment où la chaleur de l'atmosphère et la sécheresse du sol pourront faciliter la décomposition des plantes enfouies.

Si on se rappelle que peut-être les trois quarts des matières organiques que nous enfouissons proviennent de l'atmosphère; que , par l'enfouissage à la charrue, ces substances végétales sont répandues dans le sol d'une manière plus égale que par tout autre moyen mécanique ; que, par la décomposition naturelle, une plus grande quantité d'ammoniaque et d'acide nitrique est produite et retenue dans le sol, dont elle augmente considérablement la fertilité, on ne s'étonnera pas que la terre soit devenue plus riche en humus après l'enfouissement de la récolte qu'avant l'ensemencement, et aussi qu'elle en ait retiré une foule d'autres avantages.

Il est admis parmi les cultivateurs praticiens qu'une récolte verte enfouie par un labour enrichit le sol autant que les engrais provenant de bestiaux nourris au vert sur une superficie trois fois plus grande.

Tout en prouvant et en expliquant la valeur des engrais verts, ces considérations pourront convaincre le cultivateur intelligent qu'il existe des moyens d'améliorer ses terres sans le secours des engrais de ville ou d'aucun autre pris en dehors de son exploitation, et que c'est négliger une source très-importante de richesses naturelles que de ne pas utiliser les gazons et les masses de mauvaises herbes qui croissent le long des haies et des fossés : abandonnées à elles-mêmes, elles mûrissent leurs graines et se ressèment naturellement dans les champs ; réunies en composts, elles deviendraient un moyen d'augmenter ses produits.

2° *Plantes marines.* — Parmi les engrais verts, l'emploi de plantes marines fraîches mérite une mention toute spéciale, tant à cause des propriétés remarquablement fertilisantes qu'on leur connaît qu'à cause de l'extension que cet emploi a prise sur nos côtes. On prétend que l'île de Thanet (près du comté de Kent) a su doubler et même tripler sa production par l'usage de cet engrais : les fermes sur les côtes du comté de Lothian, qui ont droit de passage pour se rendre aux plages où la mer jette le goëmon (1), se louent à raison de 60 à 90 fr. de plus par hectare que les autres, et c'est à l'emploi des plantes marines, des débris coquilliers, des vases de mer et des cendres de tourbe que les îles occidentales doivent le degré de prospérité agricole que déjà plusieurs d'entre elles ont atteint.

L'algue commune rouge, qui croît plus avant dans la mer, est préférée comme engrais, dans quelques localités, aux autres variétés de plantes marines. On l'emploie à l'état vert ou en compost. A Oban, sur la côte ouest d'Ecosse, les pêcheurs en emplissent leurs barques et viennent la vendre au prix de 1 fr. 20 cent. la charge. Une charge de cet engrais, appliquée aux pommes de terre, est regardée comme l'équivalent de deux charretées de fumier ordinaire. Dans ce cas, la récolte des tubercules est plus forte, mais de qualité inférieure; sur la côte sud-est du comté de Fifs, on répand le goëmon sur chaume à raison de vingt charges par acre (40 ares), et l'on ajoute une demi-fumure; on sème des turneps suivis de trèfle, *sans que jamais, après une telle préparation, ce dernier ait manqué.*

Rassemblées en tas ou répandues à la surface du sol, les plantes marines se décomposent facilement; elles fournissent aux récoltes la nourriture organique qu'elles

---

(1) Dans cette localité on regarde seize charretées de goëmon comme équivalentes à environ 20,000 kilogrammes d'engrais d'étable. (*Note de l'auteur.*)

réclament, et des sels auxquels on doit attribuer d'une manière certaine la puissance avec laquelle elles agissent et sur la production herbacée et sur la formation du grain.

On ne s'étonnera point de la valeur des plantes marines comme engrais, lorsqu'on saura que le *fucus saccharinus* laisse, après combustion, 28,6 pour 100 de cendres, et qu'il contient 19,26 pour 100 de protéine; à l'état frais, sa proportion d'eau est de 76 pour 100 (Payen).

SECTION III. — Emploi des matières végétales sèches comme engrais.

1° *Paille.* — Presque tout le monde sait que la sciure des bois les plus communs se décompose très-lentement, et si lentement même, qu'il est rare de trouver un cultivateur qui en fasse assez de cas pour se donner la peine de la mêler à ses composts. Toutes les matières végétales sèches fermentent avec lenteur. La paille sèche, mise en tas, seule ou bien mélangée avec de la terre, fermente difficilement et surtout très-lentement; il est donc nécessaire d'y ajouter, comme cela se pratique d'ordinaire, quelque substance de nature à se décomposer avec promptitude et qui puisse communiquer à la paille sa fermentation. Toutes les matières animales, telles que les urines et les excréments du bétail, sont de cette nature, et c'est par le mélange qui s'opère entre les excréments et la paille foulée aux pieds des animaux dans les paddoks que l'on parvient à communiquer à cette dernière une fermentation plus ou moins rapide.

Le but de cette fermentation est double : d'abord elle doit réduire les pailles à un état de division tel que l'on puisse les épandre avec égalité sur le sol, et ensuite la matière végétale doit être assez altérée par le contact de l'air et des autres agents pour céder facilement aux racines des plantes la nourriture organique et inorganique qu'elle est destinée à fournir.

On a émis des opinions bien différentes, on a longtemps discuté sur la valeur comparative du fumier long ou court, à moitié ou entièrement consommé ; mais, si l'on se propose de l'employer *uniquement* dans le but de nourrir les plantes ou de leur préparer des aliments, le cas est bien simple : plus la fermentation est complète, si toutefois elle n'est pas poussée trop loin, plus l'action du fumier est immédiate ; de là l'opportunité d'appliquer un fumier court aux turneps et aux autres plantes que l'on veut faire végéter très-promptement, tandis que, si l'engrais n'est qu'à moitié consommé, sa décomposition dans le sol exigera encore quelque temps pour être complète, de sorte que son action se fera sentir d'une manière plus graduelle et plus prolongée.

Bien que, dans le dernier cas, l'action immédiate du fumier ne se fasse pas sentir d'une manière si palpable, le bénéfice qui résulte, en dernier lieu, et pour le sol et pour les récoltes pourra être encore plus grand, en supposant qu'elles n'exigent, à aucune période de l'année, une force de végétation particulière. Cela se comprend aisément : pendant qu'elle fermente dans la cour de la ferme, la paille perd une partie de sa substance, soit sous forme gazeuse dissipée dans l'air, soit sous forme de sels dissous et entraînés par les eaux. Par conséquent, la quantité de matières, après fermentation complète, est réellement moindre, et, quand elle sera incorporée au sol, son action sur la récolte sera plus *immédiatement* efficace, mais *de moindre durée*. En d'autres termes, la somme des effets produits sera plus petite dans le premier cas que dans le second.

On pourra s'expliquer cette différence en considérant qu'une quantité de fumier frais, — mélange de paille et d'excréments de bêtes à cornes, — dépasse en poids deux fois à deux fois et demie celui des fourrages secs nécessaires pour le produire, tandis que le fumier décomposé y équivaut à peine.

Ainsi l'expérience a démontré que 20 quintaux métriques de fourrage sec et de paille produisaient une quantité de fumier de ferme dont le poids était

A l'état frais......................	de 46 à 50 quint. m.
Après six semaines...............	40 à 44
Après huit semaines.............	38 à 40
A moitié décomposé.............	30 à 35
Complétement décomposé........	20 à 25

Une partie de cette perte doit être, il est vrai, attribuée à l'évaporation d'une portion de l'eau renfermée dans le fumier frais; mais la plus grande partie de la déperdition totale est certainement causée par la fuite des gaz et la dissolution des matières salines. D'après ce qui précède, il résulte que le cultivateur qui enterre du fumier frais dans ses champs ajoute beaucoup plus à leur fertilité que s'il le laissait décomposer auparavant. Rien qu'en enfouissant sa paille telle qu'elle est apportée à la moisson, il obtiendrait de meilleurs effets; seulement son action, comme engrais, serait plus lente, et, tout en pouvant être utile aux terrains tenaces, qu'elle rendrait plus perméables, elle serait nuisible aux terrains légers, qui deviendraient trop poreux.

2° *Sciure de bois.* — Pour atteindre cette amélioration lente, on peut se servir, avec avantage, de matières végétales de n'importe quelle espèce, pourvu qu'elles soient réduites à un état suffisant de division ; il ressort même de l'expérience que la sciure de bois, appliquée largement sur le sol, l'améliore d'une manière sensible : peu la première année, davantage la deuxième, encore plus la troisième, et enfin son efficacité se fait surtout sentir la quatrième année après qu'elle a été mélangée avec le sol. Ainsi, de ce que la matière végétale ne produit pas un effet immédiat, il ne s'ensuit pas que le cultivateur doive mépriser son emploi sur ses terres, soit seule, soit à l'état de compost ou sous une forme qui lui permette de l'obtenir facilement. Si ses champs ne sont pas déjà très-riches en humus, il est probable qu'ils seront améliorés par de telles additions, et, par suite, sa position s'en ressentira.

Saturée avec de l'ammoniaque liquide ou avec du purin, la sciure de bois a servi avantageusement d'engrais pour les turneps ; on peut encore la carboniser en la brûlant, ou en la stratifiant avec de la chaux vive, et l'employer dans cet état comme fumure.

3° Les déchets de battage de meunerie sont fortement recommandés comme engrais. Répandus dans la ligne avec les semences de turneps, à raison de 250 à 500 kilog. et au prix de 26 fr. 40 cent. pour 40 ares, ils ont fait rapidement développer la jeune plante et lui ont fait produire une récolte pesant un tiers de plus. Humidifiés avec de l'urine légèrement fermentée, leur action n'est pas plus rapide, mais elle est plus puissante.

4° *Les grains de brasserie,* ordinairement donnés au bétail ou aux vaches laitières, sont utilisés comme engrais par quelques cultivateurs du Norfolk; leur action est, dit-on, plus efficace à l'état pur que lorsqu'ils sont mélangés à du fumier de ferme.

5° *Résidus de brasserie.* — Ils se composent des germes desséchés de l'orge. Quand on sèche des semences germées pour en faire de la drèche, les germes se détachent et forment une poudre grossière. On a trouvé que les propriétés fertilisantes de ces résidus étaient presque égales à celles des tourteaux. 1 hectolitre d'orge donne de 105 à 110 litres de drèche, et de 4 à 5 litres de résidus. Dans les environs de Durham, 56 litres de ces résidus valent 1 fr. 20 c.

Employés à l'état sec, ils se décomposent lentement et ne peuvent servir d'engrais en couverture à cause de leur légèreté. Après avoir été arrosés de purin et mis en tas pendant quelques jours jusqu'à ce qu'il se déclare de la chaleur et de la fermentation, on peut les répandre sur les prés, le trèfle et les jeunes blés, ou bien encore avec la semence dans les cultures en ligne. Ils conviennent alors aux turneps et aux pommes de terre, sans aucun supplément d'engrais; seulement il faut que la semence du turneps ne soit pas en contact immédiat avec eux.

A l'état sec, ces résidus laissent 8 pour 100 de cendres, et contiennent 52 pour 100 de protéine (Payen), composition qui explique leur action fertilisante.

6° *Tourteaux de colza.* — C'est de la paille des céréales ou des tiges et des feuilles des plantes fourragères qu'en général on prépare les engrais purement végétaux que l'on applique au sol ; mais les semences de toutes les plantes sont beaucoup plus enrichissantes que la matière qui compose leurs feuilles et leurs tiges. En général, les graines ont, comme substances nutritives, une valeur trop élevée pour qu'on puisse en faire des engrais ; cependant il est très-avantageux d'appliquer au sol les résidus de différentes graines oléagineuses dont on a extrait l'huile, quand les animaux refusent de s'en nourrir.— Enfouis avec les semences de froment de printemps, ou bien répandus en printemps à la surface du sol, dans la proportion de 600 kilogrammes à l'hectare, ces résidus augmentent considérablement les produits.

Appliqués au prix de 48 francs par 40 ares de froment, on a trouvé, dans le Yorkshire, qu'ils portaient la récolte de 10 hectolitres 1/2 à 14 hectol. 1/6, plus 1/9 en paille. Dans quelques localités, on s'en sert, sans addition d'aucune autre matière, pour fumer les turneps. Cet engrais est également favorable aux pommes de terre ; mais alors on l'emploie simultanément avec du fumier ordinaire. Seul, il provoquerait une riche végétation aérienne, mais ne produirait que peu de tubercules; il est donc prudent de le mélanger avec d'autres engrais. En général, on peut remplacer 1,000 kilog. de fumier d'étable par 50 kilog. de tourteaux.

7° La poudre de charbon possède la propriété remarquable d'absorber les miasmes de l'atmosphère et du sol, et toutes les impuretés contenues dans l'eau ; elle condense aussi dans ses pores une grande quantité d'oxygène de l'air. C'est à ces propriétés et à quelques autres qu'elle doit de former un mélange très-riche avec le purin, la poudrette, le fumier d'étable, l'ammoniaque liquide et divers autres engrais très-puissants. Seule, elle peut entretenir avec lenteur la vie des plantes, et l'on prétend que, dans beaucoup de circonstances, elle est employée avantageusement en agriculture, même à l'état de pureté. — Les jardiniers se servent du charbon mouillé pour faire germer leurs semences promptement et avec certitude.

Mais, après avoir germé, la végétation s'arrête, si elle n'est pas soutenue par la présence d'autres engrais. On prétend que la poudre de charbon, répandue avec la semence de froment, hâte beaucoup sa germination.

8° La suie, soit qu'elle provienne de la combustion de la houille ou du bois, est toujours d'origine végétale, et se compose principalement de charbon dans un état de très-grande division, et elle jouit des propriétés que nous avons décrites à l'article de la poudre de charbon. La suie contient encore de l'ammoniaque et une faible proportion de certaines substances auxquelles on doit attribuer en partie son action bien connue, et princi-

palement les effets immédiats qu'elle produit sur la végétation.

Dans quelques localités, elle favorise d'une manière remarquable la croissance de l'herbe. Répandue
sur le froment et sur l'avoine, elle produit quelquefois
des effets comparables à ceux des nitrates de potasse et
de soude.

Du froment et de l'avoine qui avaient ainsi reçu
une fumure de suie en couverture ont donné les résultats suivants :

	Froment.	Avoine.
Fumés....................	19,62 hect.	19,98 hect.
Non fumés............	15,98	17,80
Différence..........	3,64	2,18

La suie agit également sur les récoltes-racines.
20 hectolitres de cette substance mélangés à 2 hectolitres de sel ont produit une récolte plus considérable
de carottes que 243 quint. métr. de fumier de ferme
aidés de 8 hectolitres d'os.

J'ai examiné récemment plusieurs variétés de suie,
et j'ai trouvé qu'elles contenaient de 18 à 48 pour 100
de matières minérales consistant en substances terreuses prises au charbon et entraînées par le courant
de chaleur, en sulfate de chaux et de magnésie, provenant du tuyau de cheminée et du soufre du charbon.
En outre, elles contiennent de 1 à 5 pour 100 d'ammoniaque, principalement à l'état de sulfate. Ces proportions d'ammoniaque, calculées comme sulfate, sont
de 5 1/2 à 29 1/2 pour 100 du poids de la suie. Il
n'est pas étonnant, d'après cela, que ces effets se rap-

prochent , et même rivalisent avec ceux du nitrate de soude et du sulfate d'ammoniaque.

On prétend que la suie répandue sur les prés à l'entrée du printemps donne une saveur amère au fourrage, que même elle modifie le goût du lait. Les laitiers des grandes villes refusent généralement d'acheter ces fourrages, que l'on obtient toujours de bonne heure.

9° Le poussier de charbon qui ne peut plus servir à la combustion est répandu avec succès dans les champs et sur les vieux pâturages. Ses effets dépendent de la qualité du charbon et de l'espèce de terrain.

10° Le goudron de charbon répandu sur le chaume de froment, au moyen d'un tonneau à arroser, à raison de 8 hectolitres par 40 ares, est très-favorable à la récolte qui suit ; mais il faut qu'il ait séjourné à la superficie deux ou trois mois avant le labour. Ses effets sont également bons sur le loam sablonneux et sur l'argile : on l'emploie pour arroser les composts.

SECTION IV. — Emploi des composts de tourbe et des résidus de tannerie.

1° *Tourbe.*—On trouve des débris végétaux accumulés sous forme de tourbe dans plusieurs parties du monde, mais, dans aucune peut-être, en aussi grande abondance que dans les îles Britanniques : c'est une source presque inépuisable de substances inorganiques propres à améliorer les terres avoisinantes. Nous savons qu'en privant la tourbe de l'eau acide et malsaine dont elle est imprégnée, et en la mélangeant, après son assainissement, avec de la chaux et de l'argile, on peut transformer la surface d'une tourbière en une riche terre à céréales. Il doit donc être possible, par un procédé semblable , de fabriquer, avec de la tourbe , un compost propre à améliorer les champs voisins.

Feu lord Meadowbank , qui a fait de nombreuses expériences à ce sujet, a trouvé que, après avoir séché en partie la tourbe au contact de l'air, on pouvait la faire fermenter et la convertir en un compost d'une très-grande richesse , en employant le procédé ordinairement usité pour faire fermenter la paille. Il avait mélangé de la tourbe avec de la matière animale; celle-ci ne tarda pas à communiquer sa fermentation à la tourbe qui l'entourait, et le compost acquit promptement un degré de chaleur convenable. Il résulte de ses expériences qu'une seule partie de fumier d'étable en pleine fermentation, disposée en couches alternées, avec 2 parties et demie de tourbe à moitié sèche, formant un tas qui fut recouvert de tourbe, avait suffi pour faire fermenter le haut. Plus tard il découvrit que les vapeurs qui se dégagent du fumier d'étable ou des matières animales en fermentation naturelle suffisaient seules pour produire le même effet sur de la tourbe disposée de manière à être en contact avec elles et à les absorber.

Comme l'ammoniaque est un des gaz composés qui sont principalement produits pendant la putréfaction des matières animales, il est probable qu'un arrosage avec de l'ammoniaque liquide serait une bonne préparation à faire subir à la tourbe pour la faire fermenter. Dans tous les cas, il paraît possible de préparer une grande quantité d'un riche compost de tourbe en y mélangeant une proportion de fumier fermenté d'étable moins considérable que celle employée par lord Meadowbank, pourvu que l'on ait soin de recueillir le purin dans des citernes et que, de temps à autre, l'on s'en serve pour arroser les tas préparés.

On peut, ce me semble, faire servir la tourbe à un autre usage important : lorsqu'elle est en partie desséchée, on en construit des tas recouverts que l'on brûle à moitié ou que l'on carbonise jusqu'à ce que la tourbe se réduise facilement en poudre très-fine; dans cet état, elle pourrait acquérir une grande valeur comme mélange propre à conserver aux engrais liquides de toutes sortes, à la poudrette et à l'ammoniaque liquide, leurs précieuses propriétés.

2° *Compost de tourbe de M. Fleming.* — Plusieurs tautres procédés ont été pratiqués dans l'emploi de la ourbe; ainsi on la mélange à la chaux, au sel et à diverses substances, afin de hâter sa fermentation. Le meilleur mélange que je connaisse est celui de M. Fleming, cultivateur, à Barochan. Son compost consiste en

Sciure de bois ou mousse..............	14,54	hectolitres.
Goudron de charbon..............	0,91	—
Poussière d'os....................	2,56	—
Sulfate de soude....................	60	kilogramm.
Sulfate de magnésie..............	75	—
Sel commun.................	75	—
Chaux vive.....................	7,27	hectolit.

Ces matériaux sont mélangés et mis en tas; on les laisse s'échauffer et fermenter pendant trois semaines.

Ensuite on retourne, et on laisse fermenter de nouveau, jusqu'au moment de l'emploi.

Comparé au fumier de ferme et au guano, ce mélange, appliqué aux prairies et aux turneps, a produit :

1° Foin par 40 ares.

	Produits.	Frais.
Sans fumure d'aucune espèce	4,152 kil. f.	» »
Guano, répandu à raison de 150 kil.	7,505	32 »
Compost, — 14,54 hect.	7,595	24 »

2° Turneps.

	Produits.	Frais.
Fumier de ferme, à raison de 25 m.	26,364	» »
Guano... .... 250 kil.	18,252	48 »
Compost .... 23 hect.	29,406	37 20

D'après ces résultats, ce compost est supérieur au guano. Cependant les expériences ont besoin d'être répétées. Les résultats varieront sans aucun doute selon les espèces de sol et de récolte.

3° *Tourbe carbonisée.* — Livrée à une combustion lente dans des tas couverts. La tourbe peut être obtenue à un état où elle se réduit facilement en poudre. Appliquée ainsi seule aux turneps, à raison de 18 hect. par 40 ares, on a trouvé qu'elle produisait autant d'effet que cinquante charges d'engrais de ferme. Il faut observer cependant que cette action est due en partie à la qualité primitive de la tourbe, en partie à la nature du sol. La tourbe carbonisée forme un très-bon excipient pour les liquides de cour et d'étable, et pour dessécher les os dissous.

4° *Tan.* — Je parlerai également ici de l'emploi du tan : c'est une substance végétale qui est, comme la tourbe, d'un travail difficile, et que, en conséquence, on laisse souvent se perdre en grande quantité. Comme la tourbe, il peut être séché et brûlé : les cendres qui en proviennent sont légères, portatives, et constituent un engrais précieux pour être appliqué en couverture; mais le cultivateur économe préférera le faire fermenter en compost de la manière déjà décrite. Si les tas sont placés dans les cours, on pourra les échauffer en les arrosant, de temps à autre, avec de l'engrais liquide, ou bien, s'il est possible de se procurer la liqueur ammoniacale des usines, on pourra s'en servir en place de purin ; néanmoins les fragments durs et épais d'écorce ne peuvent pas se décomposer aussi facilement que la tourbe déjà divisée, et l'on doit lui accorder plus de temps pour parcourir les phases de la décomposition avant d'en faire usage.

SECTION V. — De la valeur comparative des divers engrais végétaux.

Dans l'estimation de la valeur que les substances végétales présentent comme engrais, on peut se baser sur deux principes : on peut l'estimer 1° d'après la proportion et l'espèce de matières inorganiques qu'elles renferment ; 2° d'après la proportion d'azote qui entre dans leur composition.

1° Classées d'après la quantité de matières inorganiques qu'elles contiennent, les diverses espèces de paille et de fourrages auraient une valeur qui peut être représentée par les chiffres suivants :

Paille de froment........ ....,........	de 70 à 360
— d'avoine..........................	100 à 180
— d'orge.......................	100 à 120
— de pois......................	100 à 110
— de fèves......................	100 à 130
— de seigle.....................	100 à 200
Foin.............................	100 à 200
Fanes sèches de pommes de terre.......	400 »
— de turneps.............	370 »
Tourteaux de colza.................	120 »

C'est-à-dire que 1,000 kilogrammes de chaume de
ces substances converties en fumier fourniraient au sol
(pourvu, toutefois, qu'elles ne fussent pas lavées par les
pluies) un poids en kilogrammes de matières inorganiques, déterminé par les nombres ci-dessus. Ces chiffres
peuvent donner une idée de l'action plus ou moins durable que produisent ces engrais végétaux quand on les
répand sur le sol; mais le lecteur se rappellera ce qui
a été dit précédemment au sujet de la qualité des substances inorganiques renfermées dans les plantes, et il
se convaincra qu'il est impossible de concevoir une
juste idée de la valeur que ces engrais peuvent avoir
pour telle ou telle récolte, simplement d'après la
quantité de matières terreuses ou salines qu'ils renferment. Pour citer un exemple, nous dirons que les richesses restituées au sol par la fane de turneps et la
paille de fèves ne sont peut-être pas exactement celles
qui conviennent le mieux à une récolte de froment.

2° D'un autre côté, si la valeur fertilisante des substances végétales doit être appréciée d'après la quantité
d'azote que chacune d'elles contient, on pourra les

classer dans l'ordre suivant : les chiffres qui correspondent au nom de chaque substance représentent le poids en kilogrammes qu'il en faudrait pour remplacer 100 kilog. d'un engrais formé des excréments solides et liquides des animaux mélangés avec la litière.

	Quantités équivalentes en kilogrammes.
Fumier d'étable...................	100
Paille de froment.................	80 à 170
— d'avoine....................	150
— d'orge....................	180
— de sarrasin....................	85
— de pois....................	45
Balles de froment....................	50
Herbes fraîches....................	80
Fanes de pommes de terre..........	75
Goëmon frais....................	80
Tourteaux de colza....................	8
Sciure de sapin....................	250
— de chêne....................	180
Suie provenant de la houille.........	4 à 10

Ce tableau présente encore les mêmes substances classées dans un ordre un peu différent; il nous montre, par exemple, que certains engrais, tels que les tourteaux de colza et la suie, devraient produire sur la végétation un effet bien plus remarquable qu'un poids égal de fumier d'étable, et que certaines substances, telles que les balles de froment et la paille de pois, quand elles n'ont pas fermenté outre mesure, sont un engrais plus riche que la paille d'orge, d'avoine et de froment. Ce tableau est d'accord avec ce que l'expérience nous enseigne sur l'effet des engrais verts, puisque 80 kilog. d'herbe verte enfouie dans le sol équivalent à 100 kilog. de fumier d'étable.

Quelques écrivains attribuent l'effet que produisent ces engrais uniquement à l'azote qu'ils contiennent; mais cette opinion n'embrasse qu'un côté de leur véritable action naturelle. Pendant la décomposition des engrais, il se dégage de l'azote, principalement sous forme d'ammoniaque, substance volatile qui agit d'une manière immédiate sur les plantes en accélérant leur croissance, mais qui ne se fixe pas d'une manière permanente dans le sol. On peut conclure, d'accord avec la théorie et la pratique, que

1° L'effet immédiat qu'un engrais végétal exerce, en accélérant la croissance des plantes, dépend, en grande partie, de la quantité d'azote qu'il renferme et qui se dégage pendant sa décomposition dans le sol;

2° Son action permanente et sa valeur doivent être estimées d'après la quantité et la qualité des substances inorganiques qu'il contient, c'est-à-dire des cendres qu'il laisse après sa combustion.

Tout l'azote peut être épuisé en une seule saison; mais les matières terreuses et salines produisent un effet qui peut durer plusieurs années. Le carbone contenu dans la matière végétale n'est pas non plus sans importance pour la végétation. Nous savons, d'après ce qui a été dit dans les premiers chapitres de cet ouvrage, que, indépendamment de la part d'influence que l'on accorde à l'azote et aux substances minérales que renferment les végétaux (influence qu'ils exercent sur la production de nouvelles races de plantes), l'opinion la plus sûre que l'on puisse entretenir sur ces

importantes opérations naturelles, c'est celle de la putréfaction, comme capable de fournir de la nourriture
à celles qui sont encore en vie ou qui doivent leur succéder, bien que, jusqu'ici, nous ignorions jusqu'à quel
point tel élément est nécessaire pour telle plante, et
que, dans la confection de nos engrais, nous ne sa-
chions pas proportionner la quantité de chaque élément de manière à exciter, autant que possible, la
croissance de telle ou telle plante.

CHAPITRE X.

ENGRAIS ANIMAUX. — CHAIR MUSCULAIRE, DU POISSON, SANG, CHE-
VEUX, CHIFFONS DE LAINE. — OS, OS DISSOUS. — PROCÉDÉS DE
DISSOLUTION. — PROFITS QUE L'ON RETIRE DE CETTE PRATIQUE.
—URINE D'HOMME, DE VACHE, DE CHEVAL, DE PORC.—CONSTRUCTION
DE CITERNES POUR LES ENGRAIS LIQUIDES. — URATE. — URINE
SULFATÉE. — POUDRETTE. — TAFFO. — FUMIER DE VACHE, DE CHE-
VAL ET DE PORC. — FIENTE DE PIGEON. — GUANO, SON ORIGINE,
SA COMPOSITION ET SES USAGES.— ALTÉRATIONS QU'ON LUI FAIT
SUBIR. — VALEUR RELATIVE ET MODE D'ACTION DES ENGRAIS ANI-
MAUX. — DIFFÉRENCE ENTRE LES ENGRAIS ANIMAUX ET LES ENGRAIS
VÉGÉTAUX. — CAUSES DE CETTE DIFFÉRENCE. — EFFETS DE LA
DIGESTION SUR LES FOURRAGES. — PATURAGE DES MOUTONS; SES
EFFETS SUR LA TERRE.

Les substances animales dont on se sert principalement comme engrais sont la chair musculaire, le sang,
les os, les cornes, le poil des animaux, les poissons,
qui, en certaines localités, se trouvent en assez grande
abondance pour être appliqués au sol; enfin les excréments solides et liquides des animaux et des oiseaux.

SECTION PREMIÈRE.—Chair musculaire, chair du poisson, sang
et peau.

En général, les substances animales agissent bien

plus puissamment que les matières végétales ; les semences seules peuvent leur être comparées.

1° On emploie rarement la chair des animaux comme engrais, à moins que l'on ait à sa disposition des chevaux morts ou des bestiaux dont la chair ne puisse être consommée par la boucherie.

2° On se sert de poissons pour fumer le sol, quand on peut se procurer les résidus du curage des harengs et des sardines ; cependant on a pris quelquefois de telles quantités de harengs, de sardines et même de maquereaux, qu'on s'est trouvé dans le cas de les utiliser comme engrais. Toutes ces substances animales ont une action trop forte quand on les emploie immédiatement à l'état pur ; en général, on les mélange en compost avec une grande quantité de terre. Dix barils de curage de poissons mélangés de manière à produire quarante charretées de compost suffisent pour 1 hectare.

Sur la côte de Norfolk, on emploie de grandes quantités de sardines comme engrais pour les turneps. On les vend à raison de 80 cent. les 36 litres ; 1,500 kil. de ces matériaux, mélangés avec 750 kilog. de terre prise à la tête du champ, font un compost suffisant pour 40 ares, et dont les effets sont assurés. Sur le rivage du comté d'Aberdeen, on prend beaucoup de maquereaux que l'on emploie comme engrais.

Dans Rhode-Island on obtient des quantités considérables d'engrais en mélangeant le poisson appelé *manhaden*, qui est très-commun dans les baies environnantes, avec du limon ou de la boue de marais en proportion d'une charge de poisson avec dix charges de limon. On prend et l'on utilise comme engrais, sur les côtes du Connecticut, une variété de poisson connue sous le nom de poisson blanc ; on la vend au prix de 4 fr. 80 cent. le millier pesant de 750 à 1,000 kilog. Tantôt on les répand et on les enterre à la charrue, tantôt on les met en compost. Dans le nord de la Chine, des pratiques analogues ont été remarquées.

Les résidus provenant de la fabrication de l'huile de poisson et du suif, les peaux que l'on a fait bouillir pour en retirer de la colle, les cornes, les poils, la laine (chiffons de laine) et toute substance semblable dont on fait des composts, exercent sur la végétation une action bien plus grande, en proportion de leur poids, que les matières végétales, qui, du reste, existent en bien plus grande abondance.

3° Les *coquillages*, qui abondent sur quelques-unes des côtes, ont été reconnus comme un engrais économique et bon pour les turneps et les pommes de terre. On les mélange à un peu de terre, on les laisse fermenter en tas très-légèrement ; ils forment alors un riche compost. Quand on a sous la main les moyens de les écraser, ce sera bien de leur faire subir cette opération, qui ajoute beaucoup à leur efficacité.

4° Dans bien des contrées, les insectes morts sont un important engrais pour le sol ; dans les pays chauds, une poignée de terre paraît quelquefois être à moitié composée d'ailes et de squelettes d'insectes. Les paysans de la Hongrie et de la Carinthie ramassent quelquefois, en une seule année, jusqu'à trente charretées de mouches de marais ; et, dans les terres les plus fertiles de la France et de l'Angleterre, où les vers et les insectes se trouvent en abondance, la présence de leurs débris doit, en grande partie, concourir à les rendre si productives.

5° Bien que le sang constitue, comme toute autre substance animale, un excellent compost, on l'applique rarement au sol d'une manière directe.

Dans le comté de Northampton, on fait ces composts en mélangeant environ 2,27 hectol. avec 3 hectol. de cendres et de poussier de charbon de bois; on laisse le mélange en repos pendant une année ou deux. Sur les terres légères et appliqué seul à raison de 17 hect. par 40 ares, ou de 6 hect. aidés de 12,168 kil. de fumier de ferme, il produit des effets remarquables sur la quantité et sur la qualité du turneps. 7 à 11 hect. répandus en couverture sur le jeune froment augmentent considérablement la récolte; mais ses effets sont moins perceptibles en terres lourdes et humides. Le sang se vend, dans le comté de Northampton, au prix de 30 cent. la mesure de 4 litres 54 centil. Quelquefois on le sèche, et alors on l'applique en couverture à toute espèce de plantes cultivées. A Paris, où cette industrie est fort remarquable, on le vend 9 fr. 60 cent. les 50 kilog. Ce prix n'est pas élevé, si la dessiccation est convenable; malgré cela, son emploi est encore très-restreint.

6° *Noir animalisé.* — Il est exclusivement employé tel qu'il sort des raffineries, où on s'en sert, avec de la chaux et du charbon animal, à raffiner le sucre. C'est surtout dans le midi et l'ouest de la France que son usage est le plus général. Ce noir animal, ou noir animalisé, comme on le désigne quelquefois, contient environ un cinquième de son poids de sang, et son prix, en France, s'est tellement élevé, que les raffineurs de sucre le vendent actuellement plus cher que ne leur coûtent le sang et le charbon animal purs; c'est ce qui a donné lieu à la fabrication artificielle d'un mélange qui se compose de charbon, de matières fécales et de sang, que l'on vend sous le nom de noir animal. Le seul désavantage de ces préparations artificielles, c'est qu'on peut les adultérer, ou bien, pour les livrer à bas prix, les préparer d'une manière moins efficace.

7° *Peau.* — Les fragments de peau constituent un excellent engrais. On achète aussi aux fabricants de colle forte toutes les matières insolubles dont ils ne peuvent faire aucun usage; cependant ses effets sur les pommes de terre paraissent moins recommandables que ceux des autres engrais. Avec le premier, les pommes de terre deviennent creuses; avec les seconds, elles sont farineuses et sèches.

SECTION II. — Cheveux, laine, peau, corne et os.

1° L'intensité de l'action de la corne, des cheveux et de la laine dépend précisément des mêmes principes que celle du sang et de la chair des animaux; ils en diffèrent en ce qu'ils contiennent de 80 à 90 pour 100 de leur poids d'eau; c'est pourquoi 100 kilog. de rognures de cornes, de poils (1) ou de chiffons de laine

____

(1) En Chine, la population tout entière se fait raser la tête dans les dix jours; on ramasse les cheveux qui proviennent de cette

secs doivent enrichir le sol autant que 1,000 kilog. de sang. La corne et la laine, étant sèches, se décomposent beaucoup plus lentement que le sang, aussi l'effet que produisent les matières animales molles est-il beaucoup plus immédiat et apparent, tandis que celui des substances dures et sèches est moins visible ; mais, en revanche, il se fait sentir plus longtemps.

2° *Les chiffons de laine*, mis en compost et fermentés, forment un bon engrais pour les pommes de terre et les turneps. On les enfouit au pied des plants de houblon, dans les contrées où ce dernier est cultivé. Leur prix est d'environ 120 fr. les 1,000 kilog. Très-souvent on les applique aux turneps semés dans les terres légères du Wiltshire.

5° *Les déchets de manufactures de drap* ressemblent presque, par leurs effets, aux cheveux et aux chiffons de laine ; on les vend à 48 fr. les 1,000 kilog. aux cultivateurs des comtés de Kent et de Northampton, qui en font fréquemment usage.

4° *Sciure d'os et cornaille.*— Les débris de toute espèce provenant des fabriques de peignes et des ateliers de maréchaux se vendent maintenant aux fabricants de prussiate de potasse au prix de 48 fr. les 1,000 kil. S'ils étaient purs de tout mélange étranger, ils vaudraient presque autant que les chiffons de laine ; mais souvent ils sont mêlés à du sable et à de la poussière, dont le poids s'élève quelquefois de 50 à 60 pour 100 du poids total. Dans cet état, ils ne valent plus que

---

tonsure, et, dans tout l'empire chinois, on les livre au commerce pour servir d'engrais.   (*Note de l'auteur.*)

les deux tiers du prix que l'on paye pour des cheveux ou des chiffons de laine secs. On peut s'en servir, à la place des os, pour les turneps et les pommes de terre; seulement, avant de les employer comme engrais ou couverture, il faut les mettre en compost.

5° Les os ressemblent à la corne par leur dureté; mais ils en diffèrent en ce qu'ils contiennent, outre la matière animale, une grande quantité de substances terreuses, et c'est pour cela qu'ils introduisent dans le sol un nouvel agent qui rend leur action plus efficace. Ainsi les os de vache contiennent, sur 100 kilog.,

Phosphate de chaux.	56
— de magnésie.	3
Soude et sel marin.	3
Carbonate de chaux.	3,75
Fluorure de calcium.	1
Gélatine (matière animale contenue aussi dans la corne).	33,25
Total.	100,00

100 kilog. de poussière d'os apportent donc dans le sol autant de matière animale organisée que 33 kilog. de corne, ou bien que 300 à 400 kilog. de sang ou de chair; mais en même temps ils y introduisent beaucoup de matières minérales, de la chaux, de la magnésie, de la soude, du sel marin, de l'acide phosphorique (sous forme de phosphates); et nous avons vu que toutes ces substances doivent se trouver dans un sol fertile, puisque les plantes exigent que la terre leur en fournisse une petite quantité à chaque période de leur croissance. Il en est de ces substances comme des

matières inorganiques renfermées dans les plantes ; elles peuvent demeurer dans le sol et exercer sur la végétation une action bienfaisante, longtemps après que toute la matière organique ou gélatineuse s'est décomposée et a disparu.

6° *Les râpures de corne* ressemblent beaucoup aux os pour la composition. Elles contiennent un peu plus de matières animalisées et subissent plus facilement l'action de l'eau bouillante. On s'en sert pour empeser les étoffes de calicot, et on les achète aux fabricants de peignes, au prix de 96 fr. les 1,000 kilog. Lorsqu'elles ne sont pas demandées pour cet objet, elles peuvent être employées utilement comme engrais.

Un échantillon de râpures analysé par M. Norton, dans mon laboratoire, a donné les résultats suivants :

Eau (évaporée à 212°)............	10,31
Phosphate de chaux et de magnésie....	46,14
Carbonate de chaux.........	7,71
Gélatine (matière organique).............	35,84
	100,00

7° *Os traités à l'acide sulfurique.*—On a récemment dissous les os dans de l'acide sulfurique, afin de les amener à céder plus facilement aux racines leurs principes nutritifs, et ensuite afin de pouvoir les répandre plus facilement sur le sol. Dans ce but, on mélange à la poussière d'os la moitié de son poids et quelquefois même son poids entier d'acide sulfurique étendu d'eau d'une à trois fois son volume. L'action de l'acide sulfurique sur le carbonate de chaux des os commence par produire d'abord une forte effervescence ; mais, deux ou trois jours après, en ayant eu soin de remuer quelquefois, on trouve les os complétement dissous et formant une pâte que l'on peut dessécher avec du poussier de charbon de bois, avec de la tourbe desséchée ou carbonisée, avec de la sciure de bois ou avec de la terre végétale très-fine : on obtient ainsi un engrais répandu soit à la main, soit au semoir, très-favorable aux turneps ; ou bien on peut l'étendre de cinquante fois son volume d'eau et arroser les lignes au moyen d'un tonneau placé sur un brancard. Par l'un ou l'autre de ces deux moyens, l'effet est beaucoup plus frappant que si l'on répandait le même poids de simple poussière d'os. Quelques exemples le prouveront.

A Gordon-Castle (M. Bell), on a obtenu les résultats suivants :

Engrais sur 40 ares.	Frais.	Produit en racines, var. hyb. de turneps.
12 mètres cubes de fumier de ferme...... } 3 hectolitres d'os...... }	fr. 72....	12,168 kil.
150 kilog. de guano..............	44,40..	11,356
6 hectol. d'os..................	43,20..	11,154
72 litres d'os........... 40 kilog. d'acide sulfurique............ } 18 hectol. d'eau.......	13,20..	12,307
3 hectol. d'os........ 40 kilog. d'acide sulfurique........ } Le mélange poudreux semé à la main...........	30....	11,154

Sur la ferme de Sheriffstoun, comté de Moray (M. M'William), on a obtenu, en 1843, les résultats comparatifs suivants :

1° Navets de Suède.

Engrais.		Frais p. 40 ares.	Produits en racine.
27 kilog. (58 litres) d'os.			
23 kilog. d'acide.......	....	69,60..	17,745
18 hectol. d'eau........			
Les mêmes proportions			
avec 9 hectol. d'eau seu-	....	69,60..	18,759
lement...............			
220 kilog. (3 hectol. 1/2)			
d'os..............	....	90. ...	17,238
14 kilog. d'acide.......			

2° Turneps ordinaires.

Engrais.		Frais p. 40 ares.	Produits en racine.
85 kilog. (1 hectol. 30)			
d'os.	....	21. ...	16,224
46 kilog. d'acide.......			
18 hectol. d'eau........			
5 hectol. d'os.........			
23 kilog. d'acide.......	....	50,40..	13,689
1/2 hectol. d'eau.......			

Dans tous ces exemples, on voit que les quantités, relativement petites, d'os dissoutes dans l'acide et appliquées à l'état liquide déterminaient un plus fort rendement en racines que les grandes quantités appliquées à l'état sec.

M. Hannant, par l'emploi d'os écrasés ou dissous, a obtenu en turneps les résultats ci-après :

Hectolitres d'os.	Récolte.—Kilogr. par 40 ares.
5,82 écrasés.....................................	10,290
0,72 dissous....................................	9,717
0,72 —	11,904
1,45 —	12,718
1,45 —	14,496
1,45 —	14,746
2,90 —	13,932
2,90 —	15,310
2,90 —	16,274

Nous ne pouvons expliquer l'action supérieure des os dissous autrement que par la dissolution même qui sépare complétement les particules les unes des autres, les dissémine mieux dans le sol, et les présente de tous côtés aux surfaces absorbantes des racines. En outre, elles sont plus facilement assimilables. L'acide sulfurique doit avoir par lui-même aussi quelque effet, puisque le soufre est nécessaire au développement des végétaux. J'ai été informé d'un cas à Belcarros, comté de Fife, où l'acide sulfurique seul, étendu d'eau, répandu dans les lignes de turneps, a produit une excellente récolte; un autre cas, également remarquable, m'a été communiqué dans le comté de Dumfries; on avait immergé la semence d'orge dans de l'acide sulfurique étendu, et la récolte en a été fortement augmentée.

De ce que nous venons de dire on peut donc tirer ces conclusions générales :

1° Les matières animales, comme la chair et le sang, qui contiennent beaucoup d'eau, se décomposent rapidement et sont propres à agir avec intensité et promptitude sur la végétation ; mais leur effet n'est que temporaire, elles se volatilisent.

2° Quand les matières animales sont sèches, telles que la corne, le poil, la laine, elles se décomposent et agissent avec plus de lenteur, et peuvent continuer à faire sentir leur action pendant plusieurs années.

3° Les os ressemblent à la corne pour ce qui est de la matière animale qu'il contiennent ; comme celle de la corne, leur action se fait sentir pendant un nombre de saisons plus ou moins grand, selon qu'ils ont été réduits en une poussière plus ou moins fine ; mais, au moyen de leurs parties minérales, ils peuvent enrichir le sol pendant un espace de temps encore plus considérable, améliorer sa texture d'une manière permanente et ajouter à ses capacités naturelles.

4° L'action des os peut être rendue plus immédiate et plus effective, lorsqu'on les réduit à un grand état de division, en les dissolvant dans de l'acide sulfurique étendu d'eau, ou en les faisant fermenter dans du sable ou de la terre humide. Mais ces moyens, comme pour la chair musculaire et le sang, rendent l'action moins permanente.

SECTION III. — Urine des animaux. — Procédés de conservation. — Emploi. — Urate. — Urine sulfatée, etc.

Depuis longtemps les agriculteurs praticiens sont d'accord sur ce point, que la digestion de substances soit animales, soit végétales, c'est-à-dire le passage de ces substances par l'intestin des animaux, augmente, poids pour poids, leur action fertilisante ; c'est ce qui fait supposer que, en faisant consommer aux animaux la plus grande quantité possible de végétaux d'une exploitation, non-seulement c'est autant de nourriture de sauvée, mais encore la valeur, comme engrais, du résidu, se trouve de beaucoup accrue. — Dans une section suivante, nous verrons jusqu'à quel point la théorie peut éclairer cette opinion.

Excréments liquides. — Les substances animales digérées dont on fait journellement usage comme engrais sont l'urine de vaches et de moutons, la fiente de pigeons et autres oiseaux ; les excréments solides des chevaux, des vaches et des moutons; enfin la poudrette. Les engrais liquides agissent principalement par les sels qu'ils tiennent en solution, tandis que les excréments solides renferment aussi des matières insolubles qui se décomposent lentement dans le sol et n'y deviennent utiles qu'après qu'il s'est écoulé un certain laps de temps. Les premiers auront sur la végétation une action plus puissante dans les commencements ; l'action des derniers sera moins visible, mais elle se fera sentir plus longtemps.

Les substances animales digérées que l'on emploie ordinairement comme engrais sont l'urine humaine, l'urine des bêtes à cornes et des bêtes à laine; les excréments humains solides (poudrette), ceux du cheval, de la vache, du mouton, du porc, la fiente des pigeons et autres oiseaux. Les engrais liquides agissent principalement par les substances salines qu'ils tiennent en solution ; leur effet est plus instantané. Les engrais solides contiennent des matières insolubles qui ne se décomposent que lentement dans le sol, et dont la végétation ne peut profiter qu'après un certain temps.

1° *Urine*. — L'urine humaine, sur 1,000 parties, contient :

Eau	932
Urée et autres matières organiques contenant de l'azote	49
Phosphates d'ammoniaque, de soude, de chaux et de magnésie	6
Sulfates de soude et d'ammoniaque	7
Sel ammoniac et sel marin	6
Total	**1,000**

Par cette analyse nous voyons que 1,000 kilog. d'urine contiennent 68 kilog. de matières fertilisantes de la plus riche qualité, qui, *au prix où les engrais artificiels se vendent aujourd'hui en Angleterre*, vaudraient 50 fr. les 100 kilog. Comme chaque individu produit environ 450 kilog. d'urine par an, la perte nationale qui en résulte, calculée au taux de 50 fr. pour 100 kil. d'urine sèche, s'élève à 15 fr. par tête. Si 12,000 kil. de fumier d'étable par hectare suffisaient à entretenir la fertilité d'une terre, il est probable que 500 kilog. de la matière solide de l'urine auraient le même résultat. — L'urine seule, fournie par une population de dix mille habitants et qui, chaque jour, est entraînée dans les rivières, suffirait à fumer environ 600 hectares d'une exploitation qui produirait 15,100 hectolitres de grains ou d'autres denrées en proportion.

M. Smith, de Deanston, affirme que l'urine de deux hommes suffit pour fumer 40 ares, et que, mélangée avec des cendres, elle produit une bonne récolte de turneps.

Il existe une distinction chimique importante entre l'urine de l'homme et celle de la vache, du cheval et du mouton. La première contient, ainsi que nous l'avons dit, 6 pour 100 environ de phosphate; la seconde, au contraire, est entièrement privée de cette variété de sels. Or la présence de l'acide phosphorique des phosphates ajoute beaucoup à la valeur des engrais.

Si l'on mélange un lait de chaux avec de l'urine humaine en fermentation, l'acide phosphorique se précipite avec une portion de matière animalisée. Le docteur Stenhouse a trouvé qu'un semblable précipité, séché à 100 degrés, contenait 40 pour 100 d'acide phosphorique et de matières organiques renfermant environ 1 pour 100 d'ammoniaque. Par l'emploi de ce procédé on peut séparer de l'urine humaine et obtenir à l'état solide une portion importante d'ingrédients fertilisants.

2° On prétend que l'urine des vaches contient moins d'eau que celle des hommes, bien qu'assurément cela dépende beaucoup de la nourriture que ces animaux reçoivent.

En calculant sur la grande quantité d'excréments liquides que produit une vache (de 8,740 à 13,100 litres par an), nous pourrons estimer, en toute sécurité, à un poids de 550 à 680 kilog. la quantité de matière solide qu'un animal sain produit par ses excréments liquides de toute une année, et cette matière solide, si elle était à l'état sec, vaudrait, en Angleterre, de 250 à

500 fr. L'urine d'une seule vache, conservée à l'état liquide comme on le fait en Flandre, vaudrait, dans ce pays, environ 50 fr. Maintenant chaque cultivateur peut lui-même calculer les valeurs qu'il laisse se perdre dans ses cours, même en ne donnant à l'urine que le prix qu'on la paye en Flandre ; il pourra voir lui-même que de moyens de production il laisse s'échapper dans ses fossés ou s'évaporer dans l'air.

Le purin recueilli dans les citernes acquiert une grande valeur pour servir à l'arrosage des composts et, par là, hâter leur décomposition ; mais on peut en employer avantageusement une grande partie à arroser les prairies naturelles et les jeunes céréales : afin qu'il se trouve dans la condition la plus favorable pour servir à l'arrosage, on doit permettre à la fermentation de s'établir, et ensuite étendre le purin avec une grande quantité d'eau.

Partout où les citernes sont assez spacieuses, il faut préparer de bonne heure ce purin étendu d'eau, car on a trouvé que l'urine de vache non étendue d'eau, après six semaines de concrétion, ne contenait que le sixième d'ammoniaque renfermée dans l'urine du même âge, mais préalablement mélangée à son volume d'eau ; il serait bon également d'ajouter de l'acide sulfurique, afin de fixer l'ammoniaque (1).

---

(1) Pour saturer et fixer toute l'ammoniaque capable d'être produite par l'urine d'une vache de taille moyenne, il faudrait environ 350 kilog. d'acide sulfurique concentré du commerce, ou environ 30 kilog. par mois, coûtant 10 fr. 80 cent. Mais le tiers ou le quart de cette quantité, versé dans le liquide des citernes, suffirait pour prévenir toute perte sensible. M. Kinnimouth a trouvé

5° *Construction des citernes.* — On doit observer, dans la construction des citernes pour engrais liquides, quatre points pratiques de première importance :

A. Le revêtement, en pierre ou en brique, doit être soigneusement enveloppé dans une couche d'argile, afin de prévenir les pertes ou les fuites.

B. Ces citernes doivent être couvertes. En Allemagne, elles sont ordinairement voûtées. Au moyen de la couverture du dessus, on empêche l'accès du soleil, de la pluie, de l'air ; la fermentation est plus lente, et la perte d'ammoniaque, par conséquent, moins considérable.

C. Elles devraient être divisées par un mur en deux compartiments au moins, dont chacun aurait une capacité suffisante pour contenir les urines de deux à trois mois. Quand le premier est plein, on dirige les canaux dans le second, et, lorsque celui-ci est rempli, le contenu du premier est mûr et susceptible d'être utilisé. Le liquide doit toujours être en fermentation avant d'être appliqué aux herbages ou aux autres récoltes. Au moyen de ces doubles citernes, le cultivateur disposera d'un espace capable d'emmagasiner toutes les urines de l'hiver, de sorte que, au printemps, des quantités considérables d'engrais liquide se trouveront prêtes pour les besoins des jeunes récoltes.

Le liquide arrivant des étables devrait être mélangé avec son volume d'eau dans la citerne : on em-

---

que 34 hectol. d'urine de vache, traités par 7 kilog. environ d'acide, augmentaient le rendement du foin autant que 125 kilog. de guano ou 50 kilog. de nitrate de soude.

pêcherait ainsi la perte de l'ammoniaque qui tend à s'échapper pendant la fermentation. D'un autre côté, on prévient encore la brûlure, ce qui a lieu surtout à l'époque des saisons chaudes, lorsque l'urine n'a pas été étendue. Ce procédé entraîne nécessairement la construction de citernes plus grandes, et plus de travail pour extraire, transporter et répandre le liquide ; mais l'expérience a démontré que le surcroît de dépenses est largement compensé par le surcroît de produits.

4° *Urate.* — Afin d'obtenir les propriétés de l'urine sous une forme concentrée, on a coutume de la mélanger avec du gypse brûlé, dans la proportion de 5 kilog. de gypse pour 30 livres d'urine ; on brasse le mélange, puis on le laisse reposer pendant quelque temps pour décanter le liquide ; enfin on sèche le gypse pour l'écraser. Les fabricants d'engrais vendent ce composé sous le nom d'*urate.* Il ne peut pas posséder toutes les propriétés de l'urine, puisqu'il ne contient pas les sels solubles que le gypse ne peut entraîner avec lui. A l'exception du gypse, 100 kilog. d'urate ne contiennent pas plus de matières salines et organiques qu'environ 90 litres d'urine. S'il est vrai, comme le prétendent les fabricants, que 150 ou 200 kilog. suffisent pour fumer 1 hectare, j'espère que le cultivateur conviendra, non pas qu'il vaut bien la peine de risquer une partie de son argent pour essayer l'urate sur un de ses champs, mais qu'il peut espérer un résultat bien plus avantageux en faisant quelques dépenses pour recueillir l'urine qui s'échappe de ses étables et pour la répandre abondamment sur ses terres après l'avoir mélangée avec du gypse brûlé.

5° *Urine sulfatée*. — Récemment les fabricants d'engrais ont adopté un procédé supérieur à celui qui emploie le gypse; ils mélangent autant d'acide sulfurique avec l'urine qu'il en faut pour se combiner avec la totalité de l'ammoniaque produite pendant la décomposition. Ainsi fixée, on évapore jusqu'à siccité et on l'applique aux terres à l'état de poudre sèche.

Cette urine sulfatée, contenant tous les sels, de l'urine liquide et en plus l'acide sulfurique lui-même, est un engrais excellent. Quand l'urine humaine lui sert de base, elle agit sur presque toutes les récoltes; mais l'acide sulfurique lui communique une certaine influence sur les haricots, les pois et le trèfle. On peut la répandre seule en couverture; appliquée aux récoltes-racines, il faut la mélanger à la moitié de l'engrais de ferme ordinairement employé dans ces circonstances. M. Firmin de Swanston, par ce dernier procédé, a obtenu, en 1843, au prix de 48 fr. pour 40 ares, 4,052 kilog. de turneps en plus que pour la même dépense en guano.

L'urine sulfatée, répandue en couverture sur le froment, a produit de bons effets; seulement on l'avait mêlée préalablement à un poids égal de sulfate de soude ou de sel de cuisine, à un poids égal de cendres de bois, et à la moitié de son poids d'os dissous. Toutes les fois que les terres sont éloignées de la mer, l'usage des sels de soude doit être spécialement recommandé.

6° *Phosphate ammoniaco-magnésien*. — Boussingault fixe l'ammoniaque et l'acide phosphorique de l'urine humaine, en ajoutant à cette dernière, lorsqu'elle commence à dégager une odeur ammoniacale,

une solution de sulfate ou de chlorhydrate de magnésie. Il se forme un phosphate double de magnésie et
d'ammoniaque qui se précipite. On retire environ
7 kilog. de ce sel de 100 kilog. d'urine, et l'on prétend
qu'il possède de puissantes propriétés fertilisantes.

7° *Urine de porc.* — Elle ressemble à l'urine humaine et contient une proportion considérable d'acide
phosphorique. Sous ce rapport, elle est conséquemment préférable à l'urine des autres animaux domestiques.

SECTION IV. — Excréments solides des animaux.—Poudrette.—
Engrais de vache, de cheval, de porc, de pigeon.—Guano.

1° La *poudrette* est, de tous les engrais animaux
solides, celui qui a le plus de valeur, et cependant c'est
celui qui, en Europe au moins, est le moins estimé et
le plus négligé. Sans doute son efficacité varie suivant
le genre de nourriture que prennent les habitants de
chaque localité, principalement selon la proportion de
nourriture animale qu'ils consomment; mais il es
probable qu'il n'existe pas d'engrais solide qui, poids
pour poids, ait une puissance comparable à celle de
la poudrette à l'état sec : elle abonde en matières sa
lines et solubles, et, comme elle est formée des partie
constituantes de la nourriture que nous prenons, il es
certain qu'elle contient la plus grande partie des sub
stances alimentaires nécessaires au développement de
plantes qui forment la base de notre nourriture.

2° On a essayé de dessécher cet engrais, afin de

rendre plus portatif, de détruire son odeur pour engager les cultivateurs à en faire un usage plus général, et l'on a tâché, par l'addition d'ingrédients chimiques, d'empêcher la perte d'ammoniaque et des autres substances volatiles qui ont une tendance à s'échapper et à se perdre, quand la poudrette ou tout autre riche engrais animal tombe en putréfaction. A Paris, Berlin et quelques autres grands centres de population, le produit des vidanges est d'abord desséché à l'air, avec ou sans mélange de gypse ou de chaux; de là on le fait sécher sur des plateaux, puis on le porte sur des étuves : il est alors vendu sous le nom de *poudrette*, et l'on en renferme une quantité considérable dans les vases que l'on expédie dans le pays. A Londres, on fait plusieurs mélanges pour dessécher le produit des fosses d'aisances, tandis que, dans d'autres grandes cités de l'empire britannique, on l'utilise dans la fabrication du charbon animalisé, en le mélangeant avec du gypse et du charbon de bois réduit en poussière fine.

La tourbe à demi brûlée, que nous avons mentionnée plus haut, trouverait un emploi avantageux dans un tel mélange, et il est peu de substances que l'on puisse se procurer facilement qui fassent un meilleur compost avec de la poudrette et qui conservent davantage leurs propriétés que la tourbe à moitié desséchée, ou bien un terreau mélangé avec une plus ou moins grande quantité de marne ou de gypse. Il est impossible d'évaluer la perte qui se fait lorsque l'on permet à ce riche engrais de fermenter en plein air sans être mélangé.

3° *Taffo.* — En Chine, on pétrit la poudrette avec

de l'argile, on fait des gâteaux que l'on sèche à l'air ; et, sous le nom de *taffo*, cette substance forme , pour toutes les grandes villes , un important objet d'exportation.

4° *Fumier de vache et de cheval*. — L'urine de vache contient une si forte proportion de sels fertilisants et de matière organique soluble, que c'est avec raison que l'on a qualifié du nom d'*engrais froid* le fumier formé de bouses, puisqu'il ne s'échauffe ni ne fermente promptement : mélangé avec d'autres engrais ou répandu dans le sol, il agit d'une manière efficace sur la végétation des plantes.— Le cheval, recevant, en général, une nourriture moins aqueuse et rendant moins d'urine que les bêtes bovines, donne un fumier plus chaud et plus riche, qu'il est néanmoins plus avantageux d'employer seulement quand il est coupé avec d'autres engrais. — Les excréments du cochon sont mous et froids comme ceux de vache , et , comme ces derniers, ils contiennent au moins 75 pour 100 d'eau. Les porcs reçoivent une nourriture plus variée que celle de tous les animaux domestiques , aussi la qualité du fumier qu'on en obtient est très-variable. Quand on fume une récolte-racine avec du fumier pur de porc, on prétend que les racines acquièrent un goût déplaisant; on dit même que l'arome du tabac en souffre. Cet engrais est particulièrement adapté à la culture du chanvre, et l'on assure qu'il convient également bien à celle du houblon ; mélangé avec d'autres engrais, on peut s'en servir pour toute espèce de récolte.

5° *Fiente de pigeons*. — On a trouvé que la fiente

de tous les oiseaux possédait, à un degré éminent, la vertu de fertiliser les terres : quelques variétés ont une action plus forte ou plus immédiate que d'autres, et toutes sont préférables pour l'usage du cultivateur, quand elles ont été conservées pendant quelque temps, soit seules, soit en compost. Les Flamands estiment à 25 fr. par an la valeur de l'engrais fourni par une centaine de pigeons (1).

La fiente des oiseaux réunit les vertus des excrétions solides et liquides des autres animaux ; elle contient toute leur nourriture, à l'exception de ce qui aura été utilisé pour l'entretien de leur organisme : par conséquent, elles rendent mieux aux plantes les substances dont celles-ci ont besoin.

6° *Guano.* — C'est le nom que les habitants du Pérou ont donné à la fiente des oiseaux de mer qui a été déposée, dans les temps antérieurs, sur les rochers de la côte et les îles du Pérou. Les nombreuses exportations que l'on en a faites en ces derniers temps ont dérangé et chassé un grand nombre de ces oiseaux, de sorte que l'on n'a pu ramasser et conserver qu'une quantité comparativement très-petite d'excréments récents ; néamoins, en beaucoup d'endroits, il en existe d'anciens tas plus ou moins recouverts par des sables transportés et dont la décomposition est plus ou moins

---

(1) On peut se faire une idée de la valeur que l'on attribuait anciennement, en Palestine, à la fiente de pigeons, en se rappelant que, pendant le siége de Samarie, le quart d'une voiture de fiente de pigeons fut vendu pour 5 pièces d'argent. II, *Livre des Rois,* VI, 25. *(Note de l'auteur.)*

avancée. Maintenant on exploite activement ces tas pour en exporter les produits, non-seulement sur différents points de la côte du Pérou, comme cela semble s'être pratiqué à des époques très-reculées, mais aussi en Europe et principalement en Angleterre. Le guano vaut maintenant, en Angleterre, 40 francs les 100 kilogrammes.

En 1843 et en 1847, on a importé des quantités considérables de guano pris à l'île d'Ichaboé, et sur d'autres points de la côte occidentale d'Afrique; mais la qualité ne vaut pas celle du guano péruvien. Il contient plus d'eau, et sa décomposition est plus avancée. Les sources connues de cet engrais dans cette partie du monde sont maintenant épuisées, et, à l'exception de celui que l'on recueille dans la baie de Saldanha, on en trouve peu sur nos marchés. Son prix, variant suivant la qualité, est de 72 à 192 fr. les 1,000 kilog.

Le guano peut entièrement remplacer le fumier de ferme, c'est-à-dire qu'il peut seul être appliqué aux turneps et aux pommes de terre. On peut le répandre en couverture sur les jeunes blés et les herbages, ou le semer avec la semence de turneps, le mettre en terre avec les boutures de pommes de terre. Seulement on doit le mélanger, au préalable, à de la terre sèche très-fine, à du poussier de charbon de bois, ou à du plâtre. Uni à l'eau, il peut constituer un engrais liquide très-efficace. On l'applique au sol en proportions variant depuis 50 à 150, 200 et 250 kilog. par 40 ares. 150 kilog. de guano, sans addition d'aucun autre engrais, ont rendu à M. Fleming de Borachan 18,759 kilog. de pommes de terre sur 40 ares; et

250 kilog. du même engrais, unis à 7 hectol. de cendres, 52,448 kilog. de turneps jaunes.

Employé surabondamment, le guano est nuisible non-seulement aux turneps, mais encore à la récolte suivante. Ce fait est constaté d'une manière frappante par une expérience exécutée dans le comté de Ross (en 1843 et 1844) avec 200, 400 et 800 kilog. d'engrais par 40 ares.

QUANTITÉ DE GUANO.	EFFETS SUR LA RÉCOLTE DU TURNEPS.	EFFETS sur la récolte suivante de froment.
200 kilog..........	Bons turneps, 18,252 kilog.	Bon froment.
400 —	Récolte passable, 14,196 kil.	Récolte inférieure.
800 —	Végétation admirable, apparence magnifique, très-peu de racines.	Paille noirâtre, grain foncé, de la dimension du riz.

Les effets fertilisants du guano dépendent principalement de la quantité d'ammoniaque qu'il contient ou
qui peut résulter, plus tard, de sa décomposition et de
ses proportions en phosphates. De ces deux substances,
la première est la plus importante.

Le tableau suivant donne la composition de quatre
échantillons de guano, dont deux de l'Amérique du
Sud et deux de la côte d'Afrique. Ces analyses n'entrent
pas beaucoup dans les détails; mais elles suffisent pour
les besoins ordinaires, c'est-à-dire pour guider les praticiens.

	AMÉRIQUE MÉRIDIONALE.		AFRIQUE.	
	Pérou.	Bolivie.	Ichaboé.	Baie de Saldanha.
Eau....................	13,09	6,91	16,71	18,35
Matière organique contenant de l'ammoniaque....	53,17	55,52	14,61	22,14
Sel ordinaire et sulfate de soude.............	4,63	6,31	12,92	5,78
Carbonate de chaux....................	4,18	3,87	0,27	1,49
Phosphates de chaux et de magnésie...........	23,54	25,68	22,40	50,22
Matière siliceuse....................	1,39	1,71	0,52	2,02
	100,00	100,00	67,43	100,00

On ne doit pas considérer ces analyses comme de la dernière exactitude ; elles représentent, d'une *manière générale*, les différences qui existent entre les guanos d'Amérique et d'Afrique. Les cargaisons de guano venant soit de l'une, soit de l'autre de ces deux parties du monde ont des compositions qui varient au point de vue de l'analyse rigoureuse.

Le cultivateur qui veut choisir un *bon guano* doit se souvenir :

A. Que plus il est sec, plus il est bon ; il payera ainsi moins d'eau et moins de transport.

B. Plus sa couleur est claire, meilleure encore est sa qualité, car il est alors moins décomposé.

C. Si l'odeur ammoniacale n'est pas forte, elle doit se manifester lorsqu'on en jette une cuillerée dans un verre où l'on aura déposé en même temps une cuillerée de chaux éteinte.

D. Jeté dans un verre rempli d'eau et bien agité, il doit rester, après un repos suffisant et après avoir décanté, du sable fin ou de petites pierres.

E. Un bon guano contient une petite quantité relative d'eau ; ses matières organiques susceptibles de produire de l'ammoniaque doivent être en proportion de 50 à 60 pour 100, les phosphates dépasser 20 pour 100, le sel commun et le sulfate de soude 5 à 6 pour 100 du poids total.

Le guano est avantageux surtout parce qu'il est formé d'un grand nombre de substances également indispensables aux plantes ; il ne lui manque que la potasse, car on ne leur en trouve que 1 pour 100 tout au plus. C'est pourquoi son mélange avec les cendres de bois, et spécialement avec les cendres lessivées, lui donne une efficacité particulière dans les sols qui ne recèlent que peu de potasse.

Guano britannique. — Lorsqu'on s'est aperçu des succès qui résultaient de l'emploi du guano étranger, on s'est mis à rechercher les dépôts de fiente de pigeon et des oiseaux maritimes qui habitent et nichent dans les cavernes, le long de nos côtes orientales et occidentales. J'ai examiné plusieurs échantillons de ces matières, et j'ai trouvé qu'elles pouvaient servir avantageusement d'engrais aux localités situées dans le voisinage des dépôts, mais qu'elles n'étaient point assez riches pour payer les frais d'extraction et de transport à une distance considérable.

Altération du guano. — En conséquence du prix élevé du guano, du nombre des demandes, et de la facilité avec laquelle on peut tromper le cultivateur, on s'est livré à des industries qui ont pour but d'altérer cet engrais en lui ajoutant plusieurs substances étrangères. On est parvenu à vendre sous ce nom des compositions artificielles qui présentaient toutes les apparences de la matière demandée, et l'art était poussé au point que le cultivateur des districts éloignés n'aurait pu découvrir la fraude. J'ai examiné dernièrement un échantillon de ce guano prétendu; il avait été vendu et employé dans les environs de Wigtown; ses effets avaient été nuls. J'ai trouvé qu'il était formé la moitié de son poids en gypse, moitié en cendres de tourbe ou de charbon, avec un peu de sel, de sulfate d'ammoniaque, de l'urine desséchée ou de résidus de fabrique de colle forte, pour lui donner de l'odeur.

Il n'y avait pas une seule particule de guano. Cet exemple prouve que le cultivateur devrait avoir à sa disposition un procédé expéditif et peu coûteux de vérification pour tous les engrais qu'il achète.

Le guano a-t-il une action durable? telle est la question qu'adresse le cultivateur désireux de l'employer sur une grande échelle. L'expérience démontre que les effets du guano s'exercent sur deux récoltes au moins, lorsqu'il est appliqué en quantité convenable. D'un autre côté, la théorie nous apprend que, si l'action des sels ammoniacaux est plus ou moins épuisée dans l'espace d'une saison, il reste encore les phosphates et autres substances salines très-importantes, qui continuent à agir la saison suivante. Au surplus, on conçoit que la durée efficace du guano dépend du genre et de la qualité.

En général, on peut admettre que le guano, ressemblant, par sa composition, aux os, profite, comme eux, à une rotation entière. La différence qui sépare ces deux corps consiste en ce que le guano contient de l'ammoniaque toute formée ou en voie de formation, tandis que les os contiennent de la gélatine et ne produisent de l'ammoniaque qu'après une longue fermentation. Les parties ammoniacales du premier agiront donc plus tôt que celles des seconds, et les effets durables de tous deux auront leur analogie, en supposant que les quantités aient été à peu près égales de part et d'autre.

SECTION V. — De la valeur comparative des divers engrais animaux.

Les propriétés fertilisantes des engrais animaux, de même que la fertilité du sol, dépendent, en général, de l'heureuse proportion qu'ils contiennent d'un grand nombre, sinon de la totalité des substances que partout les plantes exigent pour accomplir les phases de leur végétation. Aucune de ces substances n'est donc sans avoir sa part d'influence sur les effets généraux que produisent les engrais; cependant la quantité d'azote qu'ils contiennent fournit le moyen le plus simple d'estimer leur valeur comparativement avec celle des engrais végétaux et celle qu'ils ont entre eux.

On les a classés dans l'ordre suivant, d'après la proportion d'azote qu'ils renferment, et les chiffres qui correspondent au nom de chaque engrais indiquent le nombre de kilogrammes de cet engrais qui équivalent à 100 kilogrammes de fumier d'étable ou qui produisent le même effet sur le sol.

Fumier d'étable.	100
Excréments solides de vaches.	125
— — de chevaux.	73
— liquides de vaches.	91
— — de chevaux.	16
— mélangés de vaches.	98
— — de chevaux. . . .	54
— — de moutons. . . .	36
— — de porcs.	64
Chair musculaire sèche.	3

Fiente de pigeons.	5
Engrais liquide flamand.	200
Sang liquide.	15
— sec.	4
Plumes..	3
Poils de vaches.	3
Rognures de cornes.	3
Chiffons de laine secs.	2 1/2

Il est probable que les nombres marqués dans ce tableau indiquent à peu près la valeur comparative de ces différents engrais, du moins pour ce qui touche la matière organique qu'ils contiennent ; néanmoins le lecteur devra se rappeler que

1° L'engrais qui, d'après ce tableau, exerce l'action la plus puissante, par exemple les chiffons de laine, dont 2 kilog. 1/2 équivalent à 100 kilog. de fumier d'étable, peut produire sur une récolte un effet moins immédiatement sensible qu'un poids égal de fumier de moutons ou même d'urine. De pareilles substances sèches se dissolvent et se décomposent lentement, et continuent à dégager des matières fertilisantes longtemps après que les engrais plus mous et plus fluides ont perdu leur force. Ainsi, tandis que le fumier d'étable et les tourteaux de colza hâteront la croissance des turneps, les chiffons de laine agiront à une époque plus reculée et prolongeront leur végétation jusqu'en automne.

2° Outre la valeur comparative indiquée dans ce tableau, chacun de ces engrais possède aussi une autre valeur qui lui est particulière et qui dépend de la quantité et de l'espèce de matières salines et inorganiques qu'il renferme : ainsi 5 kilog. de chair fraîche équivalent à 5 kilog. de fiente de pigeons, pour ce qui concerne la matière organique ; mais la fiente de pigeons contient une quantité considérable de matières salines et terreuses dont on ne trouve que des traces dans la chair musculaire : d'où il suit que la fiente de pigeons peut servir à exciter la végétation dans des circonstances où l'action de la chair musculaire sèche serait à peu près nulle. Les excréments liquides contiennent aussi beaucoup de sels très-importants qui ne se trouvent ni dans les excréments solides ni dans des substances telles que la corne, la laine et les poils ; c'est pourquoi on ne peut pas employer, pendant longtemps et sur la même terre, un seul engrais simple, et pourquoi, en tout temps et dans tous les pays, on a pris l'habitude de se servir d'engrais mélangés et de composts artificiels.

Quand, au lieu d'engrais mixtes, on se sert d'engrais simples, on est obligé de changer d'espèce au bout d'un certain temps. Il faut alors adopter une *rotation* d'engrais, afin que le concours successif de deux ou trois espèces puisse donner à la terre les substances qu'une seule ne pourrait lui fournir.

SECTION VI. — Distinction naturelle ou différence qui existe entre les engrais animaux et les engrais végétaux. — Cause de cette différence.

En quoi les engrais animaux diffèrent-ils des engrais végétaux ? quelle est la cause de cette différence et comment la valeur des matières végétales est-elle augmentée par la digestion?

1° Le point qui établit une différence caractéristique entre les engrais animaux et les engrais végétaux, c'est que les premiers contiennent une bien plus grande quantité d'azote que les seconds. On peut facilement vérifier ce fait, en comparant entre eux les tableaux donnés dans les deux sections précédentes, où les chiffres représentent la valeur agricole de certaines substances animales et végétales comparées avec du fumier d'étable. Les nombres les moins forts représentent la plus forte proportion d'azote; ils correspondent toujours aux substances animales les plus pures.

2° C'est à cause de la grande quantité d'azote qu'elles renferment que l'on peut encore distinguer les substances animales à la rapidité avec laquelle elles se décomposent et se putréfient quand elles sont humides. Pendant cette décomposition, l'azote qu'elles contiennent se transforme graduellement en ammoniaque, substance facile à reconnaître par l'odorat, et qui se volatilise facilement, si on ne prend pas les précautions nécessaires pour la conserver. De là cette perte qu'on éprouve à laisser fermenter trop longtemps les fumiers et à ne pas empêcher le dégagement des substances volatiles; et, comme on trouve que les engrais animaux sont moins efficaces quand ils ont trop fermenté ou qu'on les a laissés perdre leur ammoniaque, il est raisonnable de conclure que c'est à l'ammoniaque que l'on doit attribuer la puissance de leur action quand ils ont été bien préparés.

Les débris végétaux ne se décomposent pas aussi

rapidement; pendant la fermentation ils ne répandent pas une odeur d'ammoniaque, et, lors même qu'ils ont été préparés avec le plus grand soin, ils ne produisent pas sur la végétation un effet aussi remarquable que presque toutes les substances d'origine animale.

3° D'où les substances animales tirent-elles tout cet azote? Les animaux ne vivent que de productions végétales peu azotées : serait-ce à cette source seule qu'ils puisent tout l'azote dont ils ont besoin? L'acte de la digestion produit-il quelque altération chimique sur la nourriture des animaux, puisque leurs déjections constituent un engrais plus puissant, plus riche en azote que les substances dont ils se nourrissent? La théorie peut-elle jeter quelque lumière sur l'opinion que les praticiens ont conçue à ce sujet?

Ces deux questions, distinctes en apparence, s'expliquent par une courte allusion à un principe naturel bien connu.

Les animaux doivent nécessairement remplir deux fonctions vitales, la respiration et la digestion : toutes deux sont également importantes à l'entretien de leur santé et de leur bien-être. L'estomac reçoit la nourriture, il la dissout, en extrait ce qui convient le mieux et verse dans le sang la partie qui en a été séparée.

Les poumons tamisent le sang ainsi mélangé avec la nourriture nouvellement digérée, y combinent de l'oxygène et en retirent du carbone qui, sous forme d'acide carbonique, est rejeté dans l'air par la bouche et les narines

D'après cette description générale de ces deux grandes fonctions, il n'est pas difficile de découvrir leur effet sur la nourriture qui reste dans le corps et qui doit en être rejetée.

Supposons un animal parfaitement développé ; prenons, par exemple, un homme arrivé au terme de sa croissance : toute la nourriture qu'il prend est destinée à renouveler ou à réparer son système, à remplacer ce qui se détache, chaque jour, de son corps sous l'influence de causes naturelles. *Tout ce qui entre dans le corps d'un animal parfaitement développé doit en sortir* sous une forme quelconque. La première partie de la nourriture qui est rendue est cette portion de carbone qui s'échappe des poumons pendant la respiration. Le poids de cette portion de carbone n'est pas le même dans chaque individu ; il varie principalement suivant la quantité d'exercice que l'animal prend. La quantité moyenne du carbone rejeté par un homme s'élève, dans un jour, à environ 155 grammes, bien qu'en temps d'exercice violent le produit de l'expiration varie, pour l'acide carbonique, en 404 et 476 gr. de carbone.

En supposant qu'un homme consomme, en vingt-quatre heures, 560 grammes de pain et 380 grammes de bœuf, et que, pendant ce temps, il rejette par la respiration 250 grammes de carbone, nous trouvons qu'il a absorbé, dans sa nourriture, 290 grammes de carbone et 30 grammes d'azote ; par la respiration il a rejeté 250 grammes de carbone et peu ou pas d'azote ; il reste donc à être convertis en nourriture, ou à être rejetés comme excréments, 60 grammes de carbone et 30 grammes d'azote.

Nos deux conclusions sont donc claires. La nourriture végétale a perdu, par la respiration, une grande partie de son carbone, qui a été rejetée dans l'air, et presque tout l'azote est resté. Dans la nourriture qui a été consommée, la proportion de carbone était à celle de l'azote comme 9 est à 1 ; dans celle qui reste après que l'acte de la respiration a eu lieu, le carbone est à l'azote dans la proportion de 2 à 1 seulement.

De ce résidu, *riche* en azote, sont formés tous les organes qui constituent le corps des animaux. Ceci nous explique pourquoi le corps d'un animal, bien qu'il renferme une grande quantité d'azote, peut être formé de substances qui en elles-mêmes ne contiennent qu'une faible proportion d'azote.

C'est encore ce même résidu qui, après avoir satisfait à tous les besoins de l'économie animale, est rejeté au dehors sous forme d'excréments solides et liquides; ce qui nous explique comment il se fait que les déjections des animaux contiennent plus d'azote et sont plus riches, comme engrais, que les substances qui constituent leur nourriture.

Je ferai encore deux autres remarques qui pourront être de quelque utilité aux praticiens.

1° L'engrais provenant des déjections d'une vache n'est pas aussi riche en azote que celui qu'on retire des excréments humains, parce qu'une vache à l'étable, malgré que son volume soit assez considérable et qu'elle consomme une grande quantité de nourriture, ne rejette pas, par la respiration, beaucoup plus de carbone qu'un homme actif parvenu au terme de sa croissance. Poids pour poids, les excréments secs d'une vache sont plus riches que sa nourriture; mais, si on compare le poids de carbone que rejette la vache avec celui qui s'échappe des poumons de l'homme, on verra que la richesse acquise des excréments de la vache ne sera pas dans la même proportion que si elle rejetait une quantité de carbone plus en rapport avec le volume de son corps.

2° Puisque, dans un animal, le sang, les muscles, les tendons et la partie gélatineuse des os contiennent beaucoup d'azote, les jeunes bêtes qui grandissent doivent s'approprier et transformer en chair et en os une portion de l'azote contenu dans la nourriture qui n'a pas été rejetée par la respiration; mais plus ils s'approprient, moins ils donnent : aussi est-il naturel de supposer que l'engrais recueilli dans une étable où l'on élève de jeunes animaux ne sera pas aussi riche que celui qui provient d'animaux entièrement développés. J'ignore jusqu'à quel point on a observé dans la pratique que cette différence avait lieu; mais on doit en quelque sorte s'y attendre, à moins qu'en donnant aux jeunes animaux une nourriture plus riche on établisse la compensation.

SECTION VII.—Amélioration du sol par le pâturage des moutons.

Le pâturage des moutons est une pratique que les considérations précédentes ont commencé d'expliquer. Elle est adoptée en différents endroits sous des points de vue différents.

1° Sur les sols sablonneux, comme dans le Norfolk, on fait consommer sur place une partie ou la totalité de la récolte des turneps, pour faire piétiner et raffermir la terre, et la rendre ainsi plus convenable à la production de l'orge qui doit suivre. Le résultat cherché consiste donc en une modification purement mécanique.

2° Quand le sol n'est pas trop léger, on fait encore pâturer les moutons pour le fumer plus régulièrement et plus complétement. L'effet est encore mécanique, car on pourrait arracher les racines, les transporter à la ferme, les y faire consommer, en ramener les engrais, et les répandre ensuite à bras; mais on évite tous ces détails coûteux et on remplit mieux le but.

5° Indépendamment de ces raisons, le pâturage des moutons est éminemment favorable au sol, parce qu'il convertit immédiatement en un riche engrais des produits végétaux; cet engrais contient, poids pour poids, plus de matière azotée et saline, et exerce, par conséquent, un effet plus rapide et plus puissant sur les récoltes suivantes. Sous ce rapport et en supposant, d'ailleurs, de bonnes conditions, on ne pourrait assez recommander un mode de culture aussi avantageux.

4° Mais le fumier est plus riche, parce que la respiration de l'animal diminue une forte portion du carbone renfermé dans les fourrages. Ce fait éclaire dans une certaine mesure la question que s'adresse tout fermier qui veut relever une terre épuisée. Si je sème une récolte verte, — colza, sarrasin, seigle ou herbe, — ferai-je mieux de la faire consommer par les moutons ou de l'enfouir à la charrue? Je suis indécis sur les résultats de l'enfouissement, mais je suis certain qu'en faisant consommer je pourrai donner à la terre une bonne fumure. En pratique, j'hésiterai ; mais, si je m'adresse à la théorie, j'aurai une réponse plus distincte. Quand *le but unique* consiste à améliorer le sol, il faut enfouir en vert. De cette manière, on conserve et l'on utilise le carbone, qui, autrement, serait dissipé par les poumons de l'animal ; et le carbone a une grande valeur pour améliorer les terrains pauvres, légers, sablonneux, dépourvus de débris organiques.

Mais si l'amélioration du sol n'est pas le but unique, si en même temps on veut tenir des bêtes à laine, alors il est d'une bonne culture de faire consommer par un *bétail arrivé à toute sa croissance et en voie d'engraissement.* Par ce moyen le sol s'améliorera moins vite que par l'autre, il s'écoulera un plus long temps avant que l'on puisse semer du froment ; mais son amélioration sera sûre et graduelle.

Nous verrons, dans le dernier chapitre, pourquoi il faut tenir, sur ces terres, des bestiaux à l'engrais et non de jeune bétail.

CHAPITRE XI.

ENGRAIS SALINS ET MINÉRAUX.—SELS D'AMMONIAQUE.—AMMONIAQUE LIQUIDE, CHLORHYDRATE ET SULFATE D'AMMONIAQUE.—CARBONATES, NITRATES, ET SILICATES DE POTASSE ET DE SOUDE.—SULFATES DE POTASSE ET DE SOUDE. — SULFATE DE MAGNÉSIE. — SULFATE DE FER. — GYPSE. — SEL COMMUN. — CENDRES DE BOIS, DE PAILLE, DE CANNE ET DE TOURBE. — ENGRAIS SPÉCIAUX. — VALEUR LOCALE DES ENGRAIS SALINS. — CIRCONSTANCES NÉCESSAIRES POUR ASSURER LEUR SUCCÈS. — ENGRAIS SALINS MIXTES, LEUR EFFICACITÉ SUPÉRIEURE.—FABRICATION DE GUANOS ARTIFICIELS.

En parlant de la nécessité de l'azote et de la nourriture organique pour les plantes, comme aussi de l'espèce de nourriture inorganique qu'elles demandent, nous avons fait comprendre en quelque sorte quels étaient la nature générale et le mode d'opération de ces substances salines et minérales considérées comme engrais. Nous allons compléter ce que nous n'avons fait qu'entrevoir, par un examen rapide des plus importants engrais de cette catégorie, de leur usage, de leur mode d'action et de la théorie des effets observés.

SECTION PREMIÈRE. — Sels ammoniacaux.

Il a déjà été question de la valeur de l'ammoniaque

comme engrais : l'ammoniaque existe dans tous les engrais animaux en fermentation, et se trouve conséquemment en application constante même dans les localités les moins avancées en agriculture ; cependant on a récemment commencé à l'employer sous des formes différentes, sans mélange avec d'autres substances, et avec un avantage manifeste pour les récoltes.

1° *Ammoniaque liquide.* — C'est une eau riche en ammoniaque, provenant de la distillation du charbon pendant la fabrication du gaz d'éclairage : elle a plusieurs degrés d'intensité et doit être étendue d'eau en proportions diverses, lorsqu'on veut la répandre sur les terres ; souvent elle contient assez d'ammoniaque pour donner, saturée avec du chlore, jusqu'à 0 kil. 75 de chlorhydrate d'ammoniaque par 4 lit. 54.

On peut se servir avec succès de cette liqueur ammoniacale en la répandant, au moyen de tonneaux, sur les prairies, après l'avoir étendue d'eau de trois à cinq fois son volume. Si elle est trop forte, l'herbe sera brûlée, surtout à l'entrée des sécheresses ; mais une bonne pluie fait revivre la végétation avec une force toute nouvelle.

Sur les terres arables, l'ammoniaque liquide peut être utilisée soit répandue sur les jeunes céréales, soit desséchée par quelque matière poreuse, et mise en terre avec les pommes de terre et les turneps. Un de mes amis, cultivant dans le comté de Northampton, m'écrit que 9 hectol. de cette liqueur ammoniacale par 40 ares, absorbés avec de la sciure de bois, lui ont donné à eux seuls une excellente récolte de turneps. Néanmoins il ne faut pas croire que cet engrais maintienne le sol en état convenable ; on devrait mêler à la sciure de bois saturée d'ammoniaque une certaine proportion de poussière d'os ou, sinon, fumer, plus tard, les blés en couverture avec du tourteau de colza, du guano, des os. Dans le cas où le terrain aurait reçu depuis longtemps de cette dernière substance, on se servirait de sciure de bois, seule ou mélangée, pendant une rotation, avec des cendres de bois ou de tourbe.

La liqueur ammoniacale favorise également la fermentation des composts à base de tourbe, de sciure de bois et autres ; on l'ajoute aussi au fumier ordinaire ou aux engrais liquides.

Elle détruit la mousse des pâturages anciens pour plus longtemps que la chaux.

2° *Carbonate d'ammoniaque.* — Se trouve dans les eaux des usines à gaz, et rend, étendu d'eau, beaucoup de services à la végétation peu avancée ; son prix est malheureusement trop cher.

3° *Chlorhydrate d'ammoniaque.* — C'est un corps également avantageux. Le prix du sel, qui est un des agents de sa fabrication, est trop élevé pour qu'on puisse l'employer économiquement en agriculture.

4° *Sulfate d'ammoniaque.* — On le fabrique à un prix relativement moins élevé, 384 fr. les 1,014 kilog. Ce sel est d'une application spécialement favorable sur les terrains inertes, contenant beaucoup de matières végétales non décomposées, et sur ceux qui sont naturellement riches en phosphates. Uni aux os, au tourteau de colza ou aux cendres de bois, il sert à fumer des lignes de turneps et de pommes de terre. A l'état liquide et répandu, au printemps, sur les blés maladifs, il leur donne une vigueur nouvelle.

On cite un cas dans lequel un champ pour froment a été fumé en partie avec du fumier de ferme et en partie avec 75 kilog. par 40 ares de sulfate d'ammoniaque. Pour la première, le produit, par 40 ares, a été de 8 hectol. 72 ; pour la seconde, de 12 hectol.

5° *Immersion des semences dans les sels ammoniacaux.* — Les sels d'ammoniaque, surtout les chlorhydrates et les sulfates, ont été fortement recommandés pour tremper les semences de blé. Dans un grand nombre de cas, ils ont hâté la germination et favorisé la richesse de la végétation. A ce sujet, on cite un exemple de semences de froment qui, trempées dans le sulfate d'ammoniaque au 5 juillet, avaient tallé, le 10 août, en neuf, dix et onze jets de vigueur presque égale, tandis que la semence non préparée n'avait pas tallé en plus de deux, trois et quatre jets.

Le chlorhydrate a la même influence : on le prépare, dans les hautes Indes, en faisant chauffer ensemble des excréments de chameau et du sel marin ; il sert, dans les plaines, à tremper les semences.

Toutefois on a remarqué que les sels d'ammoniaque ne pouvaient pas seuls amener une plante à maturité parfaite ; ils hâtent son développement, *quand le sol satisfait à tous les autres besoins.* Mais, quand ces conditions ne sont pas remplies, le dépérissement ne tarde pas à succéder à une première apparence de vigueur.

SECTION II. — Sels de potasse, soude, magnésie et fer.

1° *Carbonates de potasse et de soude.* — Les cendres perlées et la soude du commerce n'ont pas été beaucoup employées, en agriculture, dans l'état où elles sont vendues ; cependant ces deux sels favorisent éminemment la croissance des fraisiers, et l'on peut maintenant obtenir le carbonate de soude à assez bon marché (30 fr. les 100 kilog.) pour les essayer, comme engrais en couverture, sur le trèfle et les prairies, particulièrement sur celles qui sont vieilles et infestées par les mousses. Cet essai présente beaucoup de chances de succès. Le sel doit être dissous dans une grande quantité d'eau et répandu avec des voitures à tonneaux.

Mélangé, à raison de 50 kilog. par 40 ares, avec de la poussière, du tourteau de colza ou du guano, il agit favorablement sur les turneps et les pommes de terre.

Le carbonate de soude, sous la forme de cendres de soude, sert à annuler les ravages de la courtilière et à la détruire. On le sème avec le froment avant l'hiver, ou bien on le répand au printemps sur les blés et les avoines attaqués.

2° *Nitrates de potasse et de soude.* — C'est avec raison que l'on a recommandé l'emploi du salpêtre et du nitrate de soude ; l'action qu'ils exercent sur la végétation en général, et particulièrement sur le développement des jeunes plantes, est fort avantageuse. Les plantes arrosées avec une solution de ces sels se distin-

guent par la magnifique couleur vert foncé qu'ils communiquent aux feuilles. On peut appliquer les nitrates
de soude et de potasse sur les plantes fourragères et
les jeunes céréales, en doses de 100 à 125 kilog. à
l'hectare; on prétend même que les jeunes sapins en
sont bénéficiés. L'acide nitrique, qui est combiné avec
les bases, fournit de l'azote aux plantes, tandis que
la potasse et la soude se trouvent à portée de leurs racines, et, sans aucun doute, jouent un rôle fort avantageux pour la plante.

Sur les terres riches en phosphates et semées en froment, le nitrate de soude se montre très-efficace.

3° *Sulfate de potasse.* — Ce corps est très-utile, surtout aux récoltes de racines et de légumineuses. Son
prix, un peu trop élevé, varie de 288 fr. à 480 fr. le
1,014 kilog.

4° *Sel de cuisine.* — Il possède, dans certaines localités, des propriétés très-fertilisantes. Toutes nos plantes cultivées ont besoin d'une petite quantité de sel pou-
bien se développer. Mais c'est surtout dans l'intérieu-
des terres, dans les situations abritées, et sur les hauteurs souvent délavées par les pluies, que les effets du
sel sont appréciables. Plusieurs districts, situés à une
assez grande distance de la mer, reçoivent, chaque année, une fumure en sel bien suffisante, par l'intermédiaire des vents maritimes. A Penicuik, la pluie contient une si forte quantité de matières salines, qu'-
elle seule elle en fournit annuellement près de 320 kil-
par 40 ares.

Partout où le sel est d'une application favorable, on
a trouvé moyen de l'augmenter par l'addition de l-

chaux vive, dans la proportion de 4 à 5 parties de chaux pour 1 partie de sel. Un autre moyen d'unir ces deux substances consiste à fuser la chaux avec de l'eau contenant du sel en solution ou avec de l'eau de mer.

5° *Sulfate de soude* ou *sel de Glauber*. — Il a été dernièrement recommandé en Angleterre pour le trèfle, les plantes fourragères et les récoltes vertes. Mélangé avec le nitrate de soude, cet engrais donne de magnifiques récoltes de pommes de terre.

Ailleurs, employé pur, il favorise les récoltes de turneps. M. Girdwood a trouvé que 75 kilog. de ce sulfate par 40 ares, répandus dans les lignes par-dessus les autres engrais, ajoutaient à sa récolte de fèves 6 hect. par 40 ares. Mais ce n'est que sur une terre déjà riche qu'une substance saline pure peut produire d'aussi beaux résultats.

6° *Silicates de potasse et de soude*. — La potasse et la soude, fondues ensemble avec du sable siliceux, forment un sel vitreux soluble dans l'eau. Ce sel est efficace sur les pommes de terre; on le recommande comme tous les silicates, pour donner de la résistance aux pailles de nos céréales.

7° *Sulfate de magnésie* ou *sel d'Epsom*. — On pourrait l'utiliser en agriculture en l'appliquant sur le trèfle et les jeunes céréales. Il est facile de l'obtenir en cristaux purs au prix de 12 fr. les 100 kilog., ou en cristaux impurs, dans les fabriques d'alun, à un prix bien moins élevé. Il a eu des effets très-avantageux, lorsqu'on l'a répandu en couverture sur les jeunes blés et sur les pommes de terre. Quand le sol manque de magnésie, on peut être certain de son efficacité.

8° *Sulfate de fer*. — Le vitriol vert ordinaire, appliqué en solution légère, fortifie les plantes, et leur communique une couleur plus foncée. Les expériences sur son emploi ont besoin d'être répétées.

SECTION III. — Sulfate et phosphates de chaux.

1° *Sulfate de chaux* ou *gypse*. — En Allemagne, on l'emploie avec succès, pour les prairies, sur de vastes étendues de pays. Dans le midi de l'Angleterre, on l'a également appliqué aux herbages à raison de 112 kil. par 40 ares, pendant trente-cinq années consécutives, sans que ses effets aient diminué. Il remplace la chaux et l'acide sulfurique annuellement enlevés par la récolte. Dans les Etats-Unis d'Amérique, on s'en sert pour fumer toute espèce de récolte : il convient particulièrement au trèfle et aux légumineuses. Chacun de ces trois sels fournit du soufre aux plantes, qui s'approprient directement une partie de la chaux, de la soude et de la magnésie; tandis que le reste sert à préparer d'autres aliments ou à les faire passer dans la séve ascendante.

Bien qu'il n'y ait aucun doute que les sels dont nous venons de parler ou d'autres substances analogues soient réellement utiles, le lecteur ne devra pas s'étonner d'entendre dire ou d'apprendre, par sa propre expérience, qu'en telle ou telle localité la terre ne s'est pas ressentie avantageusement d'une fumure avec telle ou telle substance minérale. Quand un maçon a autour de lui autant de briques qu'il lui en faut, on devra lui apporter du mortier pour qu'il puisse continuer son ouvrage ; de même, si une terre contient naturellement une assez grande abondance de gypse ou de sulfate de magnésie, c'est une prodigalité à la fois absurde et inutile que de chercher à l'améliorer en y ajoutant une nouvelle quantité de ces substances ; et il est encore plus absurde de conclure qu'il n'est pas probable que l'emploi de ces mêmes sels dans d'autres localités réussisse à un expérimentateur patient.

2° *Phosphates de chaux*. — (a) *Os brûlés*. — Les os brûlés à feu nu diminuent de moitié en poids et laissent, comme résidu, une matière blanche, terreuse, connue sous le nom de *terre d'os*, qui consiste principalement en *phosphate de chaux*.

On sait par expérience que les os forment un excellent engrais, et comme nos plantes cultivées, nos céréales surtout, contiennent beaucoup d'acide phosphorique, on a conclu avec raison qu'une partie de cette substance était due à la terre d'os présente dans le sol. De là, la rcommandation si souvent répétée d'employer les os brûlés.

(b) *Phosphate de chaux natif*. — On rencontre du phosphate de chaux à l'état natif dans quelques contrées, surtout en Espagne. Il produit de bons effets sur le sol ; mais les dépôts en sont trop peu considérables pour qu'il puisse devenir un article avantageux d'importation. Récemment on l'a découvert en grande quantité dans les formations du crag et du grès vert de l'Angleterre. On l'extrait pour le livrer à l'agriculture. Le phosphate de chaux est aussi contenu en proportions variables dans le carbonate de chaux ordinaire. J'ai trouvé dans de la chaux calcinée de Carluke, remplie de fossiles, 2 1/3 pour 100 du phosphate de chaux, de sorte que chaque millier de kilogrammes de cette chaux, répandu sur le sol, lui donne autant de phosphate de chaux que 0 hectol. 73 d'os.

(c) *Surphosphate de chaux.*— Les os calcinés, digérés dans de l'acide sulfurique étendu de trois fois son volume d'eau, produisent du plâtre (sulfate de chaux) qui se précipite, tandis que l'acide sulfurique et une partie de la chaux restent en suspension dans le liquide. Si l'on évapore ce liquide jusqu'à siccité dans un vase à part, il laisse une poudre blanche connue sous le nom de *surphosphate de chaux*, et qui se vend pour engrais. Comme les os brûlés ordinaires, incorporés au sol, se dissolvent très-lentement, et que le phosphate acide ou surphosphate de chaux a la propriété contraire, il est probable que ce dernier est plus facilement absorbé par les racines, et qu'il détermine dans la végétation un développement plus rapide. Il se vend au prix de 168 fr. les 1,000 kilog.

On a fait, pendant ces trois dernières années, un grand nombre d'essais avec le surphosphate, et l'on a obtenu des effets remarquables sur les turneps et sur les céréales. Dans ce dernier cas, il est répandu en couverture. Celui qui est vendu par les fabricants varie beaucoup en composition, et souvent est falsifié. Le surphosphate de première qualité provient de poussière pure d'os dissous dans l'acide sulfurique. Le phosphate natif découvert dans les couches du crag et du grès vert se dissout de même dans l'acide sulfurique.

SECTION IV. — Cendres de plantes marines, de bois, de paille, des balles d'avoine, de la canne à sucre, de tourbe et de charbon.

1° *Caillotis*. — Rigoureusement, on ne devrait pas classer le caillotis parmi les substances minérales, puisqu'il se compose des cendres qui proviennent de la combustion du goëmon; cependant, comme il participe de la nature des minéraux, nous pouvons en dire quelques mots ici. Le caillotis renferme de la potasse, de la soude, de la silice, du soufre, du chlore et quelques autres principes inorganiques des plantes, qu'elles exigent comme aliments. A l'exception de la matière organique, qui disparaît pendant la combustion, le caillotis contient les mêmes substances que le goëmon, dont les effets sont si remarquables. Dans les îles occidentales de la Grande-Bretagne, on a coutume de brûler à demi ou de charbonner le goëmon; par ce procédé, on l'empêche de se dissoudre et on l'obtient sous forme d'une poudre noire fine. En employant de l'engrais ainsi préparé, on doit combiner l'action fertilisante des sels contenus dans le caillotis, avec les propriétés remarquables que possèdent le charbon animal et le charbon végétal. Dans l'île de Jersey, le goëmon est desséché pour être employé comme combustible dans les ménages; on considère les cendres qui en proviennent comme très-efficaces pour détruire les vers.

2° Les *cendres de bois* contiennent, entre autres matières, de la cendre perlée impure, avec du sulfate et du silicate de soude. Ces sels ont une grande valeur comme engrais et comme stimulants; de là l'usage considérable que l'on fait des cendres de bois, comme engrais, dans tous les pays où l'on peut facilement se les procurer. Les cendres de bois conviennent principalement au trèfle, aux haricots et aux autres légumineuses.

Mêlées à un volume égal d'os, elles sont employées fréquemment comme engrais pour les turneps. Sur quelques terrains elles ont, à l'état pur, augmenté fortement la récolte des pommes de terre. En Perse on fait toujours tremper, pendant vingt-quatre heures, les semences de froment et de melon dans un lit de cendres de bois.

3° *Cendres lessivées*. — Pour obtenir la potasse du commerce on lessive les cendres de bois jusqu'à ce qu'il n'y reste plus de matières solubles, et on fait évaporer la solution jusqu'à siccité; mais il reste toujours une forte proportion de cendre qui ne se dissout pas ; et, dans les pays où l'on brûle beaucoup de bois pour fabriquer de la potasse, on obtient une grande quantité de résidus de lessive. Ces résidus contiennent du silicate, du phosphate et du carbonate de chaux, et ils exercent une action remarquable sur les récoltes d'avoine ; ils conviennent particulièrement aux terres argileuses ; appliqués en grandes doses (de 1,500 à 3,000 kilog. à l'hectare), on a vu leurs effets se faire sentir pendant quinze ou vingt ans.

4° *Cendres de paille*. — En Angleterre, on brûle rarement la paille pour en retirer les cendres; en Allemagne, il n'est pas rare que l'on brûle de la paille de seigle et qu'on emploie les cendres comme engrais en

couverture. La paille est épandue sur le sol pour sécher, on y met le feu, et les cendres sont enfouies par
un labour. Dans plusieurs contrées, aux Etats-Unis par
exemple, on brûle souvent la paille et on en jette les
cendres aux vents. Il est certain que, lorsqu'il est trop
difficile de faire fermenter la paille dans les cours, on
peut s'éviter du travail en la faisant brûler et en répandant les cendres sur le champ qui l'a produite. Le sol
se montrera reconnaissant de ce traitement.

5° *Cendres de balles d'avoine, d'orge et de riz.* —
Les balles, les mauvaises graines, et, en général, tous
les déchets du battage des grains, étant supposés dépourvus de principes nutritifs, sont presque toujours
brûlés pour chauffer les fours dans lesquels on opère
la dessiccation du bon grain. Cette combustion produit
une quantité considérable de cendres blanches ou grises.
J'ai trouvé que la balle d'avoine brûlée laissait, en poids,
5 1/2 pour 100 de cendres du poids total. Jusqu'ici les
meuniers ont négligé de les employer et les jetaient
dans le ruisseau qui fait marcher leur moulin; ils devraient, au contraire, les conserver, car elles peuvent
constituer un excellent engrais en couverture pour les
prairies, pour les jeunes blés, et surtout pour les avoines semées dans les étangs.

En Chine, dans les Indes et dans d'autres contrées
où l'on cultive le riz, on en brûle également les déchets.
Rarement les cendres sont reportées à la terre ; elles
servent, en Chine, à la fabrication de certains articles
des manufactures.

6° *Cendres de cannes à sucre.* — Les mêmes remarques s'appliquent aux cendres de cannes à sucre. Quand

les cannes ont été broyées et privées·de leur sucre, on les utilise pour cuire le sirop ; les cendres qui résultent de la combustion abondent en silicates, sans lesquels la canne à sucre ne peut croître avec vigueur. Sans avoir moi-même visité nos plantations des Indes occidentales, je peux, avec sécurité, avancer l'opinion que l'épuisement du sol dont se plaignent les planteurs doit être, en grande partie, attribué à la perte de ces cendres, et que, s'ils les ramassaient soigneusement pour les restituer au sol, ils pourraient se dispenser de faire d'aussi fortes importations d'engrais étrangers.

7° *Cendres de Hollande*. — C'est le produit de la combustion de la tourbe qu'on brûle pour en appliquer les cendres au sol. Leur composition varie suivant l'espèce de tourbe dont elles proviennent : elles renferment souvent des traces de potasse et de soude ; en général, elles contiennent aussi une certaine proportion de gypse et de carbonate de chaux, une trace de phosphate de chaux et beaucoup de matières siliceuses. Dans tous les pays où la tourbe abonde, on a plus ou moins généralement reconnu la valeur des cendres de tourbe comme engrais.

Les analyses suivantes de deux échantillons de cendres retirées du marais de Paisley, et de deux autres échantillons provenant de l'île de Lewis, ont démontré la valeur qu'on pourrait leur attribuer, et en même temps les différences de qualités de cendres obtenues dans le même endroit.

(*a*) Cendres du marais de Paisley.

	Cendres blanches.	Cendres noires.
Charbon de bois...............	54,12	3,02
Sulfates et carbonates de potasse, de soude et de magnésie..........	6,57	5,16
Alumine.	2,99	2,48
Oxyde de fer................	4,61	18,66
Sulfate de chaux.	10,49	21,23
Carbonate de chaux............	8,54	3,50
Phosphate de chaux...........	0,90	0,40
Matières siliceuses............	10,88	43,91
	99,10	98,36

On observera que le premier échantillon de cendres contient plus de la moitié de son poids de charbon non brûlé, et que, malgré cela, il est plus riche que le second, à poids égal, tant en sels solubles qu'en phosphate de chaux, substances de la plus haute valeur. La cause de cette différence provient de ce que cette cendre est produite par des matières végétales plus rapprochées de la surface du sol, et, par conséquent, moins décomposée.

(*b*) Cendres de l'île de Lewis.

Chlorure de sodium............	0,41	0,29
Phosphate de chaux...........	2,46	6,51
Sulfate de chaux.............	28,66	16,85
Sulfate de magnésie...........	1,68	2,01
Magnésie.	6,32	5,86
Potasse et soude (à l'état de sili-	5,32	3,59
Alumine. ..... (cates et de carb.)	11,63	7,54
Oxyde de fer...............	9,18	6,58
Silice soluble dans la potasse caustique.............	15,55	28,58

Matières siliceuses et sables insolubles.	7,94	14,20
Acide carbonique, charbon de bois et pertes.	10,85	7,99
	100,000	100,00

Ces deux échantillons présentent d'autres différences : outre les matières alcalines et le plâtre ou gypse que l'on y rencontre, elles contiennent une proportion plus considérable de phosphate de chaux que les premières cendres que nous avons analysées. De plus, nous devons encore remarquer qu'ici la silice est soluble, ce qui leur donne une efficacité particulière sur les terres à herbages et sur les champs de céréales.

On emploie souvent les cendres de tourbe à l'état pur et avec succès dans la culture des turneps ; mais leur action dépend de la composition respective de ces cendres.

Dans le comté de Lancaster, on considère les cendres à moitié brûlées comme ayant une action double de celles qui le sont entièrement.

8° Les cendres de charbon se composent d'alumine et de silice unies à une proportion variable de gypse, de carbonate de chaux, de phosphate de chaux et d'oxyde de fer.

SECTION V. — **Pourquoi les engrais salins sont nécessaires au sol.**

L'emploi des substances salines comme engrais est d'une introduction comparativement récente. Dans beaucoup de localités, ces substances sont indispensables, si l'on veut maintenir la fertilité de la terre, ou si l'on veut restaurer un sol épuisé. Ce fait va ressortir des considérations suivantes :

1° Les substances salines existent dans toutes les plantes ; il faut, par conséquent, qu'elles préexistent dans le sol sur lequel ces plantes doivent croître.

2° Les pluies les dissolvent et les entraînent loin des terres arables, surtout dans les districts intérieurs ; il faut donc que cette perte soit réparée d'une manière ou d'une autre, si l'on veut que la terre reste dans les mêmes conditions.

3° D'un autre côté, les récoltes que nous enlevons pour notre usage prennent à la terre une autre partie de ces matières salines ; second appauvrissement qu'il faut réparer.

4° Quoique nous rapportions au sol, sous la forme d'engrais de ferme, toute la paille des céréales que nous avons récoltées, et tout le fumier de nos bestiaux, il n'en perd pas moins les substances qui restent dans les denrées portées au marché, et celles qui s'échappent des cours d'exploitation et des dépôts de fumier sous forme liquide. Là même où ce liquide est recueilli dans des citernes, on ne peut pas dire que le cultivateur conserve et rapporte à ses champs la totalité des substances salines absorbées.

Cette perte nécessaire provenant des causes sus-énoncées doit donc être couverte. Quand, après un long espace de temps, la terre a maintenu sa fertilité sans avoir reçu aucun secours artificiel, il faut qu'elle contienne elle-même naturellement une grande quantité de ces substances, ou bien qu'elle les reçoive soit de sources ou d'eaux provenant de terrains supérieurs, et qui les tiennent en suspension, soit des vents de mer chargés de particules salines favorables à la végétation.

D'après cela, le cultivateur praticien doit reconnaître que, si les matières salines ne sont point fournies à sa terre par l'un ou l'autre de ces agents, il faut qu'il ait recours à l'art pour y suppléer. Il comprendra également que le genre et l'espèce de ces substances doivent dépendre non-seulement des plantes qu'il cultive, mais encore de la constitution de son terrain.

SECTION VI. —Moyen de déterminer la valeur locale des engrais salins.

Pour déterminer à quel point une terre profitera de l'application de substances salines qui ont été avantageuses sur d'autres terrains ou dans d'autres localités, il faut entreprendre une série d'essais préliminaires ou de petites expériences.

On ne peut douter, d'après ce qui précède, que les engrais salins ne soient avantageux au sol; mais, en même temps, il n'est pas de cultivateur sensé qui veuille consacrer des capitaux considérables à leur emploi, sans que lui ou l'un de ses voisins, cultivant un sol semblable, ait fait quelque expérience en petit sur leur efficacité. S'il est du devoir de chacun, devoir envers son pays et envers lui-même, de se mettre au courant des procédés perfectionnés de chaque industrie respective, il est également nécessaire qu'il évite tout risque de perte pécuniaire qui pourrait lui être préjudiciable.

Supposons que je fusse sur le point d'entreprendre la culture d'une exploitation, que je voulusse la rendre aussi productive que possible en me servant de tout engrais nouveau et de toute nouvelle méthode de culture qui me paraîtrait convenable à mon terrain, je commencerais par essayer l'effet de chaque engrais ou de chaque méthode sur un seul hectare, et j'en étendrais ou j'en modifierais l'application suivant les résultats obtenus.

Parmi les engrais salins, par exemple, j'essayerais sur 1 hectare ou sur 1/2 hectare de chacune de mes récoltes, le nitrate de soude, le carbonate de soude, les cendres de bois, le sulfate de soude, le silicate de soude, le gypse, l'urine sulfatée, le guano, les sels ammoniacaux, ou un mélange de deux ou de plusieurs de ces substances. Je ne dépenserais jamais, dans le courant d'une année, que ce que je pourrais aisément sacrifier, si mes expériences devaient avorter, et je me garderais d'employer toutes ces substances sur une grande échelle, jusqu'à ce que je fusse assuré d'un espoir fondé de rémunération. Après des applications successives, les récoltes ne présentant plus d'augmentations notables, je m'arrêterais, car il serait probable que le sol aurait obtenu suffisamment de l'engrais particulièrement employé.

Ce raisonnement est, d'ailleurs, confirmé par l'expérience. L'un de mes amis, ayant répandu du sel commun sur sa terre, a obtenu une première récolte de froment de 12 hectol. par 40 ares. La même quantité de sel, appliquée sur le même terrain l'année suivante, n'a plus produit que 7 hectol. de froment. Il a conclu, d'après cela, que sa terre contenait, pour le moment, suffisamment de sel, et qu'il conviendrait d'essayer un autre engrais.

Des faits analogues ont été remarqués dans l'État de New-York : le plâtre ayant cessé d'être efficace, on a fait usage, avec succès, des cendres de bois lessivées.

Ce sont ces observations qui nous ont fourni les premières idées sur la rotation des engrais.

SECTION VII. — Circonstances nécessaires pour assurer le succès des engrais salins.

L'application des substances salines à une terre quelconque n'est pas toujours suivie d'une augmentation sensible dans la récolte. Telle substance qui, dans une localité ou dans une saison, a été avantageusement employée est restée inerte dans une saison ou une localité différentes. Pour assurer le succès des engrais salins, il faut

1° Que les terrains contiennent un ou plusieurs corps indispensables à la végétation, dans un état de combinaison qui les rende facilement assimilables ;

2° Que le sol manque plus ou moins de la substance que l'on veut appliquer;

3° Que le temps et la terre soient assez humides pour que les substances incorporées soient rapidement dissoutes et présentées aux racines;

4° Que les engrais salins ne soient pas appliqués en trop grande quantité, et ne soient pas mis en contact, sous une forme trop concentrée, avec les végétaux à peine germés : si l'eau qui baigne les racines ou les jeunes feuilles est trop fortement imprégnée de sel, ou si le temps est trop sec, la plante sera calcinée et détruite;

5° Que le sol soit suffisamment meuble pour permettre aux sels de pénétrer jusqu'aux racines, qu'il ne le soit pas trop pour que les pluies entraînent ces sels avec trop de facilité; sous ce rapport, la nature du sous-sol est d'une haute importance : quand il est imperméable, il empêche la fuite des liquides qui ont traversé un sol sablonneux ou graveleux, tandis que, au contraire, s'il est perméable, il ne retiendra que peu ou point des matériaux enfouis dans la couche superficielle;

6° Enfin que l'application des engrais salins produise les effets les plus marqués et les plus caractéristiques dans les terres pauvres et épuisées.

SECTION VIII. — Engrais spéciaux.

L'une des branches les plus intéressantes du sujet qui nous occupe est l'emploi de ce que l'on appelle les engrais *spéciaux*. On a observé que certaines substances exerçaient une action particulière.

1° *Action sur tous les végétaux indistinctement.* — L'ammoniaque favorise la croissance et maintient plus longtemps les plantes à l'état de verdure. Le nitrate de soude a les mêmes effets, tandis que la chaux, surtout dans les terres élevées et bien égouttées, hâte uniformément la maturité des grains.

2° *Action sur certaines parties des végétaux.* — On sait que les jardiniers colorent les roses en mélangeant du manganèse au sol, rougissent les hyacinthes d'ornement en dissolvant du carbonate de soude dans l'eau d'arrosage, qu'ils varient enfin la beauté et les nuances des fleurs par l'emploi du phosphate acide de soude. Ces principes sont également pratiqués en agriculture. Ainsi les engrais sont souvent saturés de matériaux destinés à agir sur la paille des céréales, lorsque cette paille est naturellement chétive, ou sur le grain, lorsqu'il est maigre et ridé. L'application au sol des silicates de potasse, de soude ou de chaux donne de la force à la paille ; celle des phosphates produit un grain lourd et d'une maturité plus hâtive.

3° *Action sur certaines variétés de végétaux.* — Il est rare que le fumier de ferme manque son effet sur quelque sol, sur quelque récolte que ce soit ; mais le gypse exerce une action particulière sur le trèfle. Les cendres blanches de bois, la chaux et les autres engrais alcalins font pousser spontanément le trèfle blanc sur les terres où il refusait de croître, même lorsqu'il était semé. Les cendres de bois lessivées sont favorables aux avoines, et le phosphate de magnésie est recommandé comme un spécifique pour les pommes de terre.

Ces faits sont dignes de remarque ; mais l'action des engrais spéciaux ne se fait pas sentir également dans tous les lieux. Ainsi les os, qui produisent des effets si étonnants dans la Grande-Bretagne, particulièrement sur les turneps et les vieux herbages du Cheshire, sont presque inertes dans quelques parties de l'Allemagne et même sur les terrains du grès vert de l'Angleterre. Ainsi le plâtre ou gypse, si préconisé en Allemagne et en Amérique, a rarement répondu aux espérances du cultivateur anglais.

SECTION IX. — Engrais salins mixtes.

Les mêmes remarques peuvent s'appliquer aux mélanges artificiels, que l'on présente comme des spécifiques pour telle ou telle récolte, ou pour toutes les récoltes en général. Les engrais naturels, animaux et végétaux sont tous des mélanges d'un nombre considérable de substances différentes, tant organiques qu'inorganiques. En composant nos mélanges artificiels nous imitons la nature, et sous ce rapport nous sommes réellement sur la bonne voie. Plusieurs substances peuvent manquer dans une terre, et pour la rendre fertile il sera nécessaire de les y ajouter toutes ; mais, si dans le sol il ne manque qu'une seule substance, il est très-probable qu'on l'apportera en répandant un mélange de plusieurs principes fertilisants.

Cependant, si nous voulons composer des engrais qui puissent nous être utiles, nous n'avons que deux moyens à notre disposition : il faut faire des expériences et rechercher la composition du sol que nous voulons améliorer, ou bien il faut imiter exactement les procédés employés par la nature et faire attention à ses exigences.

1° Ainsi, l'année dernière, j'avais recommandé l'essai du sulfate de soude (sel de Glauber) comme engrais, et M. Fleming de Barochan fit l'expérience avec un mélange de sulfate de soude et de nitrate de soude en proportions égales. Cet engrais fut employé à raison de 185 kilog. à l'hectare, et l'effet qu'il produisit sur les pommes de terre fut extraordinaire. *Les fanes avaient de 1^m,80 à 2 mètres de hauteur, et le produit en racines s'éleva à 76,125 kilog. par hectare.* Ce résultat est assez remarquable pour m'autoriser à recommander à mes lecteurs d'essayer cet engrais sur toute espèce de terre : si le sol qu'ils cultivent ressemble à celui de M. Fleming, l'expérience leur réussira parfaitement; si, au contraire, il en diffère par sa composition chimique ou que la saison ne soit pas favorable, le résultat pourra être moins beau. Bien que ce mélange puisse réussir à cinquante expérimentateurs, il ne méritera d'être considéré comme un spécifique qu'autant qu'il n'aura jamais manqué.

Le prix de la quantité de mélange, tel qu'il est appliqué sur 40 ares, s'est élevé à cette époque :

32 kil. de nitrate de soude à 20 fr. 40 les 50 kil., fr.	17,70
32 kil. de sulfate de soude sec (non cristallisé). . . .	7,50
Fr.	25,20

L'augmentation de produit causée par l'application de cet engrais aux jeunes plantes, quand elles commençaient à paraître, a été, en 1841, de 8,112 kilog., et, en 1842, de 5,070 kilog., par 40 ares.

2° L'effet du mélange, supérieur à celui des substances employées séparément, est démontré par les résultats suivants obtenus par le même expérimentateur.

Un champ destiné à être planté en pommes de terre fut fumé avec 50 mètres cubes d'engrais de ferme. Lorsque des pommes de terre, qui étaient de la variété dite *américaine hâtive*, eurent poussé à quelques centimètres de hauteur, on répandit, sur différentes parties du champ, des substances salines diverses qui, chacune, donnèrent, par 40 ares :

Engrais de ferme seul. . . . . 12,918 kil.

100 kilogr. de sulfate de soude.. 12,918

 75 kilogr. de nitrate de soude. 16,224

 62 kilogr. de sulfate ⎰ de soude mélangés.. . 18,252
 25 kilogr. de nitrate ⎱

Quoique le sulfate n'ait point augmenté le produit, il a matériellement influencé les effets du nitrate, lorsque les deux ont été appliqués. Voici encore d'autres exemples de l'action de matières salines mixtes : sur le même champ,

(*a*) 75 kil. de sulfate d'ammoniaque ont produit. 14,697
     75 kil. de sulfate de soude. . . . ⎰ mélangés 19,000
     36 kil. de sulfate d'ammoniaque. ⎱

Ailleurs,

(*b*) 75 kil. de nitrate de soude ont donné. . . . 16,224
     75 kil. de sulfate de magnésie.. 13,432
     50 kil. de chacun, mélangés.. 22,815

3° L'exemple précédent nous montre quel genre de mélange on peut recommander d'essayer, sur la foi de résultats obtenus par l'expérience ; mais nous pouvons aussi imiter la nature en composant (quand il nous est possible de le faire avec soin et à un prix raisonnable) l'un des engrais les plus estimés et qu'elle nous fournit en si grande variété.

Le guano, que nous avons déjà décrit dans un paragraphe précédent, est un engrais très-riche; mais, comme l'importation que l'on en fait dans ce pays-ci ne peut durer longtemps et que le prix élevé qu'il coûte est un grand obstacle à son emploi général, je proposerais le mélange suivant, comme devant probablement l'égaler en vertu, puisque, d'après l'analyse, il contient les mêmes ingrédients que le guano, comme devant être facile à se procurer, puisqu'on le prépare des produits de nos propres manufactures, et enfin comme devant être de moitié moins coûteux que le guano importé en Angleterre.

157 kil. de poussière d'os.	f. 22,80
50 — de sulfate d'ammoniaque.	17,40
10 — de cendres perlées, ou 40 kil. de cendres de bois.	4,80
40 — de sel commun.	1,80
10 — de sulfate de soude sec.	2,40
12 — de nitrate de soude.	6,00
25 — de sulfate cru de magnésie.	1,80
304 kil. coûtant.	**57,00**

304 kilog. de cet engrais doivent produire le même effet que 200 à 250 kilog. de guano, et coûtent beaucoup moins cher.

On a fabriqué de nombreuses variétés de ce mélange dans différentes parties de la contrée : elles ont été vendues à divers prix; quelques-uns étaient si bas, qu'ils devaient faire supposer avec raison que les mélanges n'étaient pas faits dans les proportions voulues, ou bien qu'ils n'étaient composés que de matériaux de

mauvaise qualité. Il n'est point étonnant que leur efficacité ait été diversement appréciée.

Quoiqu'il nous soit impossible de fabriquer un guano
artificiel aussi bon que le guano naturel, cependant
l'agriculture a retiré quelque avantage de la publica-
tion de notre procédé, ainsi que de son application ; le
prix du guano naturel a baissé dans une forte propor-
tion, et avec lui ceux du tourteau de colza, de la poussière d'os et de tous les autres engrais coûteux. C'est
ainsi que la chimie possède par elle-même une valeur
monétaire pour le fumier.

Cette question d'économie est secondaire relativement à celle qui procède de l'emploi d'un engrais.
Non-seulement l'engrais doit être bon, mais il doit
être à bon marché. Malheureusement, pour beaucoup
de fabricants et pour beaucoup d'acheteurs, le bon
marché est la seule chose qui soit observée ; ce qui fait
que l'on met en vente des matières d'une valeur comparativement très-petite et sans effet sensible sur la
végétation.

Pour faire un engrais peu coûteux, il faut que les
matières qui le constituent le soient premièrement.
On avait considéré d'abord les résidus des manufactures comme une source de ces matières à engrais ;
mais les demandes multipliées ont rapidement fait
croître leur prix. D'un autre côté, leur nature n'ayant
pas été suffisamment examinée, on a eu dans leur emploi beaucoup de mécomptes.

L'un des obstacles qui s'opposent le plus à l'usage
des nombreux guanos artificiels et autres engrais mixtes
offerts au public provient de ce que l'on n'a ni garan-

tie ni moyen de reconnaître la nature des parties qui les composent, leurs proportions plus ou moins rapprochées des proportions trouvées dans les engrais naturels, et enfin la bonne foi qui a présidé à leur confection.

CHAPITRE XII.

EMPLOI DE LA CHAUX EN AGRICULTURE.—COMPOSITION DE LA CHAUX, DES ROCHES CALCAIRES, DES CRAIES, DU CORAIL, DES SABLES COQUILLIERS, DES MARNES.—CALCINATION ET FUSION DE LA CHAUX, HYDRATE DE CHAUX, CHAUX FUSÉE SPONTANÉMENT. — EFFETS DE L'AIR SUR LA CHAUX VIVE.—AVANTAGES DE LA CALCINATION DE LA CHAUX; SONT EN PARTIE MÉCANIQUES, EN PARTIE CHIMIQUES.— SILICATE DE CHAUX PRODUIT PAR LA CALCINATION.—QUANTITÉS DE CHAUX ORDINAIREMENT APPLIQUÉES. — POURQUOI LE CHAULAGE A BESOIN D'ÊTRE RÉPÉTÉ.—CIRCONSTANCES QUI MODIFIENT L'ACTION DE LA CHAUX SUR LA TERRE. — EFFETS CHIMIQUES, SUR LE SOL, DE LA CHAUX CAUSTIQUE ET DE LA CHAUX DOUCE. — CE QUE L'ON ENTEND PAR SURCHAULER, COMMENT ON PEUT Y REMÉDIER.—EFFETS ÉPUISANTS DE LA CHAUX; LA CHAUX EST-ELLE NÉCESSAIREMENT ÉPUISANTE. —ÉCOBUAGE ET BRULIS. — USAGE DE L'ARGILE BRULÉE. — BRULIS A L'ÉTOUFFÉE. — EN QUOI L'ARGILE BRULÉE PROFITE A LA TERRE.—AMÉLIORATION DU SOL PAR L'IRRIGATION.—L'IRRIGATION EST UNE MANIÈRE DE FUMER. — ELLE DONNE AUX PLANTES, SOUS UNE FORME SOLUBLE, DES ALIMENTS GAZEUX, ORGANIQUES ET MINÉRAUX.

L'emploi de la chaux st de la plus grande importance en agriculture; depuis les temps les plus reculés on s'en est servi, en Europe au moins, sous l'une de ses formes, soit de coquille, de sable coquillier, de marne, de craie, de calcaire et de chaux vive.

SECTION PREMIÈRE. — Composition des roches calcaires
et crayeuses.

Quand on verse de l'acide chlorhydrique étendu d'eau
ou du vinaigre concentré sur des fragments de pierres
calcaires ou crayeuses, sur de la soude commune ou
sur des cendres perlées, il y a effervescence, et il se
dégage de l'acide carbonique. Si l'on fait passer un

courant de ce gaz à travers
de l'eau de chaux (figure),
le liquide devient laiteux, et
il se précipite une poudre
blanche, qui est du carbonate de chaux pur. Ce carbonate de chaux consiste
en

Acide carbonique	43,7 pour 100.
Oxyde de calcium	56,3
	100

1,014 kilog. de carbonate de chaux pur à l'état sec
contiennent :

Acide carbonique	441 kilog.
Chaux	573
	1,014

Les pierres calcaires et crayeuses sont, en grande
partie, composées de carbonate de chaux. Dans les
pierres tendres, les particules sont détachées les unes
des autres; dans les pierres dures, c'est le contraire.

Le cultivateur praticien doit connaître plusieurs détails très-importants au sujet des pierres à chaux et des craies; les voici :

A. Elles ne sont pas formées entièrement de particules minérales ou inorganiques, comme celles qui se précipitent après le passage d'un courant d'acide carbonique à travers l'eau de chaux. Elles contiennent quelquefois, dans une forte proportion, des coquilles, des fragments de coquilles plus grandes ou de coraux. Le calcaire bleu des montagnes renferme beaucoup de ces derniers, tandis que nos roches crayeuses sont, en grande partie, formées de coquilles et de fragments de coquilles.

B. Comme tous ces calcaires se sont constitués au fond de masses d'eau courante, on y rencontre souvent une quantité sensible de sable et de matières terreuses; aussi, quand on les traite avec de l'acide étendu d'eau, il s'en dissout une partie, mais il reste à l'état insoluble une autre partie exclusivement formée de terres. Ces matières terreuses font quelquefois 1/2 pour 100 du poids total, quoique souvent elles s'élèvent à 30 ou 40 pour 100.

C. Tous les animaux qui ont été examinés jusqu'ici renferment, dans leur organisme, des traces plus ou moins distinctes d'acide phosphorique ordinairement combiné avec la chaux et donnant naissance à du phosphate de chaux. C'est pourquoi on rencontre presque toujours ce dernier corps dans les pierres calcaires; ses proportions sont en rapport avec les restes visibles d'animaux, de coraux, de coquilles, etc., qui les constituent. J'ai trouvé dans les calcaires magnésiens du comté de Durham la proportion de phosphate de chaux égale de 0,07 à 0,15 pour 100, tandis que dans le calcaire du comté de Lanark il s'élevait à 1 1/4 pour 100.

D. Les matières organiques contiennent également du soufre, d'où la présence de l'acide sulfurique dans les craies et dans les pierres calcaires. Cet acide, combiné avec la chaux, forme du gypse. Les proportions de ce gypse que j'ai trouvées dans les craies et dans les pierres à chaux natives varient de 1/3 à 4/5 pour 100.

E. Le carbonate de magnésie (magnésie ordinaire du commerce) se rencontre invariablement dans toutes ces roches. Dans les plus pures il forme 1 à 2 pour 100 et 40 à 45 pour 100 dans les moins pures. Il caractérise les roches connues sous le nom de *dolomites* On rencontre des couches de calcaire riches en magnésie dans le vieux grès rouge. Ces variétés de calcaires ont peu de valeur en agriculture ; on ne doit les employer qu'à petite quantité, parce qu'elles brûlent le terrain.

SECTION II. — Composition du corail, des sables coquilliers et des marnes.

1° *Corail.* — Le corail tel qu'il est recueilli dans la mer, sur les côtes d'Irlande et ailleurs, contient, outre du carbonate de chaux, une faible proportion de matière animale et de phosphate de chaux ; cette matière animale ajoute considérablement à la valeur fertilisante du corail, lorsqu'il est répandu sur la terre à l'état récent ou mélangé au compost.

2º Le sable coquillier consiste en fragments de coquilles de différents volumes brisées et mélangées à une proportion variable de sable marin. On y trouve moins de matières animales que dans le corail récent, et sa valeur est souvent amoindrie par le sable qui y est mêlé et qui varie de 60 à 80 pour 100 du poids total. C'est un excellent engrais pour les terrains situés sur les flancs des collines et pour les terrains tourbeux.

3º Les marnes consistent en carbonate de chaux, ordinairement en fragments de coquilles mêlés à du sable, de l'argile ou de la tourbe en diverses proportions. Elles contiennent de 5 à 80 et 90 pour 100 de carbonate de chaux, et leur valeur en agriculture est en raison de cette proportion. La plupart sont formées par des accumulations de coquilles au fond des lacs d'eau douce qui ont été graduellement remplis par de l'argile ou du sable, ou par l'exhaussement des tourbières.

SECTION III. — Calcination et fusion de la chaux.

1º *Calcination.* — Lorsque la pierre calcaire est pure, elle est presque exclusivement composée de carbonate de chaux. Quand on met cette pierre dans un four et qu'on la stratifie avec une quantité de charbon suffisante pour que la combustion détermine une certaine température, l'acide carbonique se dégage, il reste de la chaux pure connue sous le nom de chaux calcinée, de chaux caustique, et à cet état elle a une forte tendance à se combiner avec l'eau dans laquelle elle se dissout pour former de l'eau de chaux.

2° La tendance de la chaux caustique à se combiner chimiquement avec l'eau peut se remarquer dans la fusion. Tout le monde sait que, en projetant de l'eau sur la chaux vive, celle-ci s'échauffe au point de produire de la vapeur, qu'elle se gonfle, se fend, et finit par tomber en poudre fine et ordinairement blanche, ayant un volume deux ou trois fois plus grand que celui de la chaux non fusée. Dans ce nouvel état, elle contient :

Chaux............................ 76 pour 100.
Eau. 24
                                  ————
                                  100

Quand on expose de la chaux vive au contact de l'atmosphère, même en temps sec, elle absorbe peu à peu l'humidité et tombe en poudre sans aucune addition artificielle d'eau. Dans ce cas cependant, elle ne s'échauffe pas d'une manière sensible, comme quand elle est fusée par immersion.

SECTION IV. — Changement qu'éprouve la chaux fusée lorsqu'elle est exposée à l'air: — Avantage de la chaux calcinée.

1° *Effet de l'exposition à l'air.* — Lorsque la chaux retirée du four est fusée au moyen de l'eau, elle conserve encore ses propriétés caustiques ; mais quand, après être tombée en poussière, elle reste exposée aux influences atmosphériques, elle lui prend et absorbe peu à peu l'acide carbonique et redevient du carbonate de chaux sec.

La chaux laissée simplement en contact avec l'air commence par absorber de l'eau, se fuse, tombe en poudre, et absorbe l'acide carbonique pour se changer en carbonate.

Mais, aussitôt qu'une portion de la chaux se trouve fusée, elle commence à absorber de l'acide carbonique, probablement bien avant la fusion de la masse entière ; en sorte que deux phénomènes s'accomplissent parallèlement, et la chaux que nous répandons sur nos terres contient en partie de la chaux hydratée caustique et en partie du carbonate de chaux. Sa composition est alors à peu près celle-ci :

Carbonate de chaux........................ 57,4 p. 0/0.

Hydrate de chaux . $\left\{\begin{array}{l}\text{Chaux........} \quad 32,4 \\ \text{Eau...........} \quad 10,2\end{array}\right\} 42,6$

$$\overline{100}$$

Quand elle atteint cette période, la partie à l'état d'hydrate absorbe très-lentement l'acide carbonique, ce qui fait que, lorsqu'elle est répandue sur les terres, elle met un plus long temps pour se convertir en carbonate. Après une période plus ou moins longue cependant, la totalité se sature d'acide carbonique et redevient carbonate de chaux, tel qu'on le trouve dans le calcaire natif ou dans la craie avant de les mettre au four, avec cette différence qu'elle est pulvérulente.

2° *Avantage de la calcination.* — Si la chaux revient à l'état chimique de carbonate, quels sont les avantages de la calcination? Ils sont de deux sortes, mécaniques et chimiques.

A. Nous avons vu que, en la fusant, la chaux calcinée tombait en une poudre excessivement fine présentant un volume considérable; convertie de nouveau en carbonate, elle reste à cet état de division. Par conséquent, qu'elle soit à l'état d'hydrate caustique ou de carbonate doux, on peut la répandre sur une grande étendue et la mélanger intimement au sol. Aucun procédé mécanique ne pourrait atteindre ce résultat avec autant d'économie.

B. En la calcinant, la chaux reste à l'état caustique plus ou moins longtemps, et pendant cette période exerce sur le sol et sur les matières organiques qu'il contient une action plus énergique que celle du carbonate de chaux proprement dit.

C. Les calcaires contiennent souvent du soufre en combinaison avec le fer (pyrite). Le charbon ou la tourbe avec lesquels on la calcine contiennent également du soufre. Pendant la combustion, une partie de ce soufre s'unit à la chaux pour former du gypse et lui ajoute ainsi une substance nouvelle.

D. Des matières terreuses et siliceuses se rencontrent souvent en quantité considérable dans les roches calcaires. Pendant la combustion, la silice s'unit à la chaux pour former du silicate de chaux qui, incorporé au sol, fournit plus tard à la végétation une partie de la silice dont elle a besoin.

SECTION V. — Quantités de chaux ordinairement appliquées
au sol.

La quantité de chaux vive à répandre en une seule
fois et le renouvellement plus ou moins fréquent que
l'on doit faire de cet amendement dépendent à la fois
de la classe à laquelle appartient le sol, de sa profondeur et de la culture à laquelle il est assujetti. Si le
terrain est mouillé ou mal assaini, il faudra, pour produire le même effet, répandre une plus grande quantité de chaux à la fois et renouveler l'opération plus
souvent. Quand la couche arable est peu profonde, une
légère quantité de chaux l'imprégnera bien mieux
qu'un sol ordinairement labouré à $0^m,23$ ou $0^m,29$.
Sur de vieux pâturages où les herbes les plus délicates
végètent sur un sol qui n'a guère que $0^m,06$ ou $0^m,08$
de profondeur, une légère dose de chaux plus fréquemment administrée paraît être la meilleure pratique à
observer; mais, lorsqu'on défriche ou qu'on crée des
prairies, il est souvent indispensable de chauler fortement d'abord.

Sur des terres soumises à la culture arable, on peut
chauler encore plus fortement, parce que le sol qui
environne les racines doit nécessairement être plus
profond et que les labours fréquents contribuent à
faire descendre la chaux hors de leur portée. Quand le
sol renferme beaucoup de débris végétaux, on peut,
avec avantage, chauler fortement, et c'est sur les argiles compactes qui ont été assainies que les bons effets
de la chaux se font le mieux apprécier. Il n'est pas

d'usage de répandre une grande quantité de chaux sur les sols légers, et cette pratique est fondée sur ce que les terres légères ne sont pas, en général, riches en terreau et bien mouillées. Quelques cultivateurs préfèrent, sur un sol léger, apporter la chaux sous forme de compost.

Les plus forts chaulages que l'on exécute n'altèrent pas sensiblement la constitution chimique du sol. Nous avons vu que les terres les plus fertiles contiennent naturellement de la chaux, en proportions souvent variables, mais toujours appréciables. Dans un chaulage ordinaire, quand la chaux a été intimement mélangée avec le sol, elle s'élève rarement à 1 pour 100 du poids de la couche arable. Il faut environ 272 hectolitres de chaux brûlée à l'hectare pour ajouter 1 pour 100 de chaux à un sol ayant $0^m,30$ de profondeur ; la même quantité, appliquée sur un sol de $0^m,15$ seulement, élèverait la proportion de chaux à 2 pour 100.

SECTION VI. — Pourquoi il faut chauler de nouveau.

Les modifications visibles les plus remarquables produites par la chaux sont, sur les pâturages, une herbe plus fine, plus épaisse, plus douce et plus nutritive ; sur les terres arables, la texture des argiles est améliorée, les récoltes sont plus fortes, de meilleure qualité et d'une maturité plus hâtive.

Mais ces effets vont en s'affaiblissant chaque année, jusqu'à ce que la terre revienne enfin à son état primitif. Si l'on fait l'analyse du sol, on trouve que la chaux a disparu en grande partie ou entièrement. Quand la terre en est arrivée à ce point-là, il faut chauler de nouveau, ou bien elle ne donnera que de chétifs produits qui ne laissent aucun bénéfice.

Cette disparition de la chaux provient de plusieurs causes :

1° *La chaux s'enfonce naturellement* plus lentement peut-être dans les terres arables que dans les herbages, parce que la charrue la ramène toujours à la surface ; mais il arrive un moment, même dans les terres, où elle descend hors de la portée de la charrue, en sorte qu'il devient nécessaire de chauler de nouveau la couche superficielle ou de faire un labour plus profond, capable de l'atteindre.

2° *Les récoltes enlèvent au sol une portion de la chaux.* Ainsi les récoltes suivantes, grain et paille, ou racines et feuillages compris, enlèvent respectivement :

9 hectol. de froment, environ.......	6 kil. de chaux.
14,50 hectol. d'orge.................	8
18 hectol. d'avoine	11
20,280 kilogr. de turneps..............	54
8,112 kilogr. de pommes de terre.......	20
2,028 kilogr. de trèfle rouge...........	38
2,028 kilogr. de raygrass.............	15

Ces quantités ne sont pas constantes, et une grande partie de la chaux revient sans doute au sol sous la forme de paille, de fanes et d'engrais. Cependant, malgré cette

26

restitution, cette cause détermine une certaine perte annuelle.

3° *Les pluies entraînent hors de terre le principe calcaire.* Les eaux qui tombent sur le sol contiennent de l'acide carbonique qu'elles ont absorbé dans l'atmosphère; mais l'eau chargée d'acide carbonique est capable de dissoudre le carbonate de chaux, de sorte que, d'année en année, les pluies qui coulent sur la surface ou qui s'échappent par les rigoles souterraines entraînent une portion de la chaux. Il se forme encore, par suite de la décomposition des matières végétales contenues dans le sol, des acides qui rendent une autre partie de la chaux soluble dans l'eau, et, par conséquent, susceptible d'être entraînée. Une conséquence forcée de cette action des eaux pluviales, c'est que la chaux doit être répandue plus fréquemment ou à plus fortes doses, dans les localités où les pluies sont abondantes, que dans les contrées où le climat est comparativement plus sec.

SECTION VII. — Circonstances qui modifient les effets de la chaux sur le sol.

Quatre circonstances d'une grande importance pratique pour le sujet qui nous occupe doivent être mentionnées :

1° La chaux a un effet nul ou du moins peu sensible sur les terrains dépourvus ou à peu près de matières aniques animales ou végétales.

2° Ses effets apparents sont beaucoup moins consi-

dérables pendant la première année qui suit son application que pendant la deuxième et la troisième.

3° Ses effets sont plus marqués quand elle est main-
tenue près de la surface et diminuent à mesure qu'elle
s'enfonce dans le sous-sol.

4° Enfin sous l'influence de la chaux les matières
organiques du sol disparaissent plus rapidement qu'elles
ne l'auraient fait si l'on n'avait pas chaulé. Par conséquent, les chaulages postérieurs produisent un effet
moindre en raison directe de la quantité de matières
organiques anéanties.

SECTION VIII. — Effets chimiques de la chaux caustique sur le
sol.

Les principaux effets chimiques que la chaux produit
sur le sol sont les suivants :

1° Quand on l'applique à l'état caustique, elle se
combine immédiatement avec toutes les matières acides
contenues dans le sol et, par là, elle l'adoucit. Quelques-uns des corps formés par cette combinaison,
étant solubles dans l'eau, s'introduisent dans les racines
et fournissent aux plantes de la chaux et des principes
organiques, ou bien ils sont emportés par l'eau des
sources et des pluies, tandis que d'autres composés
insolubles séjournent plus longtemps dans le sol.

2° Une portion de la chaux décompose les sels de
fer, de manganèse, d'alumine qui se forment naturellement dans le sol, et prévient ainsi leur action nuisible sur la végétation. La chaux exerce une action
analogue sur certains composés de potasse, de soude

et d'ammoniaque, s'il s'en trouve dans le sol; par là ces substances sont mises en liberté et placées à portée de la plante.

3° La présence de la chaux à l'état caustique rend plus rapide la décomposition des débris organiques renfermés dans le sol; car on a observé que, là où il y avait de la chaux pour se combiner avec les substances produites pendant la décomposition des matières organiques, cette décomposition s'opérait avec beaucoup de rapidité, si, d'ailleurs, les autres circonstances étaient favorables. Le lecteur doit se rappeler que, pendant cette décomposition, il se dégage un grand nombre de substances favorables à la végétation.

4° On sait que l'azote qui provient de matières végétales en putréfaction, de l'humus du sol est très-peu soluble et ne devient profitable, pour les plantes, qu'avec une lenteur extrême; mais l'azote, chauffé au contact de la chaux éteinte, prend rapidement entre nos mains la forme d'ammoniaque. Il est donc assez probable que la chaux vive produit dans le sol un effet semblable, bien qu'avec moins de rapidité, et par là elle hâte, comme nous l'avons dit plus haut, la décomposition de toute la matière organique, en séparant principalement l'azote, dont elle fait passer au moins une partie à l'état d'ammoniaque, qu'il est alors facile, pour les racines des plantes, d'absorber.

5° La chaux vive jouit encore de la propriété d'être soluble dans l'eau froide, et sa dissémination dans toute la couche arable se fait d'une manière d'autant plus complète que l'eau qui la tient en solution peut la transporter dans toutes les parties du sol.

SECTION IX. — **Effets chimiques de la chaux fusée sur le sol.**

Quand la chaux a absorbé de l'acide carbonique et se trouve transformée en carbonate, elle n'exerce plus aucune action sur la craie, le sable coquillier, la marne et le calcaire réduit en fragments; néanmoins elle possède l'important avantage physique d'être sous forme d'une poudre très-fine, et avec le secours de l'art il nous serait impossible de pulvériser le calcaire d'une manière aussi parfaite. Ainsi le carbonate de chaux peut être répandu dans le sol d'une manière plus uniforme et placé à portée de chaque racine, de presque chaque particule de matière végétale en décomposition. Je ne citerai que trois des principales fonctions que la chaux, sous forme de *carbonate,* peut remplir dans le sol.

1° Elle fournit directement de la nourriture aux plantes, et nous avons vu que celles-ci languissaient là où elles ne rencontraient pas de chaux; elle sert à amener aux racines d'autres principes nutritifs, sous une forme où elles peuvent servir au développement des plantes.

2° Elle neutralise toutes les substances acides à mesure qu'elles se forment dans le sol, et par là le sol est entretenu dans un état qui lui permet de nourrir les plantes les plus délicates. C'est encore un des-principaux effets que produit le sable coquillier quand on le répand sur des pâturages non desséchés. Les cendres de bois et plusieurs autres substances de la même nature exercent une action semblable.

5° Pendant la putréfaction des débris organiques dans le sol, elle facilite et excite la production de l'acide nitrique, qui, je crois, influe beaucoup sur la végétation de toutes les plantes ; elle se combine avec cet acide, formant, avec lui, du *nitrate de chaux*, sel très-soluble dans l'eau, qui, par conséquent, pénètre facilement dans les racines des plantes et exerce sur leur développement une action entièrement semblable à celle du nitrate de soude, dont l'effet est parfaitement constaté. Le succès qui s'attache à de fréquentes cultures à la houe, à la herse, à la charrue et autres instruments provient en partie de ce que ces opérations facilitent la formation du nitrate de chaux et de quelques autres nitrates naturels.

SECTION X. — Ce que l'on entend par surchauler.

On sait qu'en chaulant souvent, même des terrains compactes depuis longtemps en culture, on les rend tellement meubles, que les récoltes de froment y deviennent douteuses, et qu'elles sont sujettes à être renversées pendant l'hiver.

Sur les terrains légers, surtout sur ceux qui ont été couverts de bruyères et qui contiennent beaucoup de matières végétales, de larges doses de chaux produisent tant d'effet, que souvent elles rendent un son creux quand on les frappe, et qu'elles cèdent sous la pression du pied. Dans ce cas, la terre est dite *surchaulée* ; elle refuse de produire l'avoine et le trèfle, bien que le turneps et l'orge y réussissent parfaitement.

Désireux de déterminer la proportion de calcaire réellement présente dans les terrains amenés à cet état, je demandai et obtins de sir Georges Macpherson Grant plusieurs échantillons de terrains pris sur son domaine de Ballindalloch; leur analyse m'a donné les résultats suivants :

	PARC de Bow-Moon, sol.	PARC de Bow-Moon, sous-sol.	PARC de Miskly, sous-sol.	PARC de Sutherland, sol et sous-sol.	PARC de Carrons, sol et sous-sol.
Matière organique....................	10,29	9,54	5,65	5,73	5,23
Sel soluble dans l'eau..............	0,45	0,15	0,50	0,15	0,44
Oxyde de fer......................	2,49	3,68	0,50	0,96	2,04
Alumine..........................	1,71	2,54	1,11	1,48	1,15
Carbonate de chaux...............	1,40	0,69	1,10	0,98	0,67
Oxyde de manganèse..............	traces.	0,72	traces.	traces.	0,22
Carbonate de magnésie............	id.	traces.	id.	id.	traces.
Matière insoluble, sable...........	81,77	82,79	91,20	90,34	89,60
	98,11	100,11	100,06	99,64	99,35

Dans tous ces terrains la quantité de carbonate de chaux était moindre que celle que l'on retrouve d'ordinaire dans les terrains fertiles. J'en ai conclu que les effets attribués à la chaux n'étaient pas dus à des proportions trop considérables. Deux autres faits m'aidèrent à arriver à une conclusion rigoureuse sur ce point.

1° Les terrains avaient la réputation de produire de belles avoines, lorsqu'ils avaient été en pâturages pendant quelques années ou lorsque les turneps avaient été consommés sur place par les moutons qui avaient, par leur piétinement, consolidé le sol.

2° Les avoines et les trèfles demandent un terrain plus ferme, dans lequel ils puissent fixer leurs racines, tandis que le turneps et l'orge se plaisent dans un terrain léger et ouvert.

Le manque des turneps devait donc être attribué non à la condition chimique des terres, mais à leur condition mécanique. Ces récoltes réussiront toutes les fois qu'on aura consolidé les terres par quelques moyens, par exemple

a, en faisant toujours consommer les turneps par les moutons ;

b, en affermissant le sol trop meuble au moyen d'un rouleau pesant ;

c, en se servant, autant que possible, du cultivateur, au lieu de la charrue, afin d'éviter une division extrême provoquée par des labours trop fréquents.

Plusieurs questions restaient cependant à résoudre. Ainsi de quelle manière la chaux produit-elle ou aide-t-elle la charrue à produire cet ameublissement du sol, et comment peut-on éviter ces effets dans l'avenir ?

J'offre aux cultivateurs les considérations suivantes pour y répondre.

1° La chaux, dans quelque état qu'elle soit incorporée au sol, se convertit, après un court espace de temps, en carbonate de chaux.

2° Dans les sols qui sont riches en matières végétales en voie de décomposition, il se produit, sous l'influence de l'air, beaucoup d'acides ; ces acides décomposent le carbonate de chaux et mettent plus ou moins son acide carbonique en liberté.

3° La mise en liberté du gaz acide carbonique a probablement pour effet de soulever la terre, d'en détacher les particules et de la rendre plus légère. Ce genre d'action doit être moins remarquable en terre forte, parce que cette dernière est plus dense, par conséquent plus difficile à soulever, et parce que la production des acides est moindre. Les effets sont opposés dans les terrains tourbeux ou marécageux riches en débris végétaux.

Cette action supposée ne cessera-t-elle jamais ? Il est douteux qu'elle cesse, à moins que la nature du sol soit modifiée par la disparition graduelle de la chaux, par la diminution de la quantité, ou le changement de la nature des débris végétaux, ou par une solidification *permanente* du sol.

On peut solidifier des terrains en répandant à leur surface de l'argile, du sable, du gravier, ou toute autre matière pesante, ou bien en ramenant au-dessus un sous-sol plus compacte. Quand on ne peut obtenir un affermissement temporaire du sol en faisant parquer les moutons ou en se servant de rouleaux, on pourra améliorer les terres surchaulées en ayant recours au drainage, aux labours profonds, au moyen desquels on fait pénétrer l'air au-dessous; après quoi on ramène au-dessus et l'on mélange à la surface une portion donnée du sous-sol.

SECTION XI. — Effets épuisants de la chaux. Est-elle nécessairement épuisante.

On a remarqué depuis longtemps l'action épuisante de la chaux. Pendant un certain nombre d'années, elle fait produire des récoltes plus remarquables, après quoi le produit diminue, jusqu'à ce qu'il devienne moindre qu'avant l'application de la chaux. D'où l'origine du proverbe qui dit que la chaux enrichit les pères et appauvrit les enfants.

Deux questions intéressantes viennent se rattacher à ce sujet : comment a lieu l'épuisement? est-il une conséquence nécessaire de l'application de la chaux, ou peut-on le prévenir?

Nous avons fait voir déjà que la chaux déterminait, dans les débris organisés, des changements chimiques, sous l'influence desquels les matières végétales étaient rendues assimilables. Mais, en conséquence de cette action, la proportion des matières organiques diminue dans le sol; de sorte que le dernier s'en appauvrit, et que sa fertilité, qui en dépend, s'affaiblit au même degré.

D'un autre côté, la chaux agit aussi sur les matières

minérales de la terre et les dispose à nourrir plus abondamment les plantes.

Actuellement, comme les récoltes que nous enlevons privent le sol non-seulement de principes organiques, mais encore de principes minéraux, tout corps qui détermine une dissolution des matières minérales en réduit rapidement les proportions.

De là l'épuisement que l'expérience attribue à la chaux.

Mais, sans tenir compte des réactions chimiques, le bon sens lui seul explique suffisamment cette déperdition.

On accorde et l'on reconnaît que les récoltes qui croissent sur le sol lui enlèvent des matières organiques et inorganiques; une double récolte en perdra deux fois autant, une récolte triple trois fois, et ainsi de suite. Plus nous récolterons dans le courant d'une année et plus la terre s'épuisera. Si, avec l'aide de la chaux, nous extrayons de la terre deux ou trois fois plus sous forme de récoltes augmentées, il est évident que l'épuisement doit être beaucoup plus rapide.

Mais on peut restituer au sol ce que les récoltes y ont absorbé en y enfouissant des engrais de ferme, des engrais salins, etc. Donnez à la terre des engrais en proportion des récoltes que vous en avez retirées, et la chaux cessera d'être épuisante. Cela confirme la vérité du dicton suivant :

« De la chaux sans fumier

« Appauvrit la terre et le fermier. »

SECTION XII. — Amélioration du sol par l'écobuage.

Dans l'amélioration du sol, on a souvent recours à l'écobuage et au brûlis. Quelques cultivateurs ont vanté l'emploi de l'argile brûlée, comme remplaçant même les engrais sur les bonnes terres.

Il est facile d'expliquer les effets de l'écobuage et du brûlis : les tranches de terre sont un mélange d'une grande quantité de matière végétale avec une proportion comparativement faible de substances terreuses après le brûlis ; il ne reste que les cendres des débris végétaux, intimement mêlées avec la terre calcinée. Quand on répand ce mélange sur le sol, c'est à peu près comme si on y appliquait des cendres de bois ou de tourbe, et tout le monde reconnaît l'action bienfaisante qu'elles exercent sur la végétation ; cette action bienfaisante des cendres est due principalement à la masse de principes inorganiques qu'elles fournissent à la semence, et à l'action qu'exercent la potasse et la soude qu'elles renferment, soit en préparant dans le sol la nourriture inorganique de la plante, ou en facilitant à l'intérieur la digestion et l'assimilation de ces aliments.

Un autre résultat de ce procédé, c'est que les racines des mauvaises herbes et des graminées les plus pauvres souffrent beaucoup de l'écobuage, et que l'épandage des cendres, qui suit l'écobuage, s'oppose à leur croissance par la suite.

En outre, on prétend, et je suis disposé à le croire,

que les vieux pâturages, lorsqu'on les laboure, sont tellement remplis d'insectes, que la réussite des récoltes de céréales ou des fourrages devient très-douteuse. Après un brûlis, les insectes sont naturellement détruits et leurs effets nuisibles annulés.

Au moyen de l'écobuage et du brûlis, on peut promptement mettre en culture une pièce de terre, et l'on s'en assure une ou deux bonnes récoltes; mais la terre en est fort épuisée, et le cultivateur prudent aura rarement recours à ce procédé pour défricher une terre qui doit être constamment soumise à la culture arable.

L'écobuage est souvent suivi d'un autre inconvénient. Ainsi, quand les terres ont peu de pente pour l'écoulement des eaux, c'est-à-dire lorsqu'elles ont un niveau peu élevé au-dessus du ruisseau voisin, l'opération du brûlis tend à l'abaisser et à rendre, par suite, l'égouttement impossible. C'est ce qui est arrivé dans le comté de Northampton.

SECTION XIII. — Emploi de l'argile brûlée.

Il paraît assez douteux que l'argile brûlée jouisse des propriétés qu'on lui a attribuées. On croit avoir retiré de grands avantages de son emploi; mais il me semble que, dans beaucoup de cas, les bons résultats obtenus doivent être attribués à la meilleure culture généralement prescrite, tout autant qu'à l'usage de l'argile brûlée. Pendant la cuisson, dans les fours ou ailleurs, la matière organique contenue dans l'argile disparaît, et la texture mécanique de l'argile en

est altérée ; comme la brique brûlée, elle se réduira
en une poudre dure et friable, qui ne pourra jamais
recouvrer l'adhérence qu'elle possédait avant le brûlis.

L'argile brûlée peut donc ameublir les sols argileux, et, employée en grandes doses, elle peut produire une amélioration permanente dans la composition physique d'un grand nombre de terres à froment
très-compactes. Par le brûlis l'argile ne subit, dans la
plupart des circonstances, aucune altération chimique
susceptible de la transformer en un constituant chimique du sol plus utile qu'elle ne l'était auparavant. En
général, il serait beaucoup plus économique de répandre, sous forme d'engrais en couverture, toutes
les substances salines que l'on peut supposer avoir été
mises en liberté par le brûlis.

Néanmoins les briques sont généralement plus poreuses que l'argile dont elles sont formées ; il en est
de même pour l'argile brûlée. Toutes les substances
poreuses absorbent et condensent une grande quantité
d'air et de vapeurs. C'est cette propriété qui fait supposer que les substances poreuses, telles que le charbon et l'argile brûlée, quand elles sont mélangées au
sol, fournissent constamment de l'air aux matières
végétales en putréfaction, tandis qu'elles en puisent
incessamment une nouvelle quantité dans l'atmosphère, et, par là, rendent de grands services aux plantes, en satisfaisant à leurs besoins pendant les premiers
temps de leur croissance. On suppose aussi qu'elles
absorbent les vapeurs d'ammoniaque et d'acide nitrique qui sont en suspension dans l'air, et l'on a essayé
d'expliquer les propriétés fertilisantes attribuées à l'ar-

gile brûlée, par l'action bienfaisante des substances que l'on croit qu'elle communique au sol.

S'il se trouve dans l'argile une grande quantité d'oxyde rouge de fer, la matière végétale contenue dans l'argile le transformera, pendant le brûlis, en oxyde noir. Par le contact de l'oxyde noir avec l'air et l'eau, il se formera de l'ammoniaque pendant le refroidissement. On a calculé qu'il peut se former 1 kil. d'ammoniaque pour chaque dizaine de kilog. d'oxyde de fer qui se trouve dans le sol, et c'est là, dès lors, une des raisons pour lesquelles certaines espèces d'argile brûlée agissent d'une manière plus efficace que d'autres. Si l'argile contient beaucoup de chaux, le brûlis fera agir cette chaux, sur les silicates qui peuvent se trouver dans l'argile, de manière à les rendre plus solubles et d'une décomposition plus facile au moyen de l'acide carbonique contenu dans l'air; enfin elle rendra la potasse du sol plus propre à nourrir la plante. C'est là encore une raison pour que toutes les argiles brûlées n'aient pas la même efficacité.

Les praticiens prétendent que l'argile propre à être brûlée ne doit pas se pétrir et se durcir en briques, mais doit tomber en poussière après la calcination. Une bonne argile est sujette à être trop brûlée. Pour éviter cet inconvénient, on recommande de brûler à *l'étouffée*; ce procédé carbonise les matières végétales; la combustion n'est pas complète, et l'intérieur des tas offre une couleur noire, au lieu d'une couleur rougeâtre. Quand elle est brûlée en excès, l'argile est moins soluble dans les acides et se décompose moins facilement dans le sol.

M. Pusey a constaté, et mes observations le confir-
ment, que quelques variétés des meilleures argiles contiennent une proportion considérable de chaux. Il est
probable que ces argiles doivent à la chaux une petite
partie de leurs bons effets, et que celles dont l'efficacité
est contestée sont précisément celles qui se trouvent
privées de principes calcaires.

Il faut cependant avouer que tous ces différents
points sont encore bien obscurs, et la science ne peut
donner son opinion que comme conjecture, jusqu'à ce
que les faits douteux aient été expliqués d'une manière plus satisfaisante.

SECTION XIV. — Amélioration du sol par l'irrigation.

Les irrigations ne sont, en général, qu'un mode
plus perfectionné de fertiliser le sol ; cependant la manière de procéder, le genre et l'intensité des effets ne
sont pas les mêmes dans différents pays, et la théorie
qui explique ces effets varie également.

Sous un climat sec et aride, où les pluies sont rares,
le sol peut contenir tous les éléments de fertilité et
manquer seulement d'eau pour les mettre en jeu. En
pareil cas, et surtout lorsque les irrigations sont exé-
cutées aussi largement qu'en Orient, il n'est pas nécessaire de supposer à l'eau d'autre vertu que celle de
fournir de l'humidité au sol aride et crevassé ; car, sans
les irrigations, des provinces entières de l'Afrique et
de l'Amérique méridionale resteraient incultes.

Mais, dans un climat tel que le nôtre, les irrigations

peuvent exercer sur le sol deux influences bienfaisantes, et il en est au moins une qui résulte infailliblement de l'arrosage.

1° Un courant occasionnel d'eau pure à la surface des prairies irriguées et sa descente dans les rigoles, là où le desséchement est parfait, entraînent les acides et les autres substances nuisibles qui se forment naturellement dans le sol, qui, par là, se trouve purifié et adouci. On comprendra facilement les heureux effets que produisent ces lavages sur un sol tourbeux mis en prairies irriguées, puisque tout le monde sait que la tourbe contient en grande quantité des matières défavorables à la végétation, et que ces principes nuisibles sont généralement détruits, en partie par le desséchement, et en partie par la chaux et l'exposition aux influences atmosphériques, avant qu'on puisse la soumettre avec profit à la culture arable.

2° Mais il arrive rarement qu'on emploie de l'eau pure pour les irrigations. Plus généralement on détourne de sa course l'eau d'une rivière, toujours plus ou moins chargée de limon et de particules fines, qui se détachent à mesure que l'eau passe sur la prairie et s'infiltre dans le sol; ou bien, dans le cas d'une inondation, le limon se dépose de lui-même à mesure que le calme se rétablit dans l'eau. Il est certaines positions beaucoup plus rares, où l'on utilise, avec grand profit, sur des terrains favorisés les eaux provenant des égouts communs et les petits ruisseaux qu'ils enrichissent (1) :

---

(1) Nous pouvons citer un curieux exemple des bienfaits causés par l'irrigation dans des circonstances aussi favorables. Il existe, à

dans ce cas, l'irrigation est évidemment une fumure graduelle et uniforme; quand bien même l'eau employée est claire, qu'elle ne paraît pas troublée par la boue, elle contient toujours certaines substances salines qui font du bien aux plantes, et que celles-ci s'approprient toujours en plus ou moins grande quantité, à mesure que l'eau passe par-dessus leurs feuilles ou coule près de leurs racines.

L'eau de source la plus pure et les torrents des montagnes tiennent presque toujours en suspension des matières minérales et organiques. Chaque fois que l'eau a accès à la prairie, c'est, en réalité, une nouvelle fumure qui y est appliquée.

L'espèce de substance saline que contiennent les eaux de source ou de ruisseau dépend de la nature des roches ou des terrains où ces eaux ont pris naissance ou qu'elles ont traversés. Elles sont chargées de potasse et de soude, et même de magnésie dans les contrées abondantes en granit et en micaschiste, tandis que, dans les contrées calcaires, les eaux contiennent beaucoup de sels de chaux en dissolution. Lorsque ces der-

---

environ 4 kilomètres d'Édimbourg, sur la côte, des terrains formés d'un sable siliceux très-grossier, roulé par la mer ; une petite rivière qui entraîne l'eau des égouts de la ville passe à côté. Ces terrains se louaient, il n'y a pas fort longtemps, à raison de 3 fr. l'hectare; on y mettait quelques animaux pour les laisser errer en liberté et brouter quelques touffes d'une bien chétive végétation. Le propriétaire utilisa l'eau de la rivière pour irriguer ces terres vagues, et par ce moyen il les transforma en prairies d'une fertilité prodigieuse, qui se louèrent jusqu'à 1,562 francs l'hectare, et même davantage, aux nourrisseurs de la ville.

(*Note du traducteur.*)

nières sont amenées sur une prairie, elles fournissent les plantes de principes calcaires, modifient la nature du sol, et rendent inutile toute autre application artificielle. On apprécie si bien pour l'irrigation la valeur des torrents de montagne dans les localités calcaires, que plusieurs personnes ont conclu à l'inutilité des eaux de ruisseau et de source qui ne sont pas riches en calcaire.

3° Les eaux courantes dont la surface est toujours en contact avec l'atmosphère lui prennent une partie de son oxygène et de son acide carbonique ; à chaque instant, elles mettent ces substances gazeuses en contact avec les feuilles ou les entraînent avec elles, pendant l'infiltration, jusqu'aux racines sous une forme rapidement absorbable. Il n'est donc pas certain que l'eau, même rigoureusement pure de toutes particules minérales, mais chargée de ces gaz, soit inutile en irrigations.

4° La présence continuelle de l'eau maintient toutes les parties de la plante dans un état humide ; elle fait que les pores des feuilles et des jets restent toujours ouverts ; elle empêche la formation de la fibre ligneuse et dispose le végétal à extraire dans un même espace de temps beaucoup plus de principes nutritifs ; en d'autres termes, elle favorise et développe la croissance.

Une eau suffisante, sans cesse renouvelée, rafraîchit les végétaux, entraîne les substances nuisibles, apporte au sol des matières salines, organiques ou gazeuses, et conserve tous les organes et tous les appareils nécessaires à la vie des plantes dans un état convenable.

CHAPITRE XIII.

PRODUITS DE LA VÉGÉTATION. — IMPORTANCE DE LA QUALITÉ ET DE LA QUANTITÉ DE PRODUIT. — INFLUENCE DES DIVERS ENGRAIS SUR LA QUANTITÉ DES RÉCOLTES. — GLUTEN, ALBUMINE, AVENINE, LÉGUMINE ET CASÉINE DES GRAINS. — COMPOSITION DES AVOINES. — INFLUENCE DES ENGRAIS SUR LA COMPOSITION DU FROMENT. — INFLUENCE DES CIRCONSTANCES SUR LA GERMINATION, LE MALTAGE ET LES PROPRIÉTÉS NUTRITIVES DE L'ORGE. — RAPPORT DE LA QUALITÉ DU SOL AVEC LA QUANTITÉ ET LA QUALITÉ DE LA RÉCOLTE. — QUANTITÉS RELATIVES DE FÉCULE ET DE GLUTEN DANS LES DIFFÉRENTES PLANTES CULTIVÉES. — EFFETS DES CIRCONSTANCES SUR LA QUANTITÉ DE FÉCULE DANS LES POMMES DE TERRE. — INFLUENCE DE L'ÉPOQUE DE LA COUPE SUR LA QUANTITÉ ET LE PRODUIT DU FOIN ET DU FROMENT. — PROPORTION DE MATIÈRES GRASSES DES DIFFÉRENTES PLANTES. — QUANTITÉ ABSOLUE DE NOURRITURE PRODUITE PAR DIFFÉRENTES RÉCOLTES SUR 40 ARES DE TERRE.

Le principal objet du cultivateur, c'est de récolter sur son exploitation la plus grande quantité possible des produits les plus riches, sans porter atteinte d'une manière permanente à la fertilité du sol : dans ce but, il adopte un des deux systèmes que nous avons cités, et, par là, il améliore l'état physique ou la constitution chimique de sa terre. Il peut ne pas être sans utilité de montrer combien la quantité et la qualité des produits dépendent de la manière dont ils sont cultivés, de la manière dont les récoltes sont faites, et, par conséquent, combien un habile agriculteur possède réellement de contrôle sur les productions ordinaires de la nature.

SECTION PREMIÈRE. — De l'influence des engrais sur la quantité de froment et d'autres céréales que l'on peut récolter sur une terre.

Personne n'ignore qu'il est des terres qui produisent naturellement de plus belles récoltes de froment, d'avoine et d'orge que d'autres terres voisines, et que toutes donnent des produits plus ou moins abondants, suivant que, par l'application des engrais ou par suite des soins qui leur sont donnés, elles auront été plus ou moins bien préparées pour la semaille.

Le tableau suivant nous montre l'effet produit sur la quantité de la récolte par l'emploi de doses égales de divers engrais sur la même terre ayant reçu des mesures égales de semence.

Nombre d'hectolitres récoltés pour chaque hectolitre de semence.

Engrais appliqués.	From.	Orge.	Avoine	Seigle.
Sang..................	14	16	12 1/2	14
Poudrette..............	—	13	14 1/2	13 1/2
Fumier de mouton........	12	16	14	13
Fumier de cheval.........	10	13	14	11
Fiente de pigeon.........	—	10	12	9
Fumier de vache	7	11	16	9
Matière végétale..........	3	7	13	6
Sans engrais............	—	4	5	4

Il est probable que, sur des terres de nature différente, les produits que l'on obtient en employant ces divers engrais ne seront pas toujours classés dans le même ordre ; cependant on trouve généralement que le sang, la poudrette, le fumier de mouton et de cheval, et la fiente de pigeon, sont comptés parmi les engrais les plus riches que l'on puisse employer.

Nous avons déjà vu qu'il y a une raison théorique pour croire que la poudrette est un de nos plus riches engrais, et le résultat des expériences faites à ce sujet nous montre qu'en réalité c'est un de ceux qui ont pratiquement le plus de valeur.

Dans le tableau précédent, il est deux autres faits qui devront frapper le praticien :

1° A l'exception du sang, c'est le fumier de mouton qui a donné le plus grand rendement en orge. Il est possible que le système généralement en usage dans le Norfolk, et qui consiste à faire consommer le turneps sur place par les moutons avant l'ensemencement du champ en orge, doive une partie de l'utilité qu'on lui reconnaît à l'action puissante que le fumier de mouton exerce sur la récolte suivante.

2° L'action du fumier de vache sur l'avoine n'est pas moins remarquable, et le produit considérable que l'on retire d'une fumure avec des débris végétaux seulement (treize pour un) explique peut-être pourquoi, dans une localité pauvre, l'avoine est un produit estimé et comparativement avantageux, et pourquoi aussi on peut la cultiver avec assez de succès sur des terres qui ne reçoivent jamais une riche fumure.

SECTION II.—Gluten, albumine, avenine, légumine et caséine des grains.

1° *Gluten.* — Nous avons vu, dans un des chapitres précédents, que lorsque l'on mettait de la farine en pâte, et que cette pâte était lavée sous un filet d'eau, après avoir été déposée sur un crible ou sur un tissu fin, l'eau qui filtrait à travers était blanchâtre, et qu'ainsi la farine se divisait en deux parties : d'un côté, la fécule entraînée par le courant d'eau, de l'autre le gluten, qui demeure à l'état consistant. Lorsque ce gluten est humide, il est presque incolore, de nature tenace et collante comme la glu; parfaitement desséché, il est dur, cassant et d'une couleur grise ou brune.

2° *Albumine.* — C'est le nom qui a été donné au blanc d'œuf. Elle est incolore et transparente. Sa consistance, à l'état froid, est glaireuse et fluide. Chauffée à environ 85 degrés centigrades, elle se coagule, devient opaque et légèrement tenace ; complétement desséchée, elle est brune, cassante et semi-transparente.

Si l'on chauffe jusqu'à l'ébullition l'eau qui a entraîné la fécule de la pâte de froment, après qu'on a laissé précipiter cette dernière, on voit apparaître des flocons blancs qui finissent par se déposer : ces flocons sont de l'albumine ; on les retrouve en petite quantité dans presque toutes les variétés de grains.

3° *Caséine.* — C'est le nom donné au caillot du lait, à la peau qui se forme à la surface du lait bouilli, à la matière solide qui se sépare du lait chaud auquel on a ajouté du vinaigre ou de la présure.

On trouve encore de la caséine dans l'eau de lavage de la farine de froment.

4° *Avenine.* — Elle peut être considérée comme une variété de la caséine, et se trouve particulièrement en grande quantité dans les avoines. Pour l'obtenir, on prend de l'avoine concassée ou de la farine d'avoine, on y mêle de l'eau ; on met le tout dans un vase, et on le laisse reposer après l'avoir fortement agité. Le son et la fécule se déposent au fond ; après quelques heures, le liquide légèrement laiteux est décanté, et, en ajoutant du vinaigre ou de l'acide acétique, une substance blanchâtre se précipite ; c'est de l'avenine. Comme le caillot du lait, l'avenine ne se dissout pas sous l'action d'un excès d'acide acétique.

5° *Légumine.* — Elle existe dans les haricots, les

pois et les vesces; on l'en extrait par les mêmes procédés que ceux employés pour l'avenine.

Toutes ces substances

a, contiennent environ 15 pour 100 d'azote avec environ 1 pour 100 de soufre ou de phosphore;

b, elles se rencontrent presque toutes à la fois, en proportions variables, dans les grains et les racines employés pour l'alimentation.

Les analyses suivantes de deux échantillons d'avoine d'Ecosse, faites par le professeur Norton, montreront les proportions relatives de chaux de ces substances.

Composition d'avoines séchées à 100 degrés :

Fécule...........................	65,60	64,80
Gomme...........................	2,28	2,41
Sucre...........................	0,80	2,58
Huile...........................	7,38	6,97
Avenine.........................	16,29	16,26
Albumine........................	2,17	1,29
Gluten..........................	1,45	1,46
Son.............................	2,28	2,39
Cendre..........................	2,60	2,32
	100,85	100,48

Les proportions pour 100 réunies de l'avenine, de l'albumine et du gluten que nous avons désignés ailleurs sous le nom de protéine sont très-considérables dans l'avoine : c'est pourquoi ce grain a des qualités si nutritives; mais ces qualités varient avec le sol, le climat, les engrais et l'espèce.

SECTION III. — Influence de l'espèce de l'engrais sur la composition du grain.

La qualité aussi bien que la quantité du grain se trouvent matériellement affectées par l'espèce d'engrais qui a facilité son développement. La qualité apparente de l'avoine et du froment varie considérablement; mais, dans les échantillons de qualité égale en apparence, il peut exister d'importantes différences chimiques, et l'on croit que les propriétés nutritives du grain dépendent de ces différences.

Nous avons dit, dans un chapitre précédent, que de la pâte enveloppée dans un linge et lavée à un courant d'eau, aussi longtemps que le liquide s'échappait avec une teinte blanchâtre, se décomposait en amidon que l'eau laissait déposer, et en gluten qui restait dans le linge. La proportion de gluten que l'on obtient ainsi varie plus ou moins dans tous les échantillons de farine employés dans l'expérience, et l'on croit généralement que les propriétés nutritives de chaque espèce de farine varient suivant la proportion de gluten qu'on en retire; il paraît aussi assez bien constaté que les qualités de grain qui contiennent la plus forte proportion de gluten sont aussi celles qui fournissent le plus de farine et celles qui donnent le poids de pain le plus élevé.

On a trouvé que le poids du gluten contenu dans 100 kilog. de froment sec variait entre 8 et 34 kilog., et que l'espèce d'engrais qui avait servi à fumer la terre qui avait produit le grain faisait varier la proportion de gluten d'une manière très-remarquable. Cependant des expériences récentes nous ont amené à douter des proportions de gluten et autres composés pratiques indiquées par plusieurs auteurs, ainsi que du degré de l'influence modificatrice des engrais.

La fécule de pommes de terre, qui est entièrement composée d'amidon, donne un pain fin et léger qui lève facilement ; la farine de froment, quand elle ne contient que peu de gluten, se rapproche, sous ce rapport, de la fécule de pommes de terre : quand la quantité de gluten qu'elle contient est considérable, il faut plus de soins pour en faire de bon pain léger ; mais, en général, on trouve que le pain qui en provient possède des qualités plus nutritives.

La fabrication du macaroni et du vermicelle exige une pâte très-riche en gluten, et l'on prétend que la farine récoltée dans l'Italie méridionale possède cette qualité.

La composition réelle de ce froment n'a pas encore été parfaitement déterminée.

Une même variété de froment, fumée en couverture par le même engrais, — *urine sulfatée*, — mélangé à différentes substances salines, et venue pendant la même saison dans le même champ, a produit suivant M. Burnett de Gadgirth :

ENGRAIS.	PRODUIT sur 40 ares.	FARINE fine.	GLUTEN de la farine
	hectolitres.	pour cent.	pour cent.
Non fumée................	11,45	76	9 1/2
Urine sulfatée avec cendr. de bois	14,54	66	10 1/2
— avec sulfate de soude.....	17,87	63	9 3/4
— avec sel commun........	17,87	65	9 1/2
— avec nitrate de soude.....	17,44	54	10

Dans ce résultat nous voyons 1° que la quantité de farine pure n'a aucun rapport avec la quantité de gluten qu'elle contient ; 2° que les riches fumures en couverture n'ont pas augmenté considérablement la proportion du gluten de la farine.

La totalité du gluten de la récolte s'est accrue, parce que la récolte elle-même a été plus forte ; mais cela n'a pas eu lieu pour la proportion relative. Des expériences ultérieures seront nécessaires pour montrer jusqu'à quel point, par quels moyens et dans quelles circonstances le cultivateur pourra économiquement augmenter la proportion en poids relative des composés protéiques (1).

SECTION IV. — Influence des circonstances sur la germination, le maltage et les propriétés nutritives de l'orge.

On sait que la fabrication de la drèche peut être

---

(1) Dans le voisinage de Kirkealdy, on prétend que le froment est plus pauvre après les pommes de terre enlevées de bonne heure qu'après les pommes de terre venues à maturité complète. Ce cas est-il positif ? et, s'il l'est, comment l'explique-t-on ?

affectée par bien des circonstances. L'orge doit être
assez uniformément mûre pour que le tout germe en
même temps, afin qu'une partie ne commence pas à
germer quand l'autre a atteint le point de la germination qui convient au brasseur. La levûre de la bière,
qui est d'une si grande importance pour lui, dépend
en grande partie de la germination parfaite de tout le
grain.

L'uniformité de la germination dépend quelquefois
du mode de culture. Ainsi l'orge récoltée après turneps ne mûrit pas toujours d'une manière égale; cela
arrive quand, après l'enlèvement des turneps, on laboure dans le sens des anciennes lignes. Le fumier
répandu en couverture est enterré dans un sillon;
d'autres sillons, labourés à côté, en seront privés, par
conséquent; mais, si on laboure diagonalement, le
fumier est enterré d'une manière plus égale, et la maturation sera uniforme.

Mais la qualité dissolvante du grain, qui est encore
plus importante pour le brasseur et le distillateur, se
trouve principalement modifiée par la proportion de
gluten contenue dans l'orge. Le grain qui contient le
moins de gluten et, par conséquent, le plus d'amidon
se dissoudra le plus promptement et le plus complète-
ment, et c'est lui qui donnera, à poids égal, la bière
ou la liqueur distillée la plus forte. De là la préférence
que les brasseurs accordent à l'orge de certaines localités, qui, sous d'autres rapports, paraît être d'une qualité inférieure. Ainsi les brasseurs qui habitent les
côtes du comté de Durham n'achèteront pas l'orge de
leurs environs, tant qu'ils pourront obtenir celle du

Norfolk, en ne la payant que modérément plus cher. Mais l'orge qui ne se dissout pas bien dans la fabrication de la bière est excellente pour engraisser les porcs et d'autres animaux de rente, et c'est là le principal débouché du grain refusé par les brasseurs et les distillateurs.

Autant qu'il est possible de déduire une conclusion pratique des effets que produisent différents engrais sur la proportion de gluten que renferme l'orge, il paraîtrait que plus est grande la quantité de fumier de vache qu'on applique à une terre destinée à produire de l'orge, ou, en d'autres termes, plus est grand le nombre de bêtes à cornes nourries par le cultivateur, plus il est probable que les brasseurs donneront un prix élevé de l'orge qu'il récoltera. Le parcage des moutons donne une récolte d'orge plus abondante, tandis que le parcage des bêtes à cornes communique au grain une qualité supérieure.

Le parcage des *moutons* semble augmenter considérablement la récolte d'orge, tandis que le parcage du *bétail* donne de la qualité au grain ; mais ces points ont besoin d'être élucidés par de soigneuses expériences.

SECTION V. — *Influence de la nature du sol sur la quantité et la qualité des produits.*

Chaque cultivateur sait que la quantité de produits qu'il obtient dépend en grande partie de la qualité de sa terre. Il n'est pas possible d'obtenir les mêmes récoltes sur toutes les terres, même pour des hommes ayant le même talent, la même industrie. Il est encore parfaitement reconnu que la nature du sol influe sur la qualité de certains produits ; les pommes de terre, par exemple , sont généralement farineuses sur les terres légères, et compactes sur les sols argileux.

Certains pâturages sont renommés pour l'effet remarquable qu'exerce leur herbe sur l'engraissement des animaux, et sous ce rapport on trouve souvent qu'un champ est supérieur à un autre , même lorsque les plantes fourragères que tous les deux produisent sont, en apparence, d'espèces semblables. Le fait que la paille et les fourrages récoltés sur des terrains sablonneux-calcaires sont tous caractérisés par les propriétés remarquablement nutritives qu'ils possèdent nous montre que de telles différences dépendent de la qualité du sol sur lequel la plante a crû.

La diversité de qualité qui existe entre l'orge récoltée dans des localités différentes nous prouve encore la même chose. Sur les argiles (comme dans le nord du Hampshire) le rendement en orge peut être considérable; mais la qualité du produit est inférieure. L'orge récoltée sur un sol léger et crayeux se distingue par la finesse de sa peau ; sa couleur est riche, et, bien que son poids soit faible , elle convient parfaitement à la fabrication de la bière, tandis que l'orge des loams ou des terrains sablonneux-calcaires est mieux remplie et retient néanmoins les qualités qui la font rechercher des brasseurs.

On remarque des différences analogues dans la qualité d'une même espèce de froment récoltée sur des terrains de nature diverse. Dans la section précédente, nous avons montré que la quantité de gluten contenue dans le froment varie suivant l'engrais que l'on applique au sol ; mais on observe le même résultat dans le grain provenant de terres différentes fumées avec le même engrais. Ainsi l'on prétend que « le froment du « comté de Down présente un aspect supérieur à celui « de toutes les qualités de froment du marché de Bel-« fast, mais qu'il ne contient pas autant de gluten que « celui qu'on récolte sur les terrains calcaires de Car-« low, Kilkenny et Antuan (1). »

Le meunier connaît par expérience les qualités relatives du froment venu sur les différents domaines de son voisinage, de sorte que, si à l'œil il ne distingue aucune différence de qualité entre deux échantillons, il n'en sait pas moins lequel des deux il préférera, parce qu'il est parfaitement au courant des circonstances locales.

Le seigle se plaît, en général, sur les terres légères et sablonneuses ; mais on a trouvé, en Allemagne, que, lorsqu'il était venu sur un sol sablonneux-calcaire, il fournissait beaucoup d'eau-de-vie par la distillation.

L'avoine varie également en qualité avec le sol sur lequel elle croît. La farine provenant d'avoine cultivée sur les terres argileuses est de qualité supérieure, se conserve longtemps, et se vend toujours à un prix relatif plus élevé. J'ai eu l'occasion de remarquer cela sur une ferme du comté de Forfar, dont une partie était composée de gravier argileux, l'autre de terres

____

(1) *Quarterly journal of agriculture*, mars 1842, page 478.

plates, marécageuses, reposant sur une marne. Les avoines provenant de ces deux terrains avaient la même apparence, rendaient autant l'une que l'autre ; mais la farine différait beaucoup, au dire de celui qui les cultivait.

Le pois et le haricot se distinguent par les mêmes particularités, suivant qu'ils sont venus sur un sol léger ou lourd. On connaît quelques localités dans le voisinage des grandes villes qui sont renommées pour leur production de pois propres à la cuisson. Suivant l'opinion de plusieurs, la chaux et le gypse favorisent les propriétés de cuisson ; d'autres prétendent le contraire. Il faut croire que ces contradictions résultent des différences des sols sur lesquels on a expérimenté.

L'explication de toutes ces différences est simple : les proportions de gluten et d'amidon dans les herbes, les sucs végétaux et les graines sont variables ; le développement de la plante et l'accomplissement de toutes ses fonctions sont indépendants d'une quantité fixe des substances dont est formé le gluten qu'elle contient, bien que la plus ou moins grande quantité de ces substances influe matériellemement sur les qualités que sa tige ou ses graines peuvent posséder, soit pour la nourriture du bétail, soit pour l'emploi qu'en font les brasseurs et les distillateurs.

Il semble encore que la proportion de gluten dépende de la qualité du sol, non-seulement (et nous avons vu qu'il y avait raison de le croire) parce que l'azote qu'il contient est principalement absorbé par les racines de la plante, mais aussi parce que le gluten est toujours accompagné de petites quantités de soufre, de phosphore et de substances terreuses, substances qui ne peuvent avoir été puisées que dans le sol. Quand ces éléments abondent aux environs des racines, la plante peut produire une grande quantité de gluten; quand ils manquent, la plante ne peut en former, et ses propriétés nutritives ne dépendent pas moins de leur présence que de celle de tous les principes organiques dont ses diverses parties sont principalement composées.

Il est peut-être utile de rappeler ici que les explications données à propos des différences sur les marchés de grains et observées par les meuniers sont purement hypothétiques. Les causes que l'on a mentionnées *peuvent* déterminer les effets remarqués; mais il n'a point été prouvé qu'elles le fussent réellement par l'analyse et les autres expériences.

SECTION VI. — Quantités relatives de fécule et de gluten contenues dans diverses récoltes.

Nous avons vu déjà combien, sous notre climat, le gluten du froment variait en quantité numérique avec le sol et le mode de culture. Des expériences suffisantes n'ont pas encore été faites sur d'autres récoltes, pour que l'on puisse se rendre compte de leurs proportions en gluten et autres substances azotées. On trouvera néanmoins, dans le tableau suivant, l'indication approximative des proportions moyennes de fécule et de gluten contenues dans 100 parties de la plupart de nos récoltes ordinaires.

	Fécule, gomme et sucre.	Gluten, albumine caséine, etc.
Farine de froment............	55	10 à 19
Son......................	»	16
Orge.....................	60	12 à 15
Avoine...................	60	14 à 19
Seigle....................	60	10 à 15
Maïs.....................	70	12
Riz......................	75	7
Haricots..................	40	24 à 28
Pois.....................	50	24
Pommes de terre.	18	2
Turneps..................	9	1 1/2
Betteraves...............	11	2

Plusieurs de ces chiffres méritent rectification. Le lecteur doit se souvenir que tout ce qui a trait aux qualités variables de nos plantes cultivées n'est présenté qu'avec des chiffres très-approximatifs.

SECTION VII. — Influences du sol, de la variété, du degré de maturité, de l'espèce d'engrais et d'autres circonstances sur la qualité de la pomme de terre et sur la quantité de fécule qu'elle contient.

La pomme de terre est tellement importante dans nos pays, qu'il n'est pas inutile de donner quelques détails sur les variations que subissent ses proportions de fécule.

1° *Influence du sol.* — Les pommes de terre plantées sur terre riche nouvellement rompue poussent en fanes, ne produisent que des tubercules peu nombreux, de petit volume et de mauvaise qualité, parce que les gelées arrivent souvent avant que la maturité soit complète. M. Thompson, de Kirby-Hall (York), nous apprend que la variété connue sous le nom de *black kidney*, plantée sur de pareilles terres, éprouvait des modifications extraordinaires. Au lieu d'être farineuse, comme elle l'est toujours, elle prend la consistance du savon jaune. Elle produisit cependant une belle récolte, en 1843 surtout, année où les pluies ont été très-fréquentes. Sans aucun doute, ces tubercules n'étaient pas mûrs, et c'est à cette circonstance que M. Thompson attribue leur mauvaise qualité.

On a encore observé que la proportion de fécule était plus forte dans les pommes de terre venues sur une terre depuis longtemps en culture que sur une terre nouvellement défrichée. Sur les domaines de M. Stirrat, 9 litres de pommes de terre, obtenus, dans les environs de Paisley, sur une terre cultivée depuis près de trente ans, ont donné plus de 3 kilog. de fécule, tandis que le même nombre de litres recueillis sur un gazon récemment rompu n'a donné que 2 kil. tout au plus.

2° *Influence de la variété.* — Sur le même terrain, des variétés différentes produisent différentes proportions de fécule. En 1842, M. Fleming de Barochan a obtenu, de quatre variétés de pommes de terre cultivées sur son domaine, les proportions suivantes de fécule :

Connaught cups	21 pour 100.
Noires d'Irlande	16 1/4
Dons blanches	13
Dons rouges	10 3/4

Ces différences, calculées au 100 du poids, deviennent frappantes quand on tient compte des quantités relatives sur une étendue donnée. Ainsi, traitées de la même manière, les trois variétés suivantes ont donné respectivement :

	Tubercules.	Fécule.
Cups............................	13,689 kil.	3,000 kil.
Dons rouges................	14,449	1,521
Dons blanches..............	18,759	2,478

De sorte que la récolte la plus légère a donné la plus grande quantité de fécule.

3° *Effet des engrais.* — L'espèce d'engrais affecte d'une manière sensible la proportion de fécule des pommes de terre. M. Fleming a trouvé, en 1843, que plusieurs lots de pommes de terre, traités avec des engrais différents, donnaient les proportions suivantes :

1° Cups avec fumier ordinaire seul.....	14,5 pour 100.
— — et guano.	14,4
2° Dons blanches avec guano seul......	9,0
— — et fumier.	10,2
3° Rouges (rough redo) avec guano seul.	15,7
— — et fumier.	17,1
4° Rouges de Perth avec guano seul....	15,3
— — et fumier.	15,5

Ces expériences montrent 1° que la proportion de la fécule n'est pas notablement influencée par l'emploi du fumier seul, ou d'un engrais mixte composé moitié fumier, moitié guano; 2° qu'il est préférable de faire usage d'un mélange de guano et de fumier que de guano seul (1).

Il est très-important pour le cultivateur de connaître les variations relatives de fécule, en ce moment-ci surtout où les pertes sont si fréquentes. On a constaté que *plus la proportion de fécule pour 100 du poids total était petite, plus la plantation offrait de chances de succès.*

4° Effets d'autres circonstances. — J'indiquerai brièvement encore trois autres circonstances qui peuvent influer sur la quantité de fécule contenue dans la pomme de terre.

a, la *conservation* diminue la fécule. Des pommes de terre qui, en octobre, donnaient 17 pour 100 de fécule n'en ont donné que 4 1/2 pour 100 en avril suivant.

b, la *gelée* réduit aussi les proportions de fécule; elle agit principalement sur les parties vasculaires et albumineuses; elle convertit en sucre une fraction de la fécule, d'où le goût sucré des pommes de terre gelées.

c, les parties de la pomme de terre placées vers les yeux contiennent plus de fécule que le centre du tubercule.

---

(1) Cela provient de la tendance qu'a la pomme de terre de monter en fanes quand elle est fumée avec du guano seulement; l'effet du guano est plus ou moins épuisé avant que la plante parvienne à sa maturité, ou ait le temps de former ses tubercules. Quand le guano est mêlé au fumier, ce dernier commence à agir et termine ce que le premier n'a fait que commencer.

(Note de l'auteur.)

SECTION VIII. — Influences du sol, de la variété, de l'engrais sur la composition et les propriétés nutritives du turneps.

1° *Sol*. — Tous les cultivateurs s'accordent à reconnaître l'influence du sol sur la composition des turneps, à cause des différences dans le goût et dans les propriétés nutritives qui distinguent une même espèce de turneps venue sur des terres diverses. Cependant les analyses faites jusqu'ici n'ont point encore constaté rigoureusement les causes de cette différence.

2° *Variété*. — L'influence de la variété est peut-être encore plus frappante pour le turneps que pour toute autre plante. Le navet de Suède se conserve mieux et longtemps, est plus doux au goût et plus nourrissant que le turneps blanc et jaune.

3° *Engrais*. — L'espèce d'engrais affecte la qualité et les propriétés nutritives du turneps. D'après les expériences récentes de M. Lawes, il paraît que, là où un champ possède toutes les conditions pour produire une récolte moyenne de turneps, on peut augmenter la proportion d'azote de la récolte, c'est-à-dire la proportion d'albumine et d'autres composés protéiques qui sont très-nutritifs, en appliquant des engrais animaux ou autres engrais azotés, comme guano, chiffons de laine, tourteaux de colza, sels ammoniacaux, nitrate de soude, etc. M. Lawes a constaté que, par l'usage de ces engrais, la proportion de cet important ingrédient pouvait être double de celui que l'on trouverait dans des turneps cultivés ailleurs et fumés avec du fumier de ferme. Ce résultat est remarquable.

SECTION IX. — Influence de l'époque de la récolte sur la quantité et la qualité des produits en foin et en grains.

L'époque à laquelle on fauche le foin ou l'on coupe les céréales et les autres végétaux influe considérablement sur le poids et sur la qualité des produits. On sait généralement que les radis laissés trop longtemps en terre deviennent durs et ligneux, que la tige délicate des jeunes choux, semblable à celle des turneps, subit une altération semblable, à mesure que la plante devient plus âgée, et que les artichauts laissés trop longtemps sur tige deviennent coriaces et perdent leur saveur. Le même changement s'opère dans les plantes fourragères que l'on fauche pour les convertir en foin.

Les feuilles et les tiges des jeunes herbes contiennent une grande quantité de sucre, et, à mesure qu'elles croissent, ce sucre se transforme en amidon, puis en fibre ligneuse. Plus ce dernier changement s'est opéré complétement, c'est-à-dire plus la plante approche de sa maturité complète, et moins elles contiennent de sucre et d'amidon, substances qui, toutes les deux, sont facilement solubles ; car, bien que l'on ait constaté que la fibre ligneuse n'est pas complétement d'une digestion impossible, mais que la vache, par exemple, peut s'en approprier une certaine partie à mesure que l'herbe qu'elle a consommée parcourt ses organes digestifs, le lecteur se figurera facilement que les diverses portions de la nourriture de l'animal qui se dissolvent avec le plus de facilité sont, toutes choses égales d'ailleurs, celles qui le nourrissent le plus.

Il est également constaté que le poids du foin et de la paille que l'on récolte est moins considérable quand on les laisse mûrir entièrement, et, par conséquent, en fauchant bientôt après que la plante a atteint sa plus grande hauteur, on obtiendra une plus grande quantité de foin, sa qualité sera meilleure, et la terre se trouvera moins épuisée.

Les mêmes remarques s'appliquent aux récoltes de céréales tant sous le rapport de la paille que sous celui du grain. Plus la récolte est verte, plus la paille a de poids et plus elle est nourrissante. Environ trois semaines avant d'être mûre, la paille commence à diminuer de poids, et plus elle reste sur pied passé cette époque, plus elle devient légère et moins nourrissante.

D'un autre côté, l'épi, qui, un mois avant sa maturité, est encore doux et laiteux, se durcit peu à peu, le sucre se transforme en amidon, le lait s'épaissit, et forme le gluten et l'albumine qu'on rencontre dans la farine (1). Aussitôt que cette transformation est à peu près opérée, ou environ une quinzaine de jours avant

----

(1) L'*albumine* est le nom donné par les chimistes au blanc d'œuf. Tous les grains contiennent une faible proportion de cette substance : elle se rapproche beaucoup du gluten.

(Note de l'auteur.)

la maturité, le grain contient la plus forte proportion d'amidon et de gluten. Si on moissonne à cette époque, le grain sera plus pesant ; il donnera une plus grande quantité de farine fine et une plus faible proportion de son.

A cette époque, la peau qui recouvre le grain est mince, et c'est pourquoi il donne une petite quantité de son ; mais, si on laisse la récolte plus longtemps sur pied, la seconde période de la maturation aura en lieu, le grain se revêtira d'une couverture plus dure, d'une peau plus épaisse ; une partie de l'amidon du grain se transformera en fibre ligneuse, exactement comme dans le cas de la maturation du foin, des tendres jets de l'églantier et des racines du radis. Par cette altération, la proportion d'amidon se trouve donc diminuée, et le poids de la peau est augmenté ; c'est ce qui explique la diminution de farine que l'on éprouve et l'augmentation de son qui en résulte.

La théorie et l'expérience se joignent pour fixer l'époque la plus propice pour la moisson des céréales à une quinzaine de jours environ avant la maturité complète. La peau est fine, le grain mieux rempli ; l'hectolitre pèse davantage, le rendement en farine est plus fort, la quantité de son est diminuée, et en même temps la paille est plus lourde et contient une quantité de matières solubles plus considérable que quand on la laisse sur pied jusqu'à ce qu'on la juge parfaitement mûre.

L'avoine est regardée comme supérieure, surtout la farine, dans le comté d'Ayr, quand la récolte est coupée avant maturité, c'est-à-dire lorsqu'elle présente encore un reflet verdâtre. On sait aussi que la paille est beaucoup moins nourrissante pour le bétail, lorsque le grain a parfaitement mûri. Mais on ne doit moissonner l'avoine que huit jours au plus avant maturité. Au delà, des pertes seraient à craindre, les grains qui se trouvent en bas de la grappe étant tout à fait trop tendres.

L'orge récoltée à l'état tendre a une peau plus fine, elle germe plus rapidement et plus vigoureusement, et alors elle est préférée par les brasseurs.

SECTION X. — Quantités d'huile ou de matière grasse contenues dans le grain, les racines, et dans les récoltes-fourrages.

On sait que les graines de lin, de colza, de navets, de chanvre, de pavots et de beaucoup d'autres plantes abondent en principes huileux. Ces matières oléagineuses sont extraites par la pression ou par l'écrasement. Les noyaux de plusieurs variétés de noix, telles que les noix ordinaires, les noisettes et les faînes, contiennent de l'huile. Quelques arbres, entre autres certaines variétés de palmiers, en fournissent également.

Mais c'est tout récemment que l'on a découvert que tous nos grains cultivés contiennent une proportion appréciable d'huile ou de matières grasses : elles sont aussi présentes dans nos récoltes-racines, dans les pailles et les fourrages.

Ces proportions sont plus ou moins grandes, selon le genre de culture, l'engrais et la variété de la plante. Pour extraire la matière grasse, on réduit la plante en fragments très-divisés, que l'on fait bouillir dans l'éther; on filtre la solution, après quoi l'on distille. L'huile ou la matière grasse reste après que l'éther est vaporisé; elle est ordinairement plus ou moins jaune, et, quand elle est chauffée, elle répand l'odeur particulière à la plante. Ainsi l'huile de l'avoine a l'odeur de la farine d'avoine brûlée.

Voici quelles sont les proportions en poids de matières grasses contenues dans les plantes ordinairement cultivées :

Froment, farine fine...............	2 à 4 pour 100.
Son...............................	3 à 5
Orge vive........................	2 à 3
Avoine...........................	5 à 8
Haricots et pois..................	2 à 3
Maïs.............................	5 à 9
Pommes de terre et turneps........	1/5
Paille de froment.................	2 à 3 1/2
Paille d'avoine...................	4
Foin de prairie...................	2 à 5
Foin de trèfle....................	3 à 5

Ce tableau nous montre que les proportions de matières grasses varient dans la même plante. Ces variations sont dues à des différences de sol, d'engrais, de climat, de saison, etc. Dans la plupart des graines, les proportions les plus fortes de matières grasses résident vers la périphérie, c'est-à-dire dans la peau ou le tissu qui les enveloppe; voilà pourquoi le son du froment en contient plus que la farine fine.

Le son doit sa valeur nutritive, pour les porcs, à ses matières grasses. Nous verrons, dans un chapitre suivant, le rôle important que jouent ces dernières dans l'alimentation et l'engraissement du bétail.

SECTION XI. — De la quantité absolue de nourriture fournie par divers produits.

La quantité de nourriture susceptible de servir à l'alimentation d'un homme et que l'on peut récolter sur 1 hectare de terre de fertilité moyenne varie considérablement, selon l'espèce de produits qu'on y cultive. Les grains qui ont atteint leur maturité complète contiennent une faible proportion de sucre ou de gomme, et c'est principalement d'après la quantité d'amidon et de gluten qu'ils contiennent que l'on doit estimer leur puissance nutritive.

Les racines, telles que les turneps et les pommes de terre, dans l'état où elles sont généralement consommées, renferment presque toujours une grande quantité de sucre et de gomme, et c'est principalement le cas des turneps. Le sucre et la gomme doivent donc être comptés parmi les ingrédients nutritifs de ces racines.

En supposant que 1 acre (40 ares) fournisse les quantités suivantes de produits, savoir :

Froment......................	9 hectol.	ou	680 kil.
Orge......................	12,72	ou	816
Avoine......................	18,17	ou	952
Pois......................	9	ou	725
Haricots......................	9	ou	725
Maïs......................	11	ou	816
Pommes de terre......................			12,168
Turneps ou navets......................			30,420
Paille de froment......................			1,360
Foin de prairie......................			1,541
Foin de trèfle......................			2,040

Le poids sec d'amidon, de sucre et de gomme, — de gluten, d'albumine, de caséine, etc., — d'huile ou de matières grasses et de matières salines sera représenté très-approximativement par les chiffres suivants :

	SON ou fibre ligneuse.	AMIDON, sucre, etc.	GLUTEN, albumine, etc.	HUILE ou matières grasses.	MATIÈRES salines.
	kil.	kil.	kil.	kil.	kil.
Froment..................	103	380	82	20	13
Orge..................	124	496	105	23	23
Avoine..................	193	483	138	46	34
Pois..................	60	368	174	15	22
Haricots..................	74	294	193	18	23
Maïs..................	46	579	101	59	13
Pommes de terre..........	496	2,208	248	20	110
Turneps..................	634	2,760	460	92	207
Paille de froment..........	690	414	18	36	69
Foin de prairie..........	469	625	110	55	101
Foin de trèfle..........	515	728	173	92	184

1° Si l'on admet que les quantités indiquées dans ce tableau sont, en moyenne, les produits qu'on peut obtenir sur des terres de première qualité, que, par exemple, l'acre (40 ares) qui produit 9 hectolitres de froment ou 11 hectolitres de maïs produise aussi 18 hectolitres d'avoine, 12,168 kilog. de pommes de terre, etc., etc., on trouvera que la terre qui, cultivée en froment, donne un certain poids d'amidon, de gomme et de sucre en donnerait un quart de plus, si elle était cultivée en orge et en avoine, quatre fois autant en pommes de terre et huit fois autant en turneps; en d'autres termes, la pièce de terre qui, ensemencée en froment, nourrirait un seul individu en nourrirait un et quart ensemencée en orge ou en avoine, quatre si elle était cultivée en pommes de terre, et huit en turneps; mais il faudrait supposer que la valeur nutritive de ces récoltes dépend de la quantité d'amidon, de sucre et de gomme qu'elles contiennent.

2° Si nous comparons les quantités relatives de gluten, etc., fournies par ces récoltes, nous trouvons que, sur une même étendue de terre, le froment, l'orge et le maïs donnent à peu près les mêmes quantités de cette substance; l'avoine, une moitié en plus; les pois et les haricots, plus du double; et les turneps, quatre fois autant que le froment ou le maïs.

Quelle que soit celle de ces deux substances, l'amidon et le gluten, dont nous pensons que dépendent les propriétés nutritives des produits que nous venons de citer, il paraît que le turneps est de beaucoup le plus nourrissant que nous puissions récolter. A poids

égal, ce n'est certainement pas lui qui est le plus nourrissant ; mais l'abondance des produits (25,392 kilog.
par hectare) fournit, sur une même étendue de terre,
un poids de nourriture beaucoup plus considérable
que celle qu'on pourrait en retirer sous forme de l'un
des autres produits mentionnés.

Les matières oléagineuses et grasses que les récoltes
contiennent ne sont pas sans valeur sous le rapport des
propriétés engraissantes ; sous ce point de vue, le turneps semblerait être supérieur à tous les autres produits végétaux : le foin de trèfle et le maïs pourraient
seuls lui être comparés.

Dans ces deux faits, le cultivateur verra combien la
culture du turneps est propice à l'élève et à l'engraissement du bétail ; si l'on pouvait faire du turneps un
article de consommation pour l'homme, ses produits,
sur une surface donnée, nourriraient une population
bien plus considérable que ne pourrait le faire aucune
des autres plantes de culture dont nous avons parlé.
On a tenté, récemment, des essais dans le comté de
Wigtown pour les convertir en farine au moyen de procédés semblables à ceux que l'on emploie dans les fé-
culeries de pommes de terre ; mais les frais élevés de
fabrication et le goût désagréable de la farine ont em-
pêché, jusqu'ici, le développement de cette nouvelle
industrie rurale.

Quelques-uns pensent que la valeur nutritive relative de différentes substances végétales, ou leur valeur
comme aliments, dépend entièrement des proportions
relatives d'amidon, de gluten, etc., etc., qu'elles contiennent. D'après cela, les pois et les haricots seraient

beaucoup plus nourrissants que le froment ou tout autre grain, puisque 100 de haricots donnent autant de gluten que 230 de farine de froment ou de maïs, que 150 d'avoine ou 200 de seigle ; cette opinion n'est pas suffisamment justifiée par l'expérience.

Dans l'un des chapitres suivants, nous allons considérer les différents buts auxquels les fourrages doivent atteindre dans l'économie animale ; nous verrons quelles sont les diverses substances que l'animal emprunte aux fourrages pour se nourrir pendant la période de croissance, pour se maintenir lorsqu'il est arrivé à tout son développement, ou pour augmenter son volume sans porter atteinte à sa santé : nous serons alors parfaitement à même de nous former une opinion au sujet de la valeur des fourrages, et de comprendre l'importance des matières salines qu'ils contiennent.

CHAPITRE XIV.

DU LAIT, SES PRODUITS. — PROPRIÉTÉS ET COMPOSITION DU LAIT, INFLUENCES DE LA RACE, DE LA CONSTITUTION, DES FOURRAGES, DU SOL SUR SA QUANTITÉ ET SA QUALITÉ. — ALTÉRATION DU LAIT. — COMPOSITION DE LA CRÈME. — BATTAGE DU LAIT, QUALITÉ, COMPOSITION, PRÉSERVATION ET COLORATION DU BEURRE. — THÉORIE DE L'ACTION DE LA PRÉSURE. — FABRICATION, QUALITÉ ET VARIÉTÉS DE FROMAGES.

Parmi les produits indirects de l'agriculture, le lait, le beurre et le fromage sont les plus importants. Ces produits sont de première nécessité dans tous les pays civilisés et forment la seule industrie d'un grand nombre de districts agricoles. Les diverses branches de la fruiterie présentent beaucoup de sujets très-intéressants sur lesquels la chimie moderne est appelée à jeter la lumière.

SECTION PREMIÈRE. — Propriétés et composition du lait.

Le lait est un liquide blanc, opaque, qui dégage une odeur légère qui lui est particulière. Sa pesanteur spécifique est plus forte que celle de l'eau ; relativement à celle-ci, elle est dans un rapport de 103 à 100.

Abandonné pendant quelques heures au repos, le lait se sépare en deux parties : la crème, qui surnage, et un liquide aqueux qui reste au-dessous. Quand la totalité du lait ou la crème seule est agitée dans une baratte, une portion grasse se sépare sous forme de beurre, et il reste une portion laiteuse connue sous le nom de lait de beurre et d'une saveur légèrement acidule.

Si l'on abandonne le lait pendant plusieurs jours à lui-même, il s'aigrit et se coagule, et si, dans cet état, on le place sur un drap, la partie liquide ou petit-lait filtre à travers en laissant au-dessus une partie solide, le caillet; le même effet se produit plus rapidement en jetant dans le lait du vinaigre, de l'acide chlorhydrique ou de la présure. En Hollande, on coagule le lait au moyen de l'acide chlorhydrique; mais, dans la plupart des autres contrées, la présure est employée de préférence. Le même but peut être atteint par l'alcool ou toute autre liqueur forte.

Exposé à l'air pendant un certain temps, le lait commence à fermenter et à se putréfier; son goût est alors désagréable, son odeur nauséabonde et son usage alimentaire malsain.

Le lait de presque tous les animaux contient, mais en proportions variées, de la caséine, du beurre, du sucre de lait et des matières salines. Les meilleures variétés de lait connues consistent en

	de femme.	de vache.	d'â- nesse.	de chèvre.	de brebis.
			LAIT		
Caséine..........	1,5	4,5	1,8	4,1	4,5
Beurre..........	3,6	3,1	0,1	3,3	4,2
Sucre de lait......	6,5	4,8	6,1	5,3	5,0
Matières salines...	0,5	0,6	0,3	0,6	0,7
Eau.............	87,9	87,0	91,7	86,7	85,6
	100	100	100	100	100

Le lait de l'ânesse semble, d'après le tableau ci-des-sus, avoir beaucoup d'analogie avec le lait de femme ; comme lui, il contient peu de matières caséines et beaucoup de sucre ; en outre, il est moins riche en ma-tières butyreuses que les autres variétés de lait : c'est probablement ce qui le rend particulièrement propre aux convalescents.

SECTION II. — Influences de la race, de la constitution, de la nourriture, du sol, etc., sur la quantité et la qualité du lait.

La quantité et la qualité du lait sont modifiées par un grand nombre de circonstances. Il n'est pas un laitier qui ne sache que ses vaches donnent plus de lait à une certaine époque de l'année qu'à une autre ;

que la qualité du lait, c'est-à-dire sa richesse en beurre et en fromage, dépend en grande partie du genre de nourriture qu'il fournit à ses vaches. Voici quelques détails au sujet de ces diverses circonstances :

1° Influence de la race sur la quantité et la qualité du lait. — Les petites races donnent généralement du lait en petite quantité, mais plus riche en qualité. En Angleterre, le produit de bonnes vaches ordinaires est, en moyenne, par jour, de 9 à 13 1 2 litres : celui des vaches laitières

Du Devonshire est, par jour, de.......	13 1/2 litres.
Du Lancashire, —	9 à 10 1/5
Du Cheshire,	
De l'Ayrshire,	— 9

pendant dix mois de l'année ; mais, dans un grand nombre de districts, on a trouvé que les races croisées étaient plus productives en lait que les races pures.

On verra, dans le tableau suivant, quelle est l'influence de la race, soit sur la quantité, soit sur la qualité du lait ; on y a mis en regard le produit comparé en lait et en beurre des vaches prises dans quatre races différentes, à l'époque la plus favorable de l'année, et nourries sur le même pâturage. La race

	en lait,	en beurre,
D'Holderness a donné	33 litres	1,091 grammes.
D'Alderney, —	21 1/2	708
Du Devon, —	19 1/3	793
De l'Ayrshire, —	22 3/4	968

Non-seulement la quantité de lait a été différente pour chacune de ces quatre vaches, mais encore le produit en beurre, la race d'Holderness se montrant supérieure à toutes les autres sous tous les rapports.

Le lait des vaches d'Holderness et d'Alderney est également riche en beurre ; il y a encore une grande analogie, sous ce rapport, entre les races du Devon et de l'Ayrshire : ainsi 453 grammes de beurre ont été produits par

    13 1/2 litres du lait de la vache d'Holderness,
    13 1/2   —   d'Alderney,
    11   —   du Devon,
    10 3/4   —   de l'Ayrshire.

Le beurre du lait provient, en grande partie, directement des matières grasses du fourrage ; d'où il suit que les animaux qui emmagasinent le moins de graisse dans leur corps en donneront beaucoup plus à leur lait : c'est pourquoi les vaches laitières de l'Ayrshire et d'Alderney, dont la réputation est connue, sont étroites vers les épaules et sont musculeuses autour des flancs ; elles sont très-riches en lait, mais peu aptes à l'engraissement. Les courtes-cornes, au contraire, sont célèbres par leur tendance à s'engraisser ; elles déposent plus de graisse dans les tissus sous-cutanés et fort peu dans leur lait.

2° Mais la forme individuelle et la constitution de la vache font que le produit et la richesse du lait varient entre les animaux de la même race ; on sait, chez nous, que certaines vaches de l'Ayrshire, d'Holderness ou du Devon sont meilleures laitières que d'autres, et même, quand le produit est presque égal, qu'il peut y avoir grande inégalité du principe butyreux. Ainsi, quatre vaches de la race de l'Ayrshire, nourries sur le même pâturage, ont donné pendant la même semaine :

	Lait.	Beurre.
La 1re...................	95 1/2 litres.	1,587 gramm.
La 2e et la 3e, chaque.....	97 3/4	2,494
La 4e.................	100	3,174

En sorte que la quatrième, qui ne donnait cependant que 4 1/2 litres de lait de plus que la première, produisait deux fois autant de beurre.

De temps en temps on remarque des cas particuliers de fécondité extraordinaire; ainsi une vache de Durham, appartenant à M. Hewer de Charles-Town (Northampton), a donné, pendant la saison, 36 litres 1/3 de lait et 1,587 grammes de beurre par jour. On a vu une vache, avec une nourriture ordinaire, produire 158 1/2 kilog. de beurre par an. Les aptitudes à la production du beurre sont, sans doute, constitutionnelles comme les aptitudes à l'engraissement.

5° Le genre d'alimentation exerce aussi une grande influence sous ce rapport. Le navet de Suède donne un lait plus riche; le navet connu sous le nom de globe blanc en donne une plus grande quantité : tous deux influen également sur cette dernière quand on fait consommer à la fois les racines et les parties herbacées de la plante. Culpepper recommande l'aune noir comme favorisant la production; on attribue les mêmes effet à la spergule, à l'herbe, aux grains de brasserie et à la drèche.

On prétend que les légumineuses, telles que le trèfle, etc., etc., les grains de fève, de pois, etc., favorisent la production du fromage, tandis que celle du beurre est développée par la consommation des tour

teaux de graines oléagineuses, de l'avoine, du maïs, etc.
Les tourteaux de lin , d'œillet, de sésame donnent un
lait qui contient plus de matières solides ; mais il faut
que ces tourteaux ne soient pas altérés et qu'ils soient
donnés modérément : alors ils augmentent le parfum
et la saveur du beurre.

Lorsque le fourrage contient peu de matières grasses,
l'animal produit du lait butyreux jusqu'à un certain
point ; il enlève les matières grasses de son corps et
maigrit. Quand une partie d'une laiterie est consacrée à
la production du beurre et le reste à celle du fromage,
on peut donner à la seconde le lait de beurre provenant de la première, et obtenir ainsi une augmentation
notable dans les produits en fromage.

4° La nature du sol sur lequel croissent les plantes,
les engrais que l'on y enfouit sont encore des causes
qui modifient le lait ; depuis longtemps on sait qu'une
vache nourrie sur un pâturage donnera plus de beurre
et de fromage que nourrie sur un autre ; cette différence doit dépendre du sol. D'un autre côté, l'expérience a démontré que des vesces venues sur un terrain bien chaulé ou bien marné favorisaient la production fromagère, tandis que, venues sur un terrain
fumé avec des cendres, elles augmentaient la quantité
de lait et de crème.

Dans le Cheshire, l'emploi des os a beaucoup amélioré les herbages et accru le produit en lait et en fromage.

5° Parmi les autres circonstances qui réagissent sur
la quantité de lait, nous citerons celle-ci : cette quantité diminue à mesure que l'on s'éloigne de la mise-

bas ; ce fait est dû, sans doute, à une disposition naturelle, car le veau, en grandissant, s'affranchit peu à peu des secours de la mère.

La qualité du lait est meilleure quand la vache est en bon état et qu'elle a porté deux ou trois fois, quand le climat est chaud, la saison sèche, et que les traites ne sont pas souvent répétées. On dit encore que le lait est plus butyreux lorsque les animaux sont soumis au régime de la stabulation permanente, qu'il est plus caséeux quand on les laisse paître en liberté. Une vache tarie depuis trois mois avant le vêlage donne plus de lait la saison suivante. En automne, les proportions de beurre sont moindres, celles de fromage plus fortes ; enfin le lait que l'on obtient au commencement de la traite est moins riche que celui que l'on obtient à la terminaison. Les influences morales provenant soit du traitement, soit du régime ont également une part importante à la production lactifère.

SECTION III. — Altération du lait.

Presque partout le lait est plus ou moins altéré avec de l'eau. A Paris et dans les environs, on enlève la crème, et le lait qui reste est épaissi avec du sucre et une émulsion d'amandes douces ou de graine de chènevis (Raspail). On peut encore épaissir le lait écrémé avec de la magnésie ; quelquefois, pour rendre au lait tourné une saveur douce, on y mélange de la soude du commerce ou de la cendre perlée.

Mais l'altération la plus singulière dont j'aie entendu

parler consiste à mélanger au lait écrémé de la cervelle de veau ou de mouton. Cette mixture le rend plus épais et plus riche, et détermine à la surface la formation d'une pellicule semblable à celle de la crème, difficile à reconnaître même par des moyens chimiques; cependant on peut constater l'artifice en traitant la matière crémeuse par l'éther; on fait bouillir ce que l'éther a dissous dans de l'eau légèrement acidulée avec de l'acide sulfurique. Si la crème est fausse, la solution acide donnera, à l'aide de la chaux ou de la baryte, des traces d'acide phosphorique.

SECTION IV. — *Composition de la crème, battage du lait.*

1° *Crème.* — Quand le lait a reposé pendant un certain laps de temps, la matière grasse qui flotte dans la masse sous forme de globules infiniment divisés remonte à la surface et forme la crème. La rapidité avec laquelle elle remonte ainsi dépend de la température ambiante; elle est plus grande quand il fait chaud que quand il fait froid. Ainsi du lait mis en repos peut parfaitement être écrémé en

36 heures pour une température de.............	10° C.
24 — — —	12,77°
18 à 20 — — —	20
10 à 12 — — —	25°

Tandis que, à une température rapprochée du point de la congélation de l'eau, le lait peut se conserver pendant trois semaines sans produire une quantité notable de crème.

Lorsque le lait nouvellement tiré est placé dans un bassin chauffé et recouvert, l'écrémage s'effectue très-vite, et l'on obtient plus de beurre; en revanche, le lait qui restera sera plus pauvre.

La crème ainsi obtenue contient la plus grande partie de la matière grasse du lait; elle est mélangée à une petite proportion de caillet et à beaucoup d'eau. En Angleterre, la crème de bonne qualité donne, quand elle est habilement traitée, environ un quart de son poids en beurre.

2° *Battage.* — Le lait ou la crème, agité pendant quelque temps, laisse ses matières grasses se dégager et s'unir en masses solides de beurre. Il n'est pas sans importance de connaître les détails de cette opération.

a Quand il s'agit de battre la crème, on la laisse ordinairement se reposer au frais pendant plusieurs jours, jusqu'à ce qu'elle prenne un goût acidulé; dans cet état, le beurre se forme beaucoup plus tôt et plus franchement. Une fois que les parties butyreuses se sont réunies, on les tasse afin d'en exprimer tout le liquide laiteux. On a l'habitude, dans certaines localités, de les laver à l'eau froide, jusqu'à ce qu'elles soient pures de tout mélange; ailleurs, on se contente de les presser et de les sécher dans un linge.

b La crème coagulée peut être battue avec avantage à l'état doux. Suivant le colonel le Conteur, à Jersey, on obtient ainsi, en cinq minutes, 10 livres de beurre d'une vache de Jersey ou d'Alderney. On obtient de la crème coagulée en faisant chauffer du lait dans un bassin et en élevant graduellement la température jusqu'au point d'ébullition à peu près; seulement il ne faut pas que cette température soit forte au point de faire éclater la peau qui se forme à la surface. On prétend que, par ce procédé, la crème est mieux séparée que par aucun autre, et que l'on obtient une plus grande quantité de beurre pour une quantité donnée de lait.

c Le battage de la totalité du lait peut également avoir lieu lorsqu'on l'a laissé s'aigrir suffisamment ; le degré est indiqué par la formation d'une couche épaisse et d'apparence rugueuse à la surface. Cette méthode est plus laborieuse et exige plus de temps ; mais elle a l'avantage, ainsi que le prétendent les praticiens, de donner 5 pour 100 en beurre de plus que lorsqu'on bat la crème seule, et d'une qualité qui ne varie ni en hiver ni en été ; elle nécessite encore une foule de précautions à l'époque des chaleurs.

d Température. — La température à laquelle le lait doit être battu est plus élevée que celle de l'air de notre pays, à toutes les époques de l'année ; de là avantage pour les pays plus chauds. Cette température est de 18° centigrades environ. Il faut donc, chez nous, mélanger au lait de l'eau chaude, afin de porter la température de la masse à ce degré. D'un autre côté, la température de la crème, lorsqu'elle est battue, ne doit pas dépasser 11 à 13° ; cela rend nécessaire, en été, de rafraîchir la laiterie et de battre de bonne heure chaque matin.

e Le temps que l'on met à battre le lait varie de trois à quatre heures, tandis que la crème peut être battue en une heure et demie. Dernièrement, on a introduit chez nous une baratte venant de France, qui hâte de beaucoup l'opération ; elle est en fer-blanc ; sa forme est celle d'un baril ; on la place dans un cuvier rempli d'eau élevée à la température indiquée ci-dessus. Dans cette baratte, le beurre a été extrait directement de la crème à la température de

13° en 60 minutes.....	Le beurre était plus dur ; sa qualité n'était point supérieure au suivant.
14° en 10 à 20 minutes.	Le beurre était excellent.
15° en 5 à 7 minutes...	D'abord le beurre était mou, mais de bonne couleur et de bonne qualité.

Le lait, battu directement, a donné son beurre en une heure et demie. M. Burnett de Gadgirth, de qui je tiens ces détails, m'a appris, depuis, qu'avec cette machine il avait plus d'avantage, sous le rapport du rendement en beurre, à battre la crème qu'à battre le lait.

Il est nécessaire d'ajouter que d'autres personnes qui se sont servies de cette baratte n'ont pas eu lieu de s'en louer comme M. Burnett. Celles qui ont obtenu le beurre plus rapidement ont trouvé que sa qualité n'était pas aussi bonne ; cela provient peut-être de ce que l'on n'a pas su se servir de l'appareil, ou de ce que le lait n'était pas de qualité convenable.

ƒ Les plus grandes quantités de beurre relativement à un poids donné de fourrage, et les laits les plus riches, sont fournis par les petites races, telles que celles d'Alderney, du West-Highland, du Kerry et du Shetland. La race d'Ayrshire vient après. Toutes ces races sont rustiques et sobres.

SECTION V. — Qualité, composition, préservation et coloration du beurre.

1° La qualité du beurre varie selon les pâturages, selon le genre de nourritures artificielles, selon la saison, selon la race et la construction de l'animal , selon le mode de battage, etc.

On obtiendra le beurre le plus riche, de la saveur la plus estimée, en se servant du lait qui provient de la fin de la traite. Le beurre provenant du commencement de la traite est inférieur ; de plus, la première crème donne toujours le beurre le plus estimé. En somme, toute crème ou tout lait produira de bon beurre, si l'on a su bien l'aigrir avant de battre, et si l'on a battu doucement et par une basse température.

2° Le beurre, tel qu'il est apporté sur nos marchés, contient plus ou moins les ingrédients du lait ; il est composé principalement de la matière grasse du lait, intimement mélangée à un sixième de son poids d'eau, d'une petite quantité de caséine, de matières salines et de sucre de lait. On évalue à 1 pour 100 du poids total du beurre le contenu en caséine et en matières coagulées.

Si l'on fait fondre du beurre dans de l'eau chaude à plusieurs reprises, et si on l'agite avec des portions d'eau renouvelées tant qu'elles deviennent laiteuses, qu'après cela on laisse reposer, il se rassemblera à la surface sous forme d'une huile jaune fluide, qui se durcira en refroidissant. Complétement refroidi, on le renferme dans un sac de toile que l'on soumet à une forte pression, à la pression d'une machine hydraulique, par une température de 15° centigrades. Une huile transparente, légèrement jaune, ne tarde pas à suinter, et il reste comme résidu dans le sac une matière grasse blanche ; cette dernière est de la margarine, dont la composition est identique avec la graisse de l'homme, avec la graisse de l'oie et avec celle qui forme les portions figées de l'huile d'olive exposée au froid. Le liquide ou huile de beurre est une matière grasse particulière dont l'analogie ne s'est trouvée dans aucun autre corps.

Les proportions de ces deux espèces de graisse varient considérablement, et c'est de la diversité de leurs rapports réciproques que proviennent les différents degrés de dureté que l'on remarque dans certains échantillons de beurre. En hiver la graisse solide prédomine, la liquide en été. Des échantillons de beurre d'été et d'hiver provenant des Vosges ont donné la composition suivante :

	Été.	Hiver.
Graisse solide ou margarine...............	40	65
— liquide ou huile de beurre..........	60	35
	100	100

A Jersey, le lait qui reste après la fabrication du fromage gras donne un beurre de qualité inférieure pour la consommation directe, mais de propriétés très-recherchées en pâtisserie. Il est particulièrement dur et d'un emploi facile pendant les chaleurs ; il contient probablement une forte proportion de margarine.

3° *Conservation du beurre.* — Le beurre frais ne peut être conservé longtemps sans devenir rance. Des changements se manifestent dans la graisse et dans le sucre de lait; ils proviennent de la caséine qui reste ordinairement dans le beurre. J'ai trouvé que la proportion de cette caséine était de 1/2 à 3/4 pour 100 du poids total. Cette petite quantité suffit, lorsque le beurre est exposé à l'air, pour déterminer les décompositions chimiques auxquelles sont dus l'odeur désagréable et le goût du beurre rance.

Je n'entrerai point ici dans la théorie de l'action de cette caséine, et je ne chercherai point à expliquer la nature des modifications chimiques qui interviennent; il suffit de constater que l'on peut en prévenir les mauvais effets

a En salant le beurre aussitôt qu'il est fait et avant que la caséine ait eu le temps de se décomposer au contact de l'air;

b En ayant soin que l'eau qui reste dans ou autour du beurre soit toujours sursaturée de sel;

c En empêchant l'accès de l'air dans les vases où le beurre est conservé.

Tant que la caséine ne subira point l'influence de l'air et que l'eau sera sursaturée de sel, elle ne se décomposera pas et ne pourra en rien altérer le beurre.

On emploie environ 1 kilog. de sel pour 12 ou 14 kilog. de beurre; mais, quand ce dernier est préparé pour l'exportation ou pour la marine, la proportion doit être de 1 kilog. de sel pour 10 à 12 kilog. de beurre. Quoique plusieurs personnes lui fassent subir un lavage, le plus grand nombre s'abstient de laver ou de plonger dans l'eau le beurre qui doit être salé. On se borne à le presser entre les mains, que l'on rafraîchit souvent, et aussitôt on procède à la salaison. Théoriquement, ce dernier procédé est préférable, puisque la caséine est moins exposée à l'air et, par conséquent, aux influences décomposantes.

Quelques-uns pensent assurer la conservation du beurre en dissolvant le sel dans la crème avant le battage ; d'autres font dépendre la conservation et la qualité de l'espèce de sel employée.

Outre le sel, on se sert quelquefois d'un mélange composé d'une partie de sucre, d'une partie de nitre et de deux parties de sel ; enfin le lavage du beurre dans une solution saturée de sel est également recommandé.

4° *Coloration du beurre.* — Le beurre est quelquefois coloré au moyen du jus de carottes râpées.

SECTION VI. — Lait aigri, sucre de lait, acide de lait.

Le lait, abandonné à lui-même assez longtemps, devient acide et se caille ; cela a lieu plutôt pendant les chaleurs et dans les vases qui ne sont pas tenus proprement.

Pourquoi le lait s'aigrit-il ainsi ?

a Sucre de lait. — Nous avons vu que le lait contenait une certaine quantité d'un sucre particulier auquel on a donné le nom de sucre de lait. Il diffère du sucre de canne en ce qu'il est plus dur, moins doux et beaucoup moins soluble dans l'eau. Généralement, le lait contient une proportion de ce sucre plus considérable que celles de ses matières grasses et de sa caséine. Chez nous, ce sucre ne sert à aucun usage. On le laisse dans le petit-lait, et sous cette forme il est livré aux porcs et aux vaches; mais, en Suisse, il est exploité comme produit industriel.

b Acide du lait. — Quand le lait s'aigrit, il se forme un acide connu sous le nom d'*acide lactique* ou d'*acide du lait;* c'est à lui que le lait doit son acidité. On le produit en mêlant à l'eau, et en laissant aigrir, de la farine de froment, d'avoine, de pois, etc., ou des débris de choux et d'autres végétaux verts.

c Mais comment cet acide se produit-il? — A mesure que l'acide du lait croît en quantité, le sucre du lait diminue. L'acide est donc formé par le sucre ou aux dépens du sucre. Il n'y a pas de fermentation, conséquemment pas de déperdition. Le sucre est directement transformé en acide, voici comment. Ces deux substances peuvent, comme le sucre de canne, de citron, comme la gomme, être représentées par du carbone et de l'eau, et dans des proportions égales. Ainsi

Le sucre de lait est composé de....   6 carbone et 6 eau.
L'acide lactique.................   6 — et 6 —

Les particules qui constituent le sucre se déplacent, prennent une position différente et forment l'acide. Dans l'intérieur du lait, la nature emploie des matériaux, suivant ses desseins, pour donner naissance tantôt à un corps, tantôt à un autre, absolument comme l'enfant qui, au moyen de ses moellons de bois, bâtit une hutte ou un temple avec ce qui, auparavant, faisait partie d'un palais ou d'un pont. Ainsi fait la nature; se servant des molécules dont elle dispose, n'en perdant aucune, accomplissant des opérations admirables et si secrètes qu'elles échappent souvent à nos investigations, et que nous ne nous en apercevons que par les effets qui nous frappent.

SECTION VII. — Lait caillé. — Caséine, action de la présure.

A mesure que le lait s'aigrit, il devient épais et se coagule ; si alors on le chauffe légèrement, les parties coagulées se réunissent et se séparent du petit-lait. En jetant le tout sur une toile et en pressant, les parties liquides s'échappent et la partie coagulée restera. Cette dernière, salée, pressée et séchée, forme le fromage dont la consommation est si répandue.

Nous allons faire voir après quels changements chimiques la séparation du coagulum a lieu.

1° Il ne faut point perdre de vue que la coagulation ne s'accomplit naturellement que lorsque le lait est devenu aigre : par conséquent, l'acide du lait, l'acide lactique, est en liaison étroite avec la séparation ; il en est la cause.

2° Mais, pour faire comprendre cela, nous examinerons d'abord les propriétés du coagulum lui-même.

a Quand le coagulum est soigneusement séparé du petit-lait, on peut le laver ou même le faire bouillir dans l'eau, sans diminuer sensiblement sa quantité. Le coagulum pur est presque insoluble dans l'eau.

b Mais, si l'on ajoute à l'eau chauffée un peu de soude, le coagulum se dissout et disparaît. Le coagulum pur est soluble dans une solution de soude.

c Si l'on ajoute une certaine quantité d'acide lactique à cette solution du coagulum dans la soude et dans l'eau, cet acide se combinera avec la totalité de la soude, après l'avoir séparée du coagulum, et ce dernier reparaîtra insoluble comme auparavant. Le coagulum est insoluble dans l'eau acidifiée avec de l'acide lactique.

Ces faits vont nous expliquer la coagulation du lait. En sortant du pis de la vache, le lait contient une quantité de soude qui n'est combinée à aucun acide et qui conserve le coagulum à l'état de solution; mais, du moment que le lait s'aigrit, cette soude se combine avec l'acide lactique produit, et le caillot, devenant insoluble, se sépare du petit-lait.

Les effets déterminés ainsi par la formation naturelle de l'acide lactique dans le lait peuvent être provoqués par tout autre acide, tel que le vinaigre ou l'acide hydrochlorique. Depuis longtemps et aujourd'hui encore, le vinaigre est employé pour faire cailler; en Hollande, on se sert de l'acide hydrochlorique dans les districts fromagers. On a recommandé, depuis, l'acide sulfurique; mais il donne un mauvais goût au fromage.

3° Dans la plupart des localités où l'on fabrique le fromage, on emploie une autre substance pour cailler le lait; c'est la présure. Voici comment on l'obtient.

a L'estomac d'un veau, d'un chevreau, d'un agneau ou d'un cochon de lait, ou même d'un lièvre, couvert de sel ou macéré pendant quelque temps dans une eau parfaitement saturée de sel, et ensuite séché, forme la poche dont on se sert pour la préparation de la présure. Quand, après neuf ou dix mois, on replonge cette poche ou cette peau desséchée dans du sel et de l'eau, une portion de sa substance se dissout et communique à l'eau les propriétés de coaguler le lait ; cette eau devient de la présure. En certains endroits, on fait dissoudre plusieurs peaux à la fois, et l'on verse la solution dans un vase que l'on bouche et que l'on tient en réserve pour les besoins futurs ; on y mélange plus ou moins d'eau-de-vie, de wiskey, ou d'autres liqueurs. Ailleurs, on coupe un morceau de la membrane, la veille, juste ce qu'il faut pour faire la présure nécessaire, et on la plonge dans l'eau jusqu'au moment où le lait est prêt.

b La présure ainsi préparée coagule plus ou moins rapidement selon sa force. Voyons quel est le principe de son action.

Si l'on expose quelques instants à l'air une portion de la membrane fraîche de l'estomac ou de l'intestin du veau, et qu'ensuite on la plonge dans une solution de sucre de lait, elle fait graduellement disparaître ce dernier et le transforme en acide lactique. Le même effet sera produit, mais plus rapidement, à l'aide de cette membrane salée et séchée.

Mais, en desséchant sa surface par une longue exposition à l'air, la membrane salée subit un changement qui en rend une portion soluble dans l'eau, tout en retenant ou en acquérant à un haut degré la propriété de changer le sucre de lait en acide lactique.

C'est cette portion soluble qui est le principe d'action de la présure.

Actuellement, les effets que la membrane produit sur le sucre de lait seul, elle les produit aussi sur le sucre contenu naturellement dans le lait ; — en d'autres termes, la présure, ajoutée au lait chauffé, change le sucre en acide lactique ; elle opère avec des énergies variables qui dépendent de plusieurs circonstances.

c L'addition de la présure n'est donc qu'un moyen expéditif d'aigrir le lait ou de convertir son sucre en acide lactique. Comme dans le lait qui aigrit naturellement, l'acide produit se combine avec la soude en liberté, et rend insoluble la matière caséeuse, qui se sépare. Alors on dit que le lait se caille : il est vrai que l'acidité n'est pas très-sensible au goût, parce que la production de l'acide cesse en grande partie aussitôt que la soude est saturée ; s'il était en excès, il serait pris et absorbé par le caillet ou coagulum, de manière à laisser au petit-lait une saveur comparativement douce. La présure elle-même est également absorbée par le coagulum, qui en souffre lorsque les proportions de présure ont été trop fortes, ou que ses qualités n'ont point été bonnes.

SECTION VIII. — Fabrication, qualités, variétés de fromage.

1° La fabrication du fromage est à peu près la même, généralement parlant, dans tous les pays. On caille le lait avec de la présure, du vinaigre, de l'acide chlorhy-

drique, du jus de citron, de l'acide tartrique, du tar-
trate de potasse, du sel d'oseille, du lait aigre, comme
dans une partie de la Suisse, ou avec une décoction
de certaines plantes ou fleurs, telles que celles du char-
don sauvage, comme cela se pratique en Toscane pour
les fromages de brebis.

Ensuite la partie caillée est séparée, avec plus ou
moins de soin, du petit-lait, enveloppée dans un linge,
exposée à une pression modérée; après cela, on la
coupe en morceaux, que l'on mélange à une certaine
quantité déterminée de sel, avant de laisser durcir et
sécher. Cependant ce mode de salaison n'est pas suivi
pour les fromages minces de Glocester et du Sommer-
set. Dans ces contrées, on fait pénétrer le sel nécessaire par friction à l'extérieur des fromages. On les
unit avec du beurre, lorsque la salaison est accomplie,
et on les dépose une semaine ou deux dans un local à
température modérée, en les retournant souvent.
Quand on veut de bons fromages, il faut observer quelques détails dont nous allons faire la description.

2° La qualité du fromage dépend de plusieurs circonstances dont quelques-unes naturelles sont indispensables, dont quelques autres peuvent être remplacées part l'art.

a Aux premières appartiennent les différentes matières du lait, qui sont en corrélation avec l'espèce de
fromage; par elles la qualité du fromage est nécessairement influencée. En outre, le lait de différents animaux donne différents produits. Les fromages de brebis de l'Angleterre, de l'Italie, de la France, et les fromages de chèvre du Mont-d'Or, se distinguent par des

qualités que ne possède pas le fromage de vache préparé de la même manière. Il en est de même pour le fromage de buffle, dont le lait a certains principes que l'on ne retrouve dans les autres.

b Mais chaque laitier sait qu'avec le même lait on peut fabriquer des fromages de saveurs variées, de valeurs très-dissemblables, et que la manière de faire influe tout autant que la qualité particulière du lait, la race du bétail et le genre de nourriture. En effet, il suffit d'un rien pour modifier, changer la richesse, la saveur et toutes les propriétés de ses produits.

Ainsi, quand le lait nouveau, au moment où l'on ajoute la présure, a une température de plus de 35° centigrades, le coagulum sera dur et tenace; si la température est au-dessous, le coagulum sera mou et se séparera difficilement du petit-lait. Chauffé à feu nu, comme cela arrive souvent, dans un vase en fer, le lait peut se brûler et communiquer un mauvais goût au fromage; que le coagulum soit négligé après que le lait est caillé, qu'il ne soit pas immédiatement divisé, et il deviendra compacte et tenace. Une présure ayant une mauvaise odeur, ou en trop grande quantité, est également préjudiciable; si, au lieu de la présure, on emploie les acides, les propriétés du fromage sont altérées. Le fromage peut être moins riche, si l'on exprime, par une trop forte pression, le petit-lait hors du coagulum, ou si on brise ce dernier et qu'on le remue dans le petit-lait, au lieu de le couper au couteau, afin que le petit-lait s'écoule doucement et sans peine, comme cela se fait dans le Cheshire et l'Ayrshire; au lieu de le placer entier sur un linge, afin que le petit-lait s'égoutte spontanément et entraîne le moins de matières grasses possible.

c L'espèce de sel, la manière de saler, le volume des fromages, et surtout le mode de conservation, sont autant d'influences qui réagissent sur les qualités du fromage.

Tout ce qui précède nous montre que, pour produire uniformément pendant toute l'année la meilleure qualité de fromage susceptible d'être retirée du lait, il faut une grande habileté naturelle et une longue expérience.

3º Les variétés de fromages que l'on fabrique sont très-nombreuses. La plupart doivent leurs qualités particulières au mode de confection dans des localités respectives. Mais le même procédé, le même lait donnent naissance à plusieurs variétés naturelles, suivant l'état auquel le lait est employé. Ainsi nous avons

a Les fromages de crème, faits avec de la crème pure, déposés dans un vase où on laisse s'opérer seuls et sans pression quelconque la coagulation et l'égouttement. Les fromages d'Italie, faits avec de la crème chauffée, caillés avec du petit-lait aigri ou avec de l'acide tartrique. Ces fromages ne peuvent pas se conserver longtemps.

b Fromages de crème et de lait. On les obtient en mélangeant la crème de la traite de la veille avec le nouveau lait du lendemain, avant d'ajouter la présure. C'est ainsi que l'on fabrique le fromage anglais de Stilton, et le fromage de Brie, en France.

c Fromages gras faits avec du lait non écrémé, tels que ceux du Glocester, du Wiltshire, du Cheshire, de

Chedder et de Dunlop. Ces fromages, comme les précédents, seront plus ou moins riches, suivant la manière dont le coagulum aura été traité, et suivant que le lait aura caillé pendant qu'il avait sa chaleur naturelle. Dans le Cheshire et dans quelques établissements de l'Ayrshire, on mélange le lait non écrémé du jour avec le lait et la crème de la veille.

Les grands fromages du Cheshire, qui pèsent 25 et 50 kilog., se brisent et tombent en morceaux quand toute la crème a été laissée dans le lait. Pour échapper à cet inconvénient, on enlève un dixième de la crème que l'on convertit en beurre.

d Fromages demi-gras, comme les fromages simples du Glocester, proviennent du lait du jour mêlé au lait écrémé de la veille.

e Fromages maigres obtenus du lait une fois écrémé, comme les fromages hollandais de Leyde; du lait deux fois écrémé, comme ceux de la Frise et du Groningue; du lait trois ou quatre fois écrémé, comme les fromages d'Essex et de Sussex, qui exigent souvent l'emploi de la hache pour être divisés, et dont on se sert dans les arts.

f Fromages de petit-lait, faits avec le coagulum qui s'accumule à la surface quand on fait chauffer le petit-lait. Ces fromages sont très-bons; en mélangeant leur coagulum avec celui du lait non écrémé, on obtient, dit-on, des fromages qui imitent très-bien ceux de Stilton.

g Fromages de lait de beurre, confectionnés en faisant simplement filtrer le lait de beurre à travers un linge, en le chauffant modérément après, ce qui fait séparer le coagulum, ou en ajoutant, comme cela se pratique quelquefois, un peu de présure. Souvent ce fromage est préférable à celui que l'on retire du lait une fois écrémé.

h Fromages végétaux, fabriqués en mélangeant des matières végétales au coagulum. Le fromage vert de Wiltshire est coloré par une décoction de feuilles de sauge, de souci et de persil. Le schabzieger de la Suisse est un mélange de coagulum sec avec un vingtième de son poids de feuilles sèches de mélilot (trigonelle).

i Fromages de pommes de terre. On l'obtient, en Saxe et en Savoie, en mélangeant des pommes de terre bouillies et sèches avec la moitié ou le tiers de leur poids de coagulum frais, ou simplement avec du lait aigri ou écrémé. On laisse fermenter légèrement avant de mettre en forme. Ces fromages, bien traités, sont d'une consommation agréable et se conservent fort longtemps.

CHAPITRE XV.

ALIMENTATION DES ANIMAUX. — FONCTIONS QUE REMPLISSENT LES ALIMENTS QU'ILS CONSOMMENT. — ESPÈCE ET QUANTITÉ DE NOURRITURE NÉCESSAIRE AUX ANIMAUX. — FORMATION DES MUSCLES, DES OS, DE LA GRAISSE. — USAGE DES MATIÈRES SALINES DU LAIT. — EFFETS, SUR LE SOL, DE L'INDUSTRIE LAITIÈRE. — CROISSANCE DE LA LAINE; SES EFFETS SUR LE SOL. — VALEUR PRATIQUE ET THÉORIQUE DES DIFFÉRENTES ESPÈCES D'ALIMENTS. — PROPORTIONS RELATIVES D'ALIMENTS POUR L'HOMME FOURNIES PAR UN HERBAGE SOUS LA FORME DE VIANDE ET SOUS LA FORME DE LAIT. — CONCLUSION.

Nous avons vu que la nourriture des plantes consiste essentiellement en deux espèces de substances, les unes organiques, les autres inorganiques, et nous avons démontré que toutes deux étaient également nécessaires à la vie des végétaux, également indispensables à leur développement. Un examen rapide des différentes fonctions que remplissent les plantes dans l'alimentation des animaux confirmera non-seulement cette opinion, mais encore il nous apprendra quelle espèce de nourriture inorganique les plantes doivent fournir, afin de pouvoir s'acquitter des fonctions qu'elles doivent remplir dans l'économie de la nature.

SECTION PREMIÈRE. — Fonctions que remplissent les aliments consommés par les animaux.

L'homme et tous les animaux domestiques peuvent s'entretenir et même engraisser en se nourrissant seulement de végétaux ; ces derniers doivent donc contenir toutes les substances nécessaires pour composer les diverses parties du corps de l'animal et pour parer aux pertes qui résultent de l'accomplissement des fonctions qui entretiennent la vie animale : examinons ces substances et voyons en quelles proportions elles doivent être administrées pour soutenir le corps de l'homme.

Tous les animaux, outre quelques autres fonctions secondaires, accomplissent deux fonctions principales nécessaires à l'entretien de leur existence ; ils respirent et digèrent. Une certaine quantité d'aliments est nécessaire pour les mettre à même de pourvoir à cet accomplissement.

1° *La nourriture doit fournir du carbone pour la respiration.*

Tant que l'animal existe, il respire. Au moyen de ses poumons, il absorbe et rejette alternativement de l'air atmosphérique. Quand l'air entre, il contient environ 2 parties d'acide carbonique sur 5,000 ; quand il sort, il en contient 2 sur 100 : sa proportion s'est accrue de 50 à 100. Donc, pendant l'acte de la respiration, les poumons de l'animal rejettent beaucoup d'acide carbonique. En d'autres termes, les animaux vivants exhalent continuellement du carbone dans l'air, puisque l'acide carbonique contient, comme nous l'avons vu, environ les deux septièmes de son poids de carbone solide.

Un homme ayant des habitudes sédentaires et dont les occupations n'exigent, de sa part, que peu d'exercice corporel peut rejeter, par la respiration, environ 155 grammes de carbone en vingt-quatre heures ; un homme qui prend un exercice modéré, 248 grammes de carbone ; celui qui se livre à un exercice violent, de 373 à 466 grammes de carbone.

En prenant la quantité moyenne de 248 grammes de carbone rejeté, pour suffire à cette dépense seule un homme doit consommer, chaque jour, 560 grammes d'amidon ou de sucre : s'il consomme la première de ces substances sous forme de pain de froment, il lui en faudra 653 grammes ; si c'est sous forme de pommes de terre, pour réparer les peines qu'entraîne avec elle la respiration, il lui faudra environ 2 kilog. 800 grammes de pommes de terre crues. Pour un homme dont les habitudes sont sédentaires, environ 2 kilog. de pommes de terre suffiront ; si, au contraire, il prend un exercice violent et continu, une ration de 4 kilog. 500 grammes à 5 kilog. 500 grammes serait peut-être trop peu. Il faut observer en même temps que, si la quantité consommée est inférieure à ce qu'elle doit être, la quantité d'acide carbonique rejetée sera moindre, ou bien il y aura un déficit aux dépens du corps lui-même. Dans ces deux cas, il y aura perte de forces, et il faudra une nouvelle quantité de nourriture pour restaurer les organes qui en auront souffert.

Une vache ou un cheval exhale journellement de ses poumons 2 kilog. à 2 kilog. 1/2 de carbone. Il faudra, par conséquent, à ces animaux une quantité d'amidon proportionnellement plus forte.

2° *La nourriture doit réparer les pertes que le système musculaire éprouve chaque jour.*

Quand le corps est parvenu à son entier développement, chaque jour des influences naturelles font détacher de toutes ses parties des substances qui sont rejetées au dehors soit par la transpiration, soit dans les excréments solides et liquides ; ces substances doivent être remplacées par la nourriture, ou bien il y aura perte dans les forces, et le corps dépérira graduellement.

Les muscles des animaux, dont la chair maigre du bœuf et du mouton nous présente journellement un exemple, sont, en général, colorés par le sang ; mais, quand ils sont bien lavés avec de l'eau, ils deviennent tout à fait blancs ; et, à l'exception d'un peu de graisse, on trouve qu'ils se composent d'une substance fibreuse, blanche, à laquelle les chimistes ont donné le nom de *fibrine*. Le caillot du sang est formé de la même substance, tandis que la peau, les poils, la corne et la partie organique des os se composent de variétés de *gélatine*. Cette dernière substance est celle que l'on désigne familièrement en Angleterre sous le nom de *glu* ; et, bien qu'elle diffère sensiblement, dans ses propriétés, de la *fibrine*, ces deux substances présentent une analogie remarquable dans leur constitution élémentaire. La même analogie existe entre ces deux substances et le blanc des œufs (albumine), le lait caillé (caséine) et le gluten de la farine. Elles renferment toutes de l'azote et se composent des quatre corps élémentaires (éléments organiques) à peu près dans les proportions suivantes :

Carbone... 55
Hydrogène....................................... 7
Azote... 18
Oxygène... 20
                                                ———
                                                100

Elles contiennent aussi une légère proportion de soufre et de phosphore.

La gélatine contient environ 2 pour 100 de plus d'azote.

La quantité de l'une ou de l'autre de ces substances, qui se détache du corps dans l'espace de vingt-quatre heures, soit par la transpiration, soit dans les excréments, s'élève à 156 grammes, dont 22,750 d'azote, et il faut que cette perte soit au moins remplacée par le gluten ou la fibrine contenus dans la nourriture.

En supposant qu'un homme consomme $635^{gr},50$ de pain de froment pour fournir du carbone à la respiration, il s'y trouvera aussi $93^{gr},50$ environ de gluten. Pour compléter les 62 grammes qui doivent encore être excrétés, prenons du bœuf, qui contient 62 grammes de fibrine sur 186 grammes de viande, et nous aurons :

<table>
<tr><td></td><td>Pour la respiration.</td><td>Pertes dans le système
musculaire, etc.</td></tr>
</table>

653 grammes de
   pain donnant 559,50 d'amidon et   93,50   de gluten.
248 grammes de
   bœuf........................   62   de fibrine.

Total de ce qui est absorbé par la respiration et par les pertes ordinaires. } 559 gr. amidon et   155,50 { gluten ou fibrine.

En supposant qu'au lieu de pain il soit consommé
2 kilog. 267 grammes de pommes de terre, il s'y trouvera encore 70,50 de gluten ou d'albumine, de sorte
qu'il faudra fournir 70,50 pour les excrétions, par
du bœuf, des œufs, du lait ou du fromage.

Le lecteur comprendra, par ces exemples, pourquoi
le régime qui doit entretenir la force du corps humain
est plus convenable quand il est en partie végétal et
en partie animal. Ce n'est pas seulement parce qu'un
semblable mélange flatte davantage le palais; il n'est
même pas absolument nécessaire, puisque nous avons
déjà vu qu'une nourriture végétale pouvait complète-
ment suffire à entretenir la vigueur; mais c'est parce
que, sans une nourriture animale prise sous une forme
ou une autre, il faut consommer une grande quantité
de nourriture végétale, pour qu'elle présente, sous
forme de gluten, la quantité d'azote qui est nécessaire. Il faut déjà consommer, chaque jour, 1 kil. 119 de
pain de froment, pour fournir la quantite d'azote néces-

saire (1), et alors il y aurait une perte considérable de carbone sous forme d'amidon qui, n'étant pas absorbée par la transpiration, devrait passer dans les excréments. Tous les besoins du corps seraient satisfaits tout aussi bien, et avec plus de facilité, en consommant 550 grammes de pain et 124 grammes de fromage.

Il faudrait consommer au moins 1 kilog. 1/2 de riz pour fournir au système la quantité de gluten qu'il exige, et les personnes qui ont habité l'Inde et les autres pays où le riz constitue la nourriture habituelle du peuple ont remarqué la quantité extraordinaire de ce grain dont les indigènes se gonflent et surchargent leur estomac.

L'estomac et le reste de l'appareil digestif, chez nos animaux domestiques, sont plus grands que les nôtres, et, par conséquent, ils peuvent facilement contenir autant de nourriture végétale qu'il en faut pour donner la quantité d'azote nécessaire, pourvu, toutefois, que cette nourriture soit saine. Cependant tous les engraisseurs savent qu'une légère ration de tourteaux, substance riche en azote, engraissera non-seulement avec plus do promptitude, mais elle dispensera aussi d'administrer un volume considérable de substances alimentaires d'espèces diverses.

---

(1) On suppose que la farine contient 15 pour 100 de gluten sec, et c'est sur cette supposition que sont basés tous les calculs précédents. *(Note de l'auteur.)*

3° *La nourriture doit fournir les matières salines et terreuses contenues dans le corps.*

L'animal, parvenu à sa croissance complète, rejette, chaque jour, une certaine quantité de matières salines et terreuses, tandis que l'animal en état de croissance s'en approprie, chaque jour, une nouvelle portion pour former ceux de ses organes qui se développent. La nourriture doit satisfaire à tous ces besoins, ou bien les fonctions du système ne seront qu'imparfaitement remplies.

A Le sang et les autres fluides du corps contiennent beaucoup de matières salines d'espèces variées, des sulfates, des hydrochlorates, des phosphates, et d'autres composés salins de potasse, de soude, de chaux et de magnésie.

La chair musculaire desséchée et le sang du bœuf laissent, après combustion, environ 4 1/2 pour 100 de matières salines ou de cendres. La composition de ces matières salines est ainsi représentée dans la table suivante :

	Sang.	Chair musculaire.
Phosphate de soude (tribasique)....	16,77	45,10
Chlorure de sodium (sel commun)..	59,34	45,94
Chlorure de potassium............	6,12	
Sulfate de soude.................	3,85	traces.
Phosphate de magnésie..........	4,19	
Oxyde avec un peu de sulfate de fer.	8,28	6,84
Sulfate de chaux, gypse, et pertes..	1,45	
	100 »	97,88

Toutes ces substances ont à remplir des fonctions particulières dans l'économie animale, et, chaque jour, il se détache du corps une quantité indéterminée de ces substances, qui s'échappe par la transpiration, les urines ou les excréments solides. La nourriture doit, en conséquence, remplacer, chaque jour, la quantité qui se perd.

On n'a pas encore déterminé, par des expériences précises, quelle est la quantité de matières salines qui est journellement excrétée par le corps d'un homme, ou dans quelles proportions les différentes substances inorganiques s'y trouvent présentes ; mais on s'est assuré, d'une manière certaine, que, si les animaux n'en reçoivent pas suffisamment, ils languissent et finissent par dépérir, même quand ils reçoivent une abondance de carbone et d'azote sous forme d'amidon et de gluten. C'est donc une sage et magnifique prévision de la nature que les plantes soient organisées de manière à refuser de croître sur un sol dont elles ne peuvent extraire une certaine quantité de principes inorganiques solubles, puisque, après avoir suffi aux besoins des végétaux, ces matières salines sont ensuite livrées aux animaux sous forme de nourriture.

Ainsi la terre morte et l'animal vivant ne sont que des parties d'un même système, les anneaux d'une même chaîne sans fin d'existences naturelles : d'un côté, la plante est le lien qui les unit ; de l'autre, les matières animales décomposées qui retournent au sol les font encore communiquer.

B La partie solide des os se trouve alimentée par la même source primitive, les plantes, dont les animaux

tirent leur nourriture. Les os secs de la vache renferment 55 pour 100 de phosphate de chaux, ceux du
mouton 70, ceux du cheval 67, ceux du veau 54, et
enfin ceux du porc 52 pour 100. Tout ce phosphate
doit provenir de la nourriture végétale qui a été absorbée. Chaque jour, l'animal rejette une portion des
substances terreuses qui constituent les os ; alors la
nourriture devra contenir une nouvelle quantité de
ces matières, ou bien ce qui s'échappe sera prélevé sur
la substance des os, et l'animal s'affaiblira.

L'importance de ces substances terreuses deviendra
plus évidente, si nous considérons que 1° le système
osseux occupe une partie considérable du corps des
animaux. Dans le cheval et dans le mouton, le poids
des os est égal au huitième du poids vivant, dans le
mouton au cinquième du poids mort, et au tiers du
poids de la viande ; 2° dans un mouton, l'accroissement des substances terreuses s'élève à environ 5 pour
100 de l'augmentation du poids vivant ; 3° chaque
100 kilog. d'augmentation du poids vivant correspond
à 5 ou 6 de phosphate de chaux, qui s'ajoutent à l'é-
conomie.

Dans sa bonté, la nature a pourvu à ce que les ingrédients des os fussent toujours associés avec le gluten sous ses différentes formes, avec la fibrine des muscles des animaux et avec le lait caillé ; c'est pourquoi,
en mélangeant l'une de ces dernières substances avec
les produits végétaux dont il se nourrit, l'homme peut
facilement se procurer la quantité de matières osseuses
nécessaire pour entretenir son système, tandis que les
animaux qui ne se nourrissent que de végétaux ex-

traient ce dont ils ont besoin avec le gluten des plantes qu'ils consomment (1).

4° Les aliments doivent fournir à la perte ou à l'accroissement de la graisse.

Personne n'ignore que, dans certains animaux, il y a plus de graisse que dans d'autres. En tous on en trouve plus ou moins répartie et mélangée aux muscles et autres parties du corps. Cette graisse s'use comme les muscles ; il faut que la nourriture pourvoie à son remplacement. Nous avons vu que les substances végétales cultivées ordinairement contenaient des matières grasses, qui semblaient destinées, par la nature, à remplacer celles qui disparaissaient naturellement du corps des animaux.

Un animal, parvenu à toute sa croissance, dans lequel la graisse est à un état stationnaire, ne réclamera de matières grasses dans ses aliments que ce qu'il en faut pour suppléer à ses déperditions naturelles sous ce rapport. La quantité de matières grasses dans les excréments de cet animal est sensiblement équivalente à celle qui est renfermée dans la nourriture qu'il consomme.

Mais, pour un animal qui se développe et surtout pour un animal qui s'engraisse, le supplément en ma-

____

(1) En se reportant à la troisième section du chapitre IV, le lecteur peut remarquer que l'orge renferme une grande quantité d'acide phosphorique, et il comprendra alors pourquoi l'orge est préférable à tout autre grain pour l'alimentation des jeunes animaux qui sont encore en état de croissance.

(Note de l'auteur.)

tières grasses dans les aliments doit être plus considérable. Quelques observateurs prétendent que, en l'absence de l'huile dans la nourriture, un animal peut convertir en graisse une portion de l'amidon qui y serait contenu, et qu'il peut s'engraisser en vivant de végétaux dans lesquels on n'a constaté la présence d'aucune matière grasse. Il est possible que les organes d'un animal vivant soient doués d'une puissance aussi énergique de transformation; mais il n'en est pas moins vrai que, pour l'engraisser rapidement, il faut lui éviter ce travail, et lui fournir des fourrages qui contiennent la matière grasse de toutes pièces.

De ce que la matière grasse abonde dans un fourrage, il n'en faut pas conclure cependant que l'animal deviendra plus gros, puisque, si l'amidon manque, la graisse, ne contenant pas d'azote, sera décomposée et dépensée pour les besoins de la respiration. Lorsque la ration ordinaire est diminuée ou supprimée pendant quelque temps, cette élaboration de la graisse a lieu et cause le dépérissement. En effet, on considère les tissus graisseux comme un magasin où la nature entasse des matériaux propres à pourvoir aux besoins de la respiration aux époques de disette.

C'est à ce rôle de la graisse dans l'organisme, c'est à la possibilité de servir aux besoins de la respiration que l'on rattache l'explication des avantages du repos de l'abri, d'une chaleur modérée, de l'absence de la lumière, même de l'état de torpeur, pendant l'engraissement du bétail. L'exercice active la respiration; de là, perte d'une partie de la graisse fournie par le fourrage. Le froid a le même effet, parce qu'il faut qu'il ait plus de chaleur produite à l'intérieur. Ainsi, comme nous l'avons remarqué au commencement de cette question, l'étude de la nature et des fonctions de la nourriture des animaux jette de la lumière sur la nature et l'emploi qu'il faut faire des aliments ; elle nous enseigne à rechercher ce dont nous avons besoin dans le sol, ce qu'il faut ajouter au sol, quand l'analyse chimique ne nous aide pas à trouver dans ces produits ce que réclament les animaux.

SECTION II. — Importance des fourrages mélangés.

Les principes expliqués plus haut montrent que des substances variées sont nécessaires à l'entretien de la vie animale. On ne peut apprécier ou déterminer rigoureusement la valeur d'une production végétale, considérée comme aliment unique, par sa proportion d'une seule des substances dont le concours simultané est nécessaire pour édifier le corps d'un animal ou pour en réparer les pertes.

C'est par cette raison que les essais pour nourrir les animaux avec de l'amidon ou avec du sucre seuls ont toujours avorté. Nul doute que ces substances ne donnassent le carbone consommé par la respiration ; mais elles ne pouvaient fournir aux déperditions naturelles d'azote, de matières salines, de phosphates terreux, et probablement aussi de graisse. Les animaux, par conséquent, étaient obligés de les soutirer à leur propre corps, de l'en appauvrir, et ne tardaient pas à maigrir et à périr.

La gélatine elle-même, consommée seule, ne peut

suffire aux besoins de la vie. Des chiens nourris exclusivement avec le mélange naturel d'amidon et de gluten qui existe dans le pain de froment n'ont pu vivre au delà de cinquante jours, pendant que d'autres nourris avec du pain de ménage contenant du son vivaient beaucoup plus longtemps. Dans tous ces cas, l'alimentation ne fournissait à l'économie qu'un trop petit nombre des principes nutritifs indispensables.

L'habileté du nourrisseur consiste précisément dans la connaissance des effets par tel choix et tel mélange d'aliments adaptés aux différentes périodes de la vie animale.

On a, par exemple, trouvé, par expérience, qu'un fourrage, donné seul, n'engraissait pas, tandis qu'il acquérait cette faculté à un haut degré lorsqu'il était mélangé à une substance grasse. Il en est de même pour les éléments qui poussent à la chair. Cela nous fait comprendre pourquoi 100 kilog. de graine de lin agissent tout autant que 200 kilog. de tourteau de lin, et pourquoi les fermiers du comté de Rutland ont l'habitude d'arroser leurs foins avec de l'huile de lin.

Un mouton de 25 kilog. contient environ 8 kilog. de graisse, dont les quatre cinquièmes consistent en suif, quand on a employé, à leur engraissement, des aliments riches en graisse. La même remarque s'applique aux porcs.

SECTION III. — Circonstances qui modifient la valeur pratique des fourrages.

La valeur des fourrages, en produisant des effets économiques sur les animaux nourris pour le travail ou pour la production de la viande et du lait, est modifiée par des circonstances qui se traduisent en différences pécuniaires et que le praticien doit connaître.

1° Chaleur et abri. — Il a été prouvé que la même quantité de nourriture produisait deux fois autant en poids de viande de mouton, lorsque les troupeaux étaient abrités et tranquilles. C'est probablement aux effets bienfaisants de la chaleur que l'on doit, dans les États du nord de l'Amérique, la différence de 25 p. 100 que l'on observe dans l'entretien des porcs, pendant le printemps et l'été, sur l'entretien en hiver.

2° La race ou la constitution, comme le savent bien les cultivateurs, ont une grande influence sur la valeur apparente des fourrages. Une aptitude à engraisser rendra un animal deux ou trois fois plus profitable que si cette aptitude lui manque.

3° La forme sous laquelle le fourrage est consommé n'est pas moins importante. De l'herbe nouvelle fauchée profite plus que si elle était convertie en foin. Aujourd'hui commence à se répandre de plus en plus l'opinion que le fourrage, cuit à la vapeur, à l'eau bouillante ou de toute autre façon, est infiniment plus sain pour le bétail, et d'un emploi plus économique que le même fourrage livré sec à la consommation.

4° Le maltage de l'orge augmente beaucoup ses qualités nutritives. Mélangée à des pommes de terre bouillies, à la dose de 3 ou 4 pour 100, conservée chaude pendant quelques heures, la drêche a donné un aliment aimé des vaches, dont les résultats ont été des plus satisfaisants.

5° Faire aigrir les fourrages de toute espèce est une pratique recommandée par une expérience presque universelle ; on les rend ainsi plus avantageux, surtout pour la nourriture et l'engraissement des porcs.

SECTION IV. — Emploi du lait pour la nourriture du veau.

La composition du lait offre un exemple intéressant de la troisième fonction attribuée aux aliments dans la première section de ce chapitre, à savoir qu'ils doivent fournir les substances salines et terreuses que l'on rencontre dans le corps.

Le lait est un aliment ; il contient du sucre, de la caséine, des matières salines et de la graisse, — substances également nécessaires à la situation normale des herbivores.

Elle n'est pas moins belle cette loi de la nature qui veut que les jeunes animaux dont les muscles et les os prennent un accroissement rapide trouvent dans leur nourriture une quantité de substances azotées et de matières propres à former les os plus grande que celle qui est nécessaire pour entretenir en bon état un animal parvenu à son développement complet. Le lait de la mère est la nourriture naturelle qui fournit ces substances. Le sucre de lait produit la quantité, comparativement petite, de carbone nécessaire pour la respiration du jeune animal ; à mesure que le veau ou le jeune agneau devient plus vieux, il consomme de la nourriture verte pour se procurer une nouvelle quantité de carbone. Le lait caillé (la caséine) fournit les matériaux pour le développement des muscles et la partie animale des os, tandis que le phosphate de chaux, dont se compose la partie terreuse des os, se trouve en dissolution dans le lait avec la caséine. Un coup d'œil jeté sur la composition du lait nous montrera combien toutes ces substances y sont abondantes et combien le lait de la mère est admirablement adapté aux besoins de sa jeune progéniture.

Sur un poids de 1,000 parties de lait on trouve :

Matières butyreuses	27	à	35
Caséine	45	à	90
Sucre de lait	36	à	50
Chlorure de potassium			
Et un peu de chlorure de sodium	1 1/4	à	10
Phosphates, principalement de chaux	2 1/4		
Autres sels, environ	6 1/2		
Eau	882	à	815
	1,000		1,000

La qualité du lait et, par conséquent, les proportions dans lesquelles s'y trouvent les différents ingrédients que nous venons de nommer varient avec la race de la vache, sa nourriture, le temps qui s'est écoulé depuis qu'elle a mis bas, son âge, son état sanitaire, et enfin la température de l'atmosphère (1); mais, dans tous les cas, le lait contient toujours les mêmes substances, bien qu'en proportions différentes.

---

(1) En temps chaud, le lait contient une plus grande quantité de beurre; pendant un temps froid, la caséine et le sucre s'y trouvent en plus grande abondance. (*Note de l'auteur.*)

Le lait de la qualité de celui dont nous venons de présenter l'analyse contient, sur 44 litres, 2 kilog. 40 gr. de caséine, qui peuvent former 8 kilog. 161 gr. de chair musculaire et 99 gr. 18 de phosphate de chaux (poudre d'os) qui peuvent produire 198 gr. 56 d'os secs. Mais la caséine doit encore former de la peau, des poils, des cornes, des sabots, etc., aussi bien que des muscles, et toutes ces substances contiennent du phosphate de chaux. Une partie des ingrédients du lait s'échappe aussi par les excrétions ordinaires, et cependant chacun sait avec quelle rapidité les animaux se développent, quand on leur permet de consommer tout le lait que la nature leur a procuré comme étant la nourriture qui leur convient le mieux.

SECTION V. — Effets de l'industrie laitière sur la qualité du sol.

Où la mère prend-elle tout ce gluten et ce phosphate de chaux qui lui permettent non-seulement de réparer les pertes qu'éprouve son corps parfaitement développé, mais encore d'en réserver assez pour fournir une aussi grande quantité d'un lait aussi nourrissant?

C'est dans les végétaux dont elle se nourrit qu'elle doit puiser ces deux substances, les plantes doivent les extraire du sol.

La proportion des matières solides fournies par une vache dans son lait est réellement considérable, si nous comptons le produit de toute une année. En prenant pour produit moyen 5,504 litres de lait, dont chaque 44 litres contient assez de phosphate de chaux pour former environ 198 grammes d'os secs, nous trouvons que, pour le tirage du lait seulement, la vache perd les principes minéraux qui constituent 15 kilog. d'os secs; et toute cette quantité doit nécessairement être puisée dans le sol!

Si le lait est consommé sur place, tout retourne au sol par la fumure annuelle qui lui est consacrée; mais, si on le vend, qu'on le transforme en beurre ou en fromage, et qu'on l'exporte sous l'une de ces deux formes, la terre sera privée, chaque année, d'un poids de poussière d'os qui, pour le lait seulement, s'élèvera à 15 kilog. Si à cette perte de lait nous ajoutons seulement 4 kilog. pour la substance osseuse absorbée par le veau annuel, la terre perdra, sous l'influence de l'industrie laitière, autant de terre d'os qu'il y en a dans 20 kilog. de poussière d'os, ou en quarante-cinq ans, 40 ares, perdront l'équivalent de 1,000 kilog. d'os environ.

On conçoit facilement que, après des siècles, de vieux pâturages, dans les comtés où l'on s'adonne à la fabrication du beurre ou du fromage, soient appauvris des matériaux qui composent les os, et que dans de tels districts, comme, par exemple, le Cheshire, un amendement de poussière d'os change complétement le caractère des herbages et renouvelle les vieilles pâtures.

SECTION VI. — **De la croissance de la laine ; ses effets sur le sol**

La production de la laine offre encore un exemple du genre de nourriture qu'il faut donner aux animaux dans un certain but, de l'effet qu'une culture finit par produire sur le sol.

La laine et les cheveux se distinguent des parties charnues par leurs fortes proportions de soufre; de la laine sèche, parfaitement propre, contient environ 5 pour 100 de soufre.

La quantité et la qualité de la laine produite par un mouton varient suivant la race, le climat, la constitution, le fourrage, et, par conséquent, suivant le sol sur lequel le fourrage est venu. On retire 0,60 kilog. de laine d'un mouton de Hereford. Ces moutons sont d'une nature maigre; leur laine est d'une grande finesse. Mais un mouton mérinos donne souvent une toison qui pèse de 4 à 4,50 kilog., et même 5 kilog.

Dans la Grande-Bretagne et en Irlande, le nombre des bêtes à laine s'élève à 30 millions, donnant environ 60 millions de kilog. de laine. Cette quantité contient 2 1/4 millions de kilog. de soufre entièrement extraits du sol.

Si nous admettons l'existence de ce soufre dans le sol, et qu'il en ait été tiré sous forme de plâtre, il faut que les plantes qui ont nourri les moutons et produit la laine aient absorbé 13,182,000 kilog. de gypse.

Comme la quantité de soufre restituée au sol par chaque animal est, comparativement, très-faible, qu'en outre, sur les flancs des collines où les moutons paissent presque toujours, rien n'est rendu à la terre, ni par la voie naturelle ni par la voie artificielle, il s'ensuit que les plantes qui y croissent doivent y péricliter d'année en année, parce qu'elles ne trouvent plus les matières indispensables à leur végétation. Par suite, la

production de la laine baissera et ne pourra être immédiatement relevée qu'en répandant, sur les parcours, du
gypse ou tout autre engrais contenant du soufre.

SECTION VII. — Valeur de diverses substances alimentaires, déterminée par la théorie et l'expérience.

D'après ce que nous venons de dire, il est certain
que, pour différentes causes, toutes les substances ne
sont pas, à beaucoup près, également nutritives. Ce fait
est d'une grande importance, non-seulement dans la
préparation de la nourriture destinée aux hommes,
mais encore dans l'alimentation du bétail. Un grand
nombre d'agriculteurs ont fait des expériences à ce sujet et ont trouvé les résultats suivants :

1° En prenant du foin ordinaire comme point de
comparaison pour fournir la même quantité de substances alibiles que 10 kilog. de foin, il faudra un poids
en kilog. des autres espèces de nourriture, marqué
par les chiffres qui correspondent dans ce tableau.

Foin ordinaire........	10	Carottes.......	25 à 30	
— de trèfle.........	8 à 10	Turneps.......	50	
Trèfle fauché en vert..	45 à 50	Choux.........	20 à 30	
Paille de froment.....	40 à 50	Pois et haricots.	3 à 5	
— d'orge.........	20 à 40	Froment.......	5 à 6	
— d'avoine........	20 à 40	Orge..........	5 à 6	
— de pois.........	10 à 15	Avoine........	4 à 7	
Pommes de terre......	20	Maïs..........	5	
— vieilles..	40	Tourteaux.....	2 à 4	

On a trouvé, en pratique, comme nous le montre le
tableau précédent, que 20 kilog. de pommes de terre

ou 3 kilog. de tourteaux nourrissent autant un animal que le font 10 kilog. de foin, et que 5 kilog. d'avoine valent autant que 20 kilog. de pommes de terre ou 3 kilog. de tourteaux. Cependant la qualité de chacune de ces substances alimentaires, l'âge et la constitution de l'animal ont leur part d'influence sur le résultat. Un éleveur habile sait quel avantage il retire en variant la nourriture, ou en faisant un mélange des diverses espèces d'aliments végétaux qu'il a à sa disposition.

2° On a aussi représenté d'une manière théorique la valeur de diverses substances alimentaires végétales, en supposant qu'elle était à peu près proportionnelle à la quantité d'azote ou de gluten que renferment ces végétaux. Ce principe n'est pas entièrement correct ; cependant, comme les substances dont les animaux se nourrissent le plus ordinairement contiennent, en général, une ample proportion de carbone pour être rejetée par la respiration, comparativement à la quantité d'azote qu'elles renferment, ces valeurs, assignées par la théorie, ne sont pas du tout sans utilité, et, dans bien des cas, elles approchent beaucoup des résultats fournis par la pratique et qui ont été donnés dans le tableau précédent : ainsi la théorie nous enseigne que, pour remplacer 10 kilog. de foin, il faut :

Foin ordinaire	10	Turneps	60
— de trèfle (1)	8	Carottes	35
— de vesces (1)	4	Choux	30 à 40
Paille de froment	52	Pois et haricots	2 à 3

(1) Ces deux plantes fauchées en fleur.

Paille d'orge...........	52	Froment...........	5
— d'avoine.........	55	Orge.............	6
— de pois..........	6	Avoine...........	5
Pommes de terre......	28	Maïs.............	6
— vieilles...	40	Tourteaux.........	2 à 4

Si l'éleveur a soin de varier de temps à autre la nourriture de ses animaux ou de la mélanger, il peut se régler avec sécurité sur les chiffres cotés dans ces deux tables pour savoir quel poids il faut leur donner de telle substance qu'il désire substituer à telle autre, puisque les résultats de la théorie et ceux de l'expérience sont généralement assez d'accord.

3° Comme nous l'avons déjà dit, il n'est pas strictement vrai de dire que tel végétal soit plus nutritif que tel autre, simplement parce qu'il renferme une plus forte proportion d'azote; car la nature a sagement pourvu à ce que toutes les plantes continssent, outre de l'azote, une certaine proportion d'amidon ou de sucre à laquelle se joignent toujours des substances terreuses; de sorte que l'on peut aussi considérer la quantité d'azote que renferment les plantes comme un indicateur grossier de la proportion des ingrédients salins et terreux si importants dans la plante.

4° Néanmoins il est fort douteux jusqu'à quel point on peut regarder cette proportion d'azote comme indiquant les propriétés engraissantes des substances végétales. Si la graisse du corps est produite par l'huile des aliments, il est certain que la proportion de cette huile dans les substances végétales n'est aucunement réglée par celles du gluten et autres corps analogues contenant

de l'azote. Il faut donc que le cultivateur qui veut s'appliquer à engraisser seulement ses bestiaux se laisse guider par un autre principe ; il faut qu'il choisisse les aliments, tels que les tourteaux de lin et de colza, dans lesquels la matière grasse semble abondante, ou qu'il
mélange, ainsi que je l'ai précédemment démontré,
une certaine proportion de graisse ou d'huile aux autres fourrages dont il se sert.

Mais de grandes quantités de graisse ne s'accumulent dans le corps de la plupart des animaux que lorsqu'on les a mis dans un état qui n'est ni celui de la nature ni celui de la santé. Dans l'état de nature, on
rencontre peu d'animaux gras. Nous l'avons vu, une
portion déterminée de graisse est utile ; et, chose digne
de remarque, cette portion trouve à se maintenir dans
la consommation de la plupart des fourrages. Dans la
farine de froment, elle est associée au gluten ; on peut
l'extraire après que l'amidon a été séparé du gluten
par le lavage. En ce qui concerne cette petite quantité
de matière grasse nécessaire, la proportion d'azote peut
être prise sans risque d'erreur sérieuse, comme une
indication pratique des facultés de l'aliment pour suppléer aux déperditions en graisse de l'animal qui se développe, ou qui est parvenu au terme de son développe-
pement.

L'examen des principes sur lesquels s'appuie l'art de
nourrir les animaux nous apprend, en résumé, qu'une
mixture de substances variées est indispensable dans l'aliment. D'un autre côté, l'étude de la composition des végétaux nous montre que tous ceux qui croissent naturellement et artificiellement sont, en réalité, des mix-

tures de ces substances, plus ou moins propres à remplir les conditions d'un régime nourrissant, selon l'état de santé et le degré de développement que présente l'animal à nourrir.

L'étude des sages décrets de la nature nous fournit, à ce sujet, une leçon pratique d'une haute importance : non-seulement le lait de la mère présente un mélange de tous les éléments d'une bonne nourriture, et l'œuf contient tous les aliments appropriés aux besoins du jeune oiseau avant qu'il ait brisé la coque qui le renferme, mais encore ce même mélange se rencontre uniformément dans tous nos riches herbages ; c'est pourquoi les animaux qui paissent sur un herbage mélangé introduisent dans leur estomac une portion des diverses plantes qui composent le pâturage : les unes abondent en amidon et en sucre, d'autres en gluten ou albumine, quelques-unes sont naturellement plus riches en matières salines ; enfin les autres contiennent une plus grande abondance d'ingrédients terreux, et c'est parmi ces substances variées que le tube digestif extrait une juste proportion de chacune et rejette le reste. Partout où une ou deux espèces de plantes fourragères envahissent un herbage, ou bien les animaux cessent de s'y développer, ou bien il leur faut consommer une bien plus grande quantité de nourriture pour réparer les pertes naturelles qu'éprouve chaque partie de leur corps.

On peut poser comme un principe à peu près général que, toutes les fois qu'un animal est nourri avec une seule espèce de végétal, il se fait une grande perte de l'un ou de l'autre des éléments nécessaires dans sa nourriture, et le grand art que nous enseigne la nature sur ce point, c'est que, par un mélange judicieux, non-seulement on économise de la nourriture, mais aussi on diminue considérablement le travail de l'appareil digestif.

SECTION VIII. — **Proportions relatives d'aliments pour l'homme fournies par une même étendue d'herbage sous forme de viande et de lait.**

Une question économique très-curieuse, en relation avec la valeur des produits végétaux, eu égard à l'alimentation du bétail, se présente à nous quand nous avons à comparer les proportions d'aliment humain que l'on peut obtenir d'un poids donné égal d'herbage consommé par les bestiaux dans différents buts immédiats.

Supposons 1,000 kilog. de foin donnés à un bœuf pour être transformés en viande ; supposez 1,000 kilog. du même foin donnés à une vache pour être convertis en lait. Lequel de ces deux produits nourrira l'homme le plus long-temps ? Nos données, pour répondre à cette question, sont très-imparfaites ; cependant elles nous conduisent à d'intéressants résultats.

1° Suivant sir John Sinclair, l'herbage qui ajoutera 51 kilog. au poids d'un bœuf fera produire à une vache 1,656 kilog. de lait. Ce lait contiendra 73 kilog. de caséine sèche, 73 kilog. de beurre, 83 kilog. de sucre et 8 kilog. de matière saline, tandis que 51 kilog. de bœuf ne contiendront que 11 à 14 kilog. de muscle sec, de graisse et de matières salines ; c'est-à-dire que le même poids d'herbage produira, d'un côté, moins de 14 kilog. d'aliment sec humain, au lieu que, de l'autre, il en produira 250 kilog.

2° Je crains que les calculs de sir John Sinclair ne soient pas parfaitement exacts ; cependant ils sont appuyés, en quelque sorte, par ceux de Riedesel, qui a trouvé que l'herbage, sous forme de lait, fournissait à l'homme cinq fois plus de nourriture que sous forme de viande. Ces résultats ont besoin d'être élucidés par des recherches ultérieures ; mais, s'ils étaient constants, on pourrait prévoir le moment, en Angleterre, où la viande serait bannie de presque toutes les tables, et où elle serait remplacée, en mesure d'économie, par une nourriture exclusivement composée de lait.

SECTION IX. — Observations finales.

Dans ce petit ouvrage, maintenant terminé, j'ai présenté au lecteur une esquisse brève et, je l'espère, simple et familière des différents sujets qui se rattachent à l'agriculture pratique et sur lesquels les sciences chimique et géologique peuvent jeter la lumière la plus vive.

Nous avons étudié les caractères généraux que présentent les éléments organiques et inorganiques qui composent les différentes parties des plantes, et nous avons examiné les divers composés que forment ceux de ces éléments qui sont de la plus haute importance. Nous avons remarqué la nature de la semence ; nous avons vu avec quelle prévoyance admirable le végétal était alimenté pendant la germination, sous quelle forme les éléments qui nourrissent la jeune plante étaient introduits dans la circulation après que la semence avait rempli ses fonctions, et enfin comment la terre, l'air et l'eau contribuent ensuite à son développement. Nous avons observé les diverses altérations chimiques qui s'opèrent à l'intérieur d'une plante pendant sa croissance, pendant la formation de sa tige ligneuse, l'épanouissement de sa fleur et la maturation de sa semence ou fruit; nous avons tracé les autres altérations qu'elle doit subir quand, après avoir parcouru les phases de sa courte existence, elle doit encore être utile en se confondant avec le sol et en fournissant la nourriture de races nouvelles; les terrains même sur lesquels croissent les plantes, leur nature, leur origine, les causes de la diversité de leurs caractères minéralogiques et de leur fertilité naturelle ont tous attiré une partie de notre attention, tandis que les divers moyens d'augmenter la valeur du sol, soit par le concours des engrais, soit par celui des améliorations physiques, ont été considérés au point de vue pratique et confirmés par la théorie; en dernier lieu, nous avons jeté un coup d'œil sur la valeur comparative des divers produits du sol considérés comme nourriture, soit pour l'homme, soit pour les animaux, et nous avons brièvement démontré sur quels principes reposent l'alimentation des animaux et la valeur comparative que possèdent les végétaux, dont nous savons que dépend leur existence.

En écrivant ce traité bref et familier je n'ai pas tant

cherché à satisfaire aux demandes de l'agriculture scientifique qu'à éveiller la curiosité du simple cultivateur et à lui montrer combien la chimie et la géologie peuvent lui fournir de faits non moins intéressants que pratiquement utiles.

TABLE DES MATIÈRES

CONTENUES

DANS CE VOLUME.

PAGES.

Chapitre premier.

Chapitre II.

Chapitre V.

Chapitre VI.

Chapitre VII.

Chapitre VIII.

Chapitre IX.

Chapitre X.

Chapitre XI.

Chapitre XII.

Chapitre XIII.

Chapitre XIV.

Chapitre XV.

FIN DE LA TABLE.

BIBLIOTHÈQUE PUBLIQUE

www.ingramcontent.com/pod-product-compliance
Lightning Source LLC
Chambersburg PA
CBHW051521060726
47597CB00001B/142